高台阶排土场散体边坡稳定性及其病害防治

王光进　著

北　京
冶 金 工 业 出 版 社
2017

内 容 提 要

本书共分5章，内容包括：排土场矿岩散体及其堆积体、高台阶排土场矿岩散体粒径分级规律；排土场矿岩散体的物理力学特性；排土场边坡稳定性分析与滑坡防治措施、排土场泥石流及灾害防治。

本书可供矿山生产设计和安全管理的工程技术人员和管理人员参考，也可供高等院校相关专业的师生使用。

图书在版编目(CIP)数据

高台阶排土场散体边坡稳定性及其病害防治/王光进著．—北京：冶金工业出版社，2017.2

ISBN 978-7-5024-7445-4

Ⅰ.①高…　Ⅱ.①王…　Ⅲ.①矿山开采—排土场—边坡稳定性—研究　Ⅳ.①TD228

中国版本图书馆CIP数据核字(2017)第028943号

出 版 人　谭学余

地　　址　北京市东城区嵩祝院北巷39号　邮编　100009　电话　(010)64027926

网　　址　www.cnmip.com.cn　电子信箱　yjcbs@cnmip.com.cn

责任编辑　常国平　杨秋奎　美术编辑　杨　帆　版式设计　杨　帆

责任校对　禹　蕊　责任印制　牛晓波

ISBN 978-7-5024-7445-4

冶金工业出版社出版发行；各地新华书店经销；固安华明印业有限公司印刷

2017年2月第1版，2017年2月第1次印刷

787mm×1092mm　1/16；14.75印张；352千字；220页

55.00元

冶金工业出版社　投稿电话　(010)64027932　投稿信箱　tougao@cnmip.com.cn

冶金工业出版社营销中心　电话　(010)64044283　传真　(010)64027893

冶金书店　地址　北京市东四西大街46号(100010)　电话　(010)65289081(兼传真)

冶金工业出版社天猫旗舰店　yjgycbs.tmall.com

(本书如有印装质量问题，本社营销中心负责退换)

前　言

排土场的形成是采矿尤其是露天采矿的必然结果，其组成材料主要是由露天开采时剥离覆盖的表层土和岩石，有时也包括可能回收的表外矿、贫矿等。排土场是一种巨型人工松散堆积体，极易形成滑坡、泥石流等矿山地质灾害。矿山企业一般又将排土场建在村庄或矿区的上游地区，排土场的地质灾害不仅会影响矿山的正常生产，也将威胁下游村民的生命财产安全。据统计，我国2014年废石堆存量已达438亿吨，2013年废石总产生量为49.47亿吨，而废石综合利用量仅为4.68亿吨，综合利用率不到10%。我国排土场、矸石山等占地已达14000~20000km^2，并仍以每年340km^{2}的速度增长。

发展高台阶排土技术，建立高台阶排土场可大幅度减少矿业占地，进而实现资源开发与环境效益双丰收。高台阶排土场成为人类工程活动中常见的一类地质体，同时也衍生出一系列的地质灾害现象，并带来一系列重大工程地质问题，严重威胁着人类生存、工程建设及运营期间的安全。如2008年8月1日山西省太原市娄烦县尖山铁矿排土场发生特别重大垮塌事件，造成45人遇难就是一个警讯。

作者基于行业现状撰写了这本介绍矿山高台阶排土场散体边坡稳定性及其病害防治的专业书籍。在撰写过程中，本书作者参考了相关标准及其他国内外有关的资料，在此谨向原作者和相关人员表示衷心的感谢。

由于作者的水平所限，书中难免存在疏漏和不足之处，敬请同行和读者不吝赐教！

编　者

2016年11月

目　录

1　绪论 ………………………………………………………… 1

1.1　排土场及其矿岩散体概述 ………………………………… 1

1.1.1　矿岩散土体及分类 ……………………………………… 1

1.1.2　排土场及其分类 ………………………………………… 7

1.1.3　排土场的设计等级 ……………………………………… 14

1.1.4　排土场的场址选择 ……………………………………… 16

1.1.5　排土场的竖向堆置形式 ………………………………… 18

1.2　排土场的排土工艺 ………………………………………… 20

1.2.1　人工排土 ………………………………………………… 20

1.2.2　公路运输排土 …………………………………………… 20

1.2.3　铁路运输排土 …………………………………………… 21

1.2.4　胶带运输排土 …………………………………………… 23

1.2.5　架空索道排土及斜坡卷扬排土 ………………………… 23

1.2.6　废石与尾矿联合堆排 …………………………………… 24

1.3　排土场的堆置要素 ………………………………………… 25

1.3.1　排土场堆置高度与各台阶高度 ………………………… 27

1.3.2　排土场剥离物堆置的自然安息角 ……………………… 31

1.3.3　排土场工作平台宽度 …………………………………… 32

1.3.4　排土场有效容积及总容积 ……………………………… 33

1.3.5　排土场的安全与卫生防护距离 ………………………… 35

1.4　排土场的地质危害及其实例分析 ………………………… 36

1.4.1　排土场滚石危害 ………………………………………… 36

1.4.2　排土场滑坡 ……………………………………………… 38

1.4.3　排土场泥石流 …………………………………………… 42

2　高台阶排土场矿岩散体粒径分级规律 ……………………… 46

2.1　排土场矿岩块度组成的测试方法 ………………………… 46

2.1.1　排土场矿岩块度分布直接测试法 ……………………… 47

2.1.2　排土场矿岩块度分布间接测试法 ……………………… 48

2.2　排土场矿岩散体粒径分布规律 …………………………… 55

2.2.1　排土场表面粒径 ………………………………………… 56

2.2.2　排土场现场粒径分布 …………………………………… 57

2.2.3 排土场散体粗粒料的颗粒分布曲线 …… 59
2.2.4 排土场堆积散体的粒度组成衡量指标 …… 60
2.3 排土场块度分布与排土场高度的关系描述 …… 64

3 排土场矿岩散体物理力学特性 …… 69

3.1 排土场矿岩散体实验 …… 69
3.1.1 排土场散体粗粒土土样制备 …… 69
3.1.2 超径颗粒的处理 …… 70
3.1.3 散体粗粒土直剪实验步骤 …… 72
3.2 矿岩散体的直接剪切实验 …… 73
3.2.1 实验颗粒破碎 …… 73
3.2.2 直剪实验的实验方案 …… 75
3.2.3 直剪实验的颗粒破碎分析 …… 78
3.3 矿岩散体粗粒土三轴剪切试验 …… 84
3.3.1 矿岩散体三轴实验试样制备 …… 84
3.3.2 矿岩散体的三轴实验 …… 86
3.4 矿岩散体的三轴实验数值模拟 …… 88
3.4.1 高台阶排土场粒径随机分布的数值模拟 …… 88
3.4.2 排土场矿岩散体的三轴数值模拟试验 …… 94

4 排土场边坡稳定性与滑坡防治措施 …… 107

4.1 排土场边坡稳定性 …… 107
4.1.1 排土场工程地质勘探 …… 108
4.1.2 排土场稳定性计算方法 …… 111
4.1.3 排土场稳定性计算模型与参数 …… 112
4.1.4 排土场稳定性标准 …… 113
4.2 基于极限平衡的排土场稳定性分析 …… 115
4.2.1 排土场安全等级 …… 115
4.2.2 排土场现场调查 …… 116
4.2.3 排土场现场勘察 …… 118
4.2.4 排土场计算剖面 …… 119
4.2.5 排土场渗流场分析 …… 120
4.2.6 边坡极限平衡分析法 …… 122
4.2.7 排土场散体力学参数反演 …… 133
4.2.8 排土场散体力学参数分析及其计算方案 …… 134
4.3 排土场边坡三维数值稳定性分析 …… 148
4.3.1 FLAC3D及其原理简介 …… 149
4.3.2 Duncan-Chang 本构关系 …… 152
4.3.3 数值模型的建立 …… 155

4.3.4　数值模拟结果分析 …… 156
4.4　考虑粒径分级的高台阶排土场三维数值稳定性分析 …… 158
4.4.1　排土场工程概况 …… 160
4.4.2　表征粒径分级的排土场边坡计算模型 …… 163
4.4.3　边坡稳定性分析计算方案 …… 167
4.4.4　边坡稳定性结果分析 …… 169
4.5　排土场滑坡灾害防治 …… 173
4.5.1　排土场稳定性验算 …… 173
4.5.2　排土场滑坡常见防治措施 …… 174
4.5.3　排土场滑坡的排水防治措施 …… 176
4.5.4　排土场滑坡的工程防治措施 …… 176
4.5.5　排土场边坡防护的措施 …… 177

5　排土场泥石流及其灾害防治 …… 179

5.1　排土场泥石流分类 …… 181
5.2　排土场泥石流形成条件 …… 185
5.2.1　地形地貌条件 …… 185
5.2.2　物源条件 …… 186
5.2.3　水源条件 …… 187
5.2.4　植物因素 …… 189
5.3　排土场泥石流形成机制 …… 189
5.3.1　按起动机理划分的排土场泥石流形成机理 …… 189
5.3.2　按泥石流土体厚度、长度、起动时间划分的排土场泥石流形成机理 …… 190
5.3.3　按沟谷流域内堆积-补给的位置划分的排土场泥石流形成机理 …… 191
5.4　排土场泥石流的特点 …… 191
5.4.1　排土场泥石流的特点 …… 192
5.4.2　排土场泥石流流体的特征 …… 193
5.4.3　排土场泥石流特征值 …… 194
5.5　排土场泥石流的危险性分级 …… 201
5.5.1　排土场泥石流危害性分级 …… 201
5.5.2　泥石流沟综合评判及易发程度等级标准 …… 202
5.5.3　排土场泥石流活动危险性评估 …… 205
5.5.4　排土场泥石流防治评估决策 …… 208
5.6　矿山排土场泥石流灾害防治 …… 209
5.6.1　排土场泥石流灾害防治安全等级 …… 209
5.6.2　排土场泥石流防治原则和治理趋势 …… 210
5.6.3　排土场泥石流的防治体系及防治措施 …… 213
5.6.4　排土场泥石流灾害工程防治 …… 214

参考文献 …… 219

本书所用符号

A_0 结构面的面积；
A_1 石块撞击接触面积；
A_2 测线统计区域总面积；
A_3 泥石流堆积区的最大危险范围；
$A_{公路}$ 公路运输工作平台宽度；
$A_{铁路}$ 铁路运输工作平台宽度；
A_j 第 j 级岩块被统计到的面积；
a 修正系数；
a_0 最佳椭圆的长轴；
a_1 起始变形模量的倒数；
a_2 Van Genuchten 模型的曲线形状参数；
a_3 MLog 模型的曲线形状参数；
a_4 Gompertz 模型的形状参数；
a_5 Fred 模型的形状参数；
a_6 岩块形状系数；
a_7 散体空间分布的回归系数；
a_8 全面考虑的摩擦系数；
B 模糊综合评判评价因素集合评价集；
B_0 作用宽度；
B_1 泥石流表面宽度；
B_2 泥石流最大堆积宽度；
B_3 坝底宽度；
B_4 底宽；
$B_{铁路}$ 上台阶坡脚线至线路中心的安全距离；
B_x 排导槽的宽度；
B_L 流通区沟道宽度；
b 双曲线的渐近线对应的极限偏差应力的倒数；
b_0 最佳椭圆的短轴；
b_1 参数；
b_2 迎面坡度的函数；
b_3 Van Genuchten 模型的曲线形状参数；
b_4 Van Genuchten 模型的曲线形状参数；
b_5 Gompertz 模型的形状参数；
b_6 Fred 模型的形状参数；
b_7 散体空间分布的回归系数；
$b_{台}$ 排土场安全平台宽度；
C 超前堆置宽度；
C_0 对应于颗粒直径 D 的累积质量百分含量；
C_1 石块弹性波动传递系数；
C_2 巨石的弹性变形系数；
C_3 桥墩的弹性变形系数；
C_u 不均匀系数；
C_c 曲率系数；
C_{min} 对应于最小实测粒径 D_{min} 颗粒的累积百分含量；
c 废石散体土的黏聚力；
c_0 基底土的黏聚力；
c_1 Van Genuchten 模型的曲线形状参数；
c_2 Gompertz 模型的形状参数；
c_3 Fred 模型的形状参数；
c_4 散体空间分布的回归系数；
c_5 散体粒径面积分布转化为整体分布的线性函数拟合参数；
c_i 第 i 计算条块滑动面上岩土体的黏聚力标准值；
$c_{接触}$ 排土场基底接触面间的黏聚力，亦称结构面的黏聚力；
D 散体颗粒直径；
D_0 试样直径；

D_1　主沟长度；
$D_{上}$　量测试样的上部的直径；
$D_{中}$　量测试样的中部的直径；
$D_{下}$　量测试样的下部的直径；
D_{min}　散体颗粒实测的最小粒径；
$D_{铁路}$　线间距；
$\overline{D}$　平均粒径；
D_{10}　小于此种粒径的土的质量占总土质量的10%，也称有效粒径；
D_{30}　小于此种粒径的土的质量占总土质量的30%；
D_{60}　小于此种粒径的土的质量占总土质量的60%，也称控制粒径；
D_{50}　土中大于此粒径和小于此粒径的土的含量均为50%时的粒径；
D_c　泥石流堵塞系数；
d　分布参数；
d_0　岩块计算粒径；
d_1　石块粒径；
d_2　Gompertz模型的形状参数；
d_3　Fred模型的形状参数；
d_4　马鞍山转换公式的回归修正系数；
d_5　散体粒径面积分布转化为整体分布的线性函数拟合参数；
d_m　排土场底部块石平均粒径；
d_{max}　最大粒径值；
d_{0max}　原级配最大粒径；
D_{max}　试样允许最大粒径；
$d_{(h/H)}$　分布函数，其数小于此种粒径的土的质量占总土质量的61.35%时的粒径值；
d_{ni}　原级配某粒径缩小后的粒径；
d_{0i}　原级配某粒径；
E　构件弹性模量；
E_0　排土场泥石流的受灾体(建筑物)的综合承(抗)灾能力；
e　分布参数；
e_1　基底表土层孔隙比；
e_2　底部块石孔隙比；
e_3　马鞍山转换公式的回归修正系数；
$F_{铁路}$　铁路运输外侧线路中心至台阶边坡顶的最小距离；
F　流域面积；
F_0　排土场泥石流的综合致灾能力；
$F_i^{\langle 1\rangle}$　不平衡力；
F_b　泥石流大块石冲击力；
F_c　泥石流过流断面面积；
F_s　边坡安全系数；
F_{dl}　水石流体水平压力；
F_{vl}　泥石流体水平压力；
F_{wl}　水平水压力；
F_y　扬压力；
F_δ　泥石流整体冲击压力；
G_0　危险程度或灾害发生概率；
G_{bi}　第i计算条块滑体地表建筑物的单位宽度自重；
G_i　第i计算条块单位宽度岩土体自重；
g　重力加速度；
H　排土场总高度；
H_1　1h最大降雨量；
H_2　流域最大高差；
H_3　排导槽深度；
H_4　排土场的堆置高度；
H_5　水头值函数；
H_6　坝上游水深；
H_7　坝下游水深；
H_{24}　24h最大降雨量；
$H_{1/6}$　10min最大降雨量；
$H_{极限}$　排土场的极限堆置高度；
H_c　泥石流体泥深；
H_e　流深；
H_a　平均泥深；
H_b　设计泥深；
H_d　沟底以上拦挡坝的有效高度；
H_L　流通区沟道泥石流厚度；
H_{tp}　设计频率最大为t小时暴雨量，其值的获取据相关资料最终确定；

H_w　水的深度；

H_x　排导槽设计泥石流厚度；

$H(x)$　分布立体化函数；

ΔH　排导槽安全超高；

ΔH_w　泥石流道超高，排导槽弯道段时考虑，平直段无需考虑；

$h'_{台1}$　第一台阶极限高度；

h　表土厚度；

h_a　水石流体堆积厚度；

h_b　表土层压缩前平均厚度；

h_d　设计溢流体厚度；

h_s　沟底以上需要淤埋的深度；

h_δ　弯道超高；

$h_{台(1,2,\cdots,n)}$　排土场台阶高度；

Δh　表土层最终沉降量；

h_{min}　排土场基底表土临界厚度；

h_{min1}　表土挤入排土场底部块石间隙中的等效厚度；

h_{min2}　泥石混杂等效基础下不底鼓表土临界厚度；

I　水力坡度或沟床纵坡，取沟床平均纵坡坡比；

I_a　沟床原始纵坡；

I_b　坍方区平均坡度；

I_c　沟道相应段的天然沟床纵坡；

I_f　渡槽槽底纵坡；

I_L　流通区沟道纵坡降；

I_s　淤积纵坡；

I_x　排导槽纵坡降；

I_p　塑性指数；

J　构件截面中心轴的惯性矩；

K'　评价集的隶属度值；

K　剥离岩土经下沉后的松散系数（即终止松散系数）；

K_0　渗透系数；

K_1　转化系数，由岩块形状确定；

K_2　黏性泥石流流速系数；

K_3　前期降雨量修正系数；

K_4　折减系数；

K_5　容积富余系数；

K_6　岩土的下沉率；

K_A　拟合参数；

K_B　初始剥离岩土的碎胀系数；

K_C　排土场沉降系数；

K_D　岩块的面积形状系数；

K_E　材料常数；

K_s　边坡稳定性系数；

K_{ur}　材料常数；

K_x　在 x 方向上的渗透系数；

K_y　在 y 方向上的渗透系数；

k　分布参数；

k_0　与粗粒含量有关的参数；

k_1，k_2　拟合参数；

k_3　与面积有关的系数；

k_e　随观测角和累积含量而变的可见度系数；

k_p　散体块度分布系数；

k_b　材料常数；

L　构件长度；

L_2　表面岩块的最大线尺寸；

L_3　泥石流最大堆积长度；

$L_{汽车}$　公路运输汽车长度；

L_i　第 i 条计算条块滑动面长度；

L_s　上游坡需要掩埋处距拦挡坝顶上游侧的距离；

L_x、L_y、L_z　岩块3个互相垂直方向的最大线性尺寸；

M_C　泥石流沟床糙率系数；

$M^{\langle 1\rangle}$　节点所代表的质量；

m　分布参数，小于此种粒径土的质量占总土质量的63.21%时的粒径值；

m_1　大于5mm粗粒风干土或天然土质量；

m_2　小于5mm细粒风干土或天然土质量；

m_3　风干土或天然土总质量；

m_4 岩块形状系数；
m_b 材料常数；
m_i 粗粒某粒组中风干土质量；
m_w 土样所需加水量；
m_p 河床外阻力系数；
N 数量化得分；
N_0 试样中的总单元数；
$N_{台(1,\ 2,\ \cdots,\ n)}$ 排土场台阶数；
N_i 第 i 计算条块滑体在滑动面法线上的反力；
N_j 第 j 级岩块的推算总数；
n 分布参数；
n_0 原岩爆破散体块度组成分布函数的拟合参数；
n_1 由试验确定的表土上挤于块石空隙的统计意义上层数(正整数)；
n_2 粒径缩小系数；
n_3 剪切带内的砾石的单元数；
n_4 边界的法线方向；
n_5 暴雨参数；
n_6 粗糙系数；
n_7 孔隙率；
n_8 梯形或矩形的边坡坡长；
n_9 岩块形状系数；
n_c 黏性泥石流的河床糙率；
n_e 材料常数；
$n_i^{(1)}$ 面的法矢量；
n_j 测线上统计到的第 j 级岩块的数量；
n_n 解域总的节点数；
P 水压力；
P_0 极限承载力；
P_1 剪切带内的砾石含量；
P_2 散体岩块的周长；
P_{05i} 处理前与 P_{5i} 对应的粒级含量；
P_5 制样时大于 5mm 颗粒含量；
P_{5i} 处理后 $d > 5\text{mm}$ 某一粒级含量；
P_a 大气压力；
$P_{d\max}$ 超粒径颗粒含量；
$P_{>5\text{mm}}$ 粗料含量；
P_{dn} 粒径缩小 n 后相应的不大于某粒径含量百分数；
P_{d0} 原级配相应的不大于某粒径含量百分数；
P_h 粗粒某粒组含量；
P_i 净剩滑力；
P_r 岩块体积系数；
P_{wi} 第 i 计算条块单位宽度的动水压力；
Q 产冰速率；
Q_B 泥石流沟的洪水流量；
Q_C 泥石流流量；
Q_H 泥石流固体流量；
Q_g 固体物质的总量；
q 岩块的容积；
q_1 泥石流堵塞附加流量；
R 暴雨强度；
R_1 凸岸曲率半径；
R_2 凹岸曲率半径；
R_3 泥石流堆积幅角；
R_4 水力半径；
$R_{汽车}$ 汽车转弯半径；
R_c 主流中心曲率半径；
R_f 破坏比；
R_i 该粒径组所占的百分率；
R_i' 第 i 计算条块滑动面上的抗滑力；
r 动能折减系数；
S 元胞状态集；
$S_{面}$ 排土场占地面积；
S_1 应力水平；
S_2 散体岩块的面积；
$S^{(l)}$ 各面的面积；
s 应力水平；
T 泥石流持续时间；
T_i 第 i 计算条块滑体在滑动面切线上的反力；
t 乳胶膜的厚度；
V 试样体积；
V_0 剥离岩土的实方量；

V_1 岩体的体积；
V_2 散体的体积；
V_b 坝体单宽体积；
V_S 剥离岩土的实方数；
$V_{有效}$ 有效容量；
$V_{总}$ 排土场设计总容积；
v_3 石块运动速度；
v_c 泥石流流速；
$\bar{v}_c$ 泥石流断面平均流速；
v_i 四面体中节点速度；
v'_s 泥石流中大石块的移动速度；
v_x 在 x 方向上的渗透速度；
v_y 在 y 方向上的渗透速度；
W 岩块重量系数；
W_1 岩块重量；
W_2 泥石流中大石块的重量；
W_3 松散固体物质储量；
W_f 溢流重；
w 试样控制含水率；
w_0 风干土或天然土总含水率；
w_1 大于 5mm 颗粒风干或天然含水率；
w_2 小于 5mm 颗粒风干或天然含水率；
ω_L、ω_p 土的液限、塑限；
x 粒度；
$\bar{x}$ 表(断)面上统计出的平均块度；
x_i 四面体中节点坐标；
y 粒度为 x 的筛下岩石相对含量；
y_1 空间分布(筛分分布)与表(断)面分布的比值；
y_2 由表面分布推算出的整体分布；
y' 筛分累积含量与表面累积含量的比值函数；
y_x 相同块度级下的平面累积含量；
Z 点相对于基准线的高度；
α 建筑物受力面与泥石流冲压力方向的夹角；
α_1 滑动面的倾角；
α'_i 土条 i 滑动面的法线(亦即圆弧半径)与竖直线的夹角；
α_i 第 i 计算条块地下水位面倾角；
$\alpha_{总}$ 排土场总边坡角；
$\alpha_{台(1, 2, \cdots, n)}$ 排土场台阶边坡角；
β 排土场坡角；
β_2 转化系数，由岩块形状确定；
β_3 断面宽深比；
γ 排土场物料的重度；
γ_b 坝体重度；
γ_c 泥石流重度；
γ_d 设计溢流重度；
γ_g 泥石流固体颗粒重度；
γ_w 水的重度；
ξ 泥石流堵塞系数；
η 泥石流修正系数；
θ_i 第 i 计算条块地面倾角；
λ_0 坍方程度系数；
λ_2 稳定性参数；
λ_3 建筑物形状系数；
λ_1 岩块线性尺寸换算系数；
μ 粒径对数平均值；
μ_1 风化岩土类块度组成分布函数的拟合参数；
μ_2 产流参数；
μ_3 基底表土层压缩系数；
ρ_d 试样控制干密度；
σ 垂直压力；
σ' 动水压力；
σ_b 基岩的单轴抗压强度；
τ 汇流时间；
δ 散体均匀指数；
δ_0 原岩爆破散体块度组成分布函数的拟合参数；
ϕ 滑动面上土的内摩擦角；
ϕ_0 基底岩土的内摩擦角；
ϕ_{ys} 浮砂内摩擦角；
ϕ_a 泥石流体内摩擦角；
ψ_i 传递系数。

1 绪　论

1.1 排土场及其矿岩散体概述

排土场是矿山的主要工业场地，矿山采掘期间排土量大、占地大，剥离物（废石）的运输与排放费用占矿山成本比重大，因此排土场不仅关系到矿山的经济效益，同时会影响生态环境，也可能造成水土流失及其他危害。我国每年工业固体废物排放量的85%以上来自矿山开采，全国矿山开采累计占地约600万公顷，破坏土地近200万公顷，且仍以每年4万公顷的速度递增。据统计，2014年我国尾矿和废石的堆存总量超过600亿吨，其中尾矿累计堆存量达146亿吨，废石堆存量达438亿吨，仅2013年尾矿产生量就为16.49亿吨（尾矿综合利用量为3.12亿吨，利用率为18.9%），废石总产生量为49.47亿吨（废石综合利用量为4.68亿吨）。排土场的性质关键取决于地基的工程地质与水文地质条件和废石堆散体物料的物理力学性质，还受排土工艺、排土场参数、降雨等条件的影响。

1.1.1 矿岩散土体及分类

排土场堆料是一种岩块、空气、水三种介质的混合体，其物理力学性质不仅与堆料的岩性、密度等有关，而且与它的颗粒形状、粒度组成密切相关。土质分类是土分类的最基本形式，其分类方法主要有以下三种：一是按土的粒度成分分类；二是按土的塑性特性分类；三是综合考虑粒度成分和塑性特性分类。粒度成分决定土粒的联结和排列方式，在一定程度上能反映土中矿物成分或岩屑成分的变化，与土的形成条件有关，一直是土质分类的重要标准，但它不是影响土性的唯一因素。土的化学成分-矿物成分是决定土性的主要物质依据。不同矿物与水作用程度不同，土的性质变化很大。实践表明，土的粒度成分和矿物成分是影响土可塑性的最主要因素，所以把塑性指数作为土质分类的重要指标，它反映了土的粒度和矿物亲水性的综合影响，而且测定简便。粒度成分适用于粗粒土和巨粒土的分类，而塑性特性则适用于细粒土的分类。对于含粗粒的细粒土及含细粒的粗粒土的分类，要综合考虑粒度成分和塑性特性。同时，排土场的散体岩土的分类也要考虑其工程上的实际应用，如考虑颗粒形状时，可将浑圆状颗粒分为圆砾石、卵石、漂石、砾石土、砂卵石等；将棱角状颗粒分为角砾石、碎石、块石、碎石土等；而考虑其颗粒级配组成情况时，可将其分为连续级配砂砾石、缺乏中间粒径砂砾石、优良级配砂砾石、不良级配砂砾石；考虑其新鲜、软硬程度时，可将其分为新鲜石渣料、风化石渣料、坚硬堆石料、软弱岩石料等。但总体而言，综合考虑粒度成分和塑性特性的分类标准较多，下面介绍几种常用的分类和命名。

1.1.1.1 郭庆国对粗粒土的分类及命名

工程中常遇到的排土场散土体材料的颗粒大小相差悬殊，一般按颗粒组成和大小分类较多。为了便于研究散体粗粒料的物理力学性质，在我国通常把粗粒土看作粗、细两部分。习惯用固定粒径5mm作为分界粒径，即将小于5mm的颗粒称为细料、大于5mm的颗粒称为粗料（也表述为“粗料含量”：用$P_{>5mm}$表示），一般认为粗料形成骨架、细料充填空隙。大量研究资料表明，粗料含量与粗粒土工程特性之间具有良好的规律性。从宏观上看，粗料含量$P_{>5mm}$是决定粗粒土工程力学特性的主要因素。因此，郭庆国根据$P_{>5mm}=30\%$和$P_{>5mm}=70\%$两个标志粗粒土工程特性变化的特征点，将粗粒土分为三大类，一类是粗料含量为$P_{>5mm}\leqslant 30\%$，工程特性主要取决于细料性质；二类是$30\%<P_{>5mm}\leqslant 70\%$，工程特性取决于粗、细料的联合作用，两种料的性质共起作用；三类是$P_{>5mm}>70\%$，工程特性主要取决于粗料性质。再按颗粒组成中各粒组含量的少、中、多的次序排列及粒径小于0.1mm的颗粒含量等命名为若干亚类，并注意命名力求简单和尽量采用习惯名称，这些粗粒土分类和命名的主要原则是，既要反映决定工程特性的主要因素，体现工程分类的意愿，又要应用时习惯、方便。其粗粒土的分类见表1-1。

表1-1 粗粒土的分类

分类名称		粗料含量$P_{>5mm}$	含泥量（$d<0.1$mm颗粒含量）
大类	亚类		
砾质土	黏性砾质土	$P_{>5mm}\leqslant 30\%$	>20%
	砂性砾质土	$P_{>5mm}\leqslant 30\%$	10%~20%
	砾质砂	$P_{>5mm}\leqslant 30\%$	<10%
砂砾（碎）石	黏性砂砾（碎）石	$30<P_{>5mm}\leqslant 70\%$	>20%
	含泥砂砾石	$30<P_{>5mm}\leqslant 70\%$	10%~20%
	砂砾石	$30<P_{>5mm}\leqslant 70\%$	<10%
砾（碎）石	砾石	$P_{>5mm}>70\%$	

基于以上分类原理，郭庆国对粗粒土进行了工程分类和命名，其分类和命名的原则如下：

（1）兼顾了粗粒土的形状。粗颗粒的形状是反映其成因、性质的一种特征，如浑圆颗粒多是经水流搬运后冲积而成的，有棱角颗粒多是人工开挖或冻积而成的。前者表面光滑，摩擦系数较小；后者呈棱角状，表面粗糙，摩擦系数较大，但棱角易于破碎，变形大，故在分类中应予以考虑。粗颗粒形状在粗粒土分类中的具体表示方法是，对浑圆状颗粒中用漂石、卵石、砾称之；对棱角状颗粒，将表1-2中漂石改用块石，卵石改用碎石，砾改用角砾即可。

（2）粗粒土颗粒组成是否均匀，级配是否良好，其工程特性亦不同，分类中应体现这一因素。具体方法是：仍采用不均匀系数$C_u\geqslant 5$和曲率系数$C_c=1\sim3$时为优良级配，否则为不良级配。分类仍以表1-2为主，只是根据C_u和C_c的大小确定出优良级配或不良级配，冠在表1-2定名之前，反映出全名。

（3）粗粒土是由土、砂、石等颗粒机械组合而成的混合料。粗粒土有无黏性，能不能自由排水，对工程特性至关重要，这些取决于各粒组含量的多少，尤其是细粒土的有无和多少，众多因素将在渗透系数这一综合指标上体现出来。据压实特性、强度特性、渗透特性研究的结果，可用渗透系数将粗粒土分为两类，即渗透系数$K_0>1\times10^{-4}$cm/s的粗粒土，称为无黏性（自由排水）粗粒土，渗透系数$K_0\leqslant 1\times10^{-4}$cm/s的粗粒土，称为黏性（不自由排水）粗粒。郭庆国对粗粒土的工程分类和命名见表1-2。

表1-2 粗粒土的工程分类与命名

分类范围与名称					粗料含量 $P_{>5mm}/\%$	含泥量 $(d<0.1mm)/\%$	分类符号	备注
超径粗粒土	$P_{>5mm}>70\%$		卵漂石	砾卵石	>70	<5	RG	
				漂卵石	>70	<5	RB	
				砂质砾卵石	>70	<5	RG-S	
				砂质漂卵石	>70	<5	RB-S	
				砾质漂卵石	>70	<5	RB-G	
				漂质卵石	>70	<5	R-B	
				卵石	>70	<5	R	
				卵漂石	>70	<5	BR	
				卵质漂石	>70	<5	B-R	
				砾质漂石	>70	<5	B-G	
				砾质卵漂石	>70	<5	BR-G	
				漂石	>70	<5	B	
粗粒土	$P_{>5mm}\leqslant 30\%$		砾质砂土	黏（土）质砂	<5	>10	S-C	细粒以黏土为主
				粉（土）质砂	<5	>10	S-M	细粒以粉土为主
				泥质砂	<5	>10	S-F	细粒以泥土为主
				砂	<5	<10	S	
				砾质砂（黏）土	≤30	>10	CS-G	细粒以黏土为主
				砾质砂（粉）土	≤30	>10	MS-G	细粒以粉土为主
				砾质砂（泥）土	≤30	>10	FS-G	细粒以泥土为主
				砾质砂	<S	<10	S-G	
	$30\%<P_{>5mm}\leqslant 70\%$	$30\%<P_{>5mm}\leqslant 50\%$	砾石土	砂质砾石（黏）土	>S	>10	CG-S	细粒以黏土为主
				砂质砾石（粉）土	>S	>10	MG-S	细粒以粉土为主
				砂质砾石（泥）土	>S	>10	FG-S	细粒以泥土为主
				砾砂	<50	<10	SG	
				砂砾	>50	<10	GS	
		$50\%<P_{>5mm}\leqslant 70\%$	砂砾石	黏土质砂砾石	>50	>10	GS-C	细粒以黏土为主
				粉土质砂砾石	>50	>10	GS-M	细粒以粉土为主
				泥质砂砾石	>50	>10	GS-F	细粒以泥土为主
				砂砾石	>50	<10	GS	
	$P_{>5mm}>70\%$		卵质砂砾石	砂质砾石	>70	<5	G-S	
				卵质砾石	>70	<5	G-R	
				卵质砂砾石	>70	<5	GS-R	
				砂质卵砾石	>70	<5	GR-S	
				砾石	>70	<5	G	

1.1.1.2 《岩土工程勘察规范》和《建筑地基基础设计规范》对土体的分类及命名

现行国家标准《岩土工程勘察规范（GB 50021—2001）》（2009 年版）和《建筑地基基础设计规范（GB 50007—2011）》对土进行分类的标准相同，即根据颗粒组成及塑性指数按表 1-3 规定确定土的类别。

表 1-3　土的分类

土分类	土的名称	颗粒形状	颗粒级配	塑性指数
碎石土（粒径大于 2mm 的颗粒质量超过总质量 50%的土）	漂石	圆形及亚圆形为主	粒径大于 200mm 的颗粒质量超过总质量 50%	
	块石	棱角形为主		
	卵石	圆形及亚圆形为主	粒径大于 20mm 的颗粒质量超过总质量 50%	
	碎石	棱角形为主		
	圆砾	圆形及亚圆形为主	粒径大于 2mm 的颗粒质量超过总质量 50%	
	角砾	棱角形为主		
砂土（粒径大于 2mm 的颗粒质量不超过总质量的 50%，粒径大于 0.075mm 的颗粒质量超过总质量 50%的土）	砾砂		粒径大于 2mm 的颗粒质量占总质量 25%～50%	
	粗砂		粒径大于 0.5mm 的颗粒质量超过总质量 50%	
	中砂		粒径大于 0.25mm 的颗粒质量超过总质量 50%	
	细砂		粒径大于 0.075mm 的颗粒质量超过总质量 85%	
	粉砂		粒径大于 0.075mm 的颗粒质量超过总质量 50%	
粉　土				$I_p \leqslant 10$
黏性土（粒径大于 0.075mm 的颗粒质量不超过总质量的 50%，且塑性指数等于或小于 10 的土）	粉质黏土			$10 < I_p \leqslant 17$
	黏土			$I_p \geqslant 17$

注：塑性指数由相应于 76g 圆锥仪沉入土中深度为 10mm 时测定的液限计算而得。

1.1.1.3 《土的工程分类标准》对土体的分类及命名

将土按粒径级配及液塑性进行分类是世界上许多国家采用的土分类方法。根据当前的科技水平，认为粗粒土的性质主要取决于构成土的土颗粒的粒径分布和它们的特征，而细粒土的性质却主要取决于土粒和水相互作用时的性态，即取决于土的塑性。土中有机质对土的工程性质也有影响。土颗粒的分布特征可用筛分析方法确定，土的塑性指标可按常规试验方法测定。这些特征和指标在现场凭目测和触感的经验方法也容易予以估计。根据这些特征和指标判别土类，既能反映土的主要物理力学性质，也便于实际操作。

《土的工程分类标准（GB/T 50145—2007）》对土的分类根据下列指标确定：土颗粒组成及其特征、土的塑性指标（包括液限 ω_L、塑限 ω_p 和塑性指数 I_p）、土中有机质含量。其土的粒组划分见表 1-4。

表 1-4 土的料组划分

粒 组	颗粒名称		粒径 d 的范围/mm
巨 粒	漂石（块石）		$d>200$
	卵石（碎石）		$60<d\leqslant 200$
粗 粒	砾 粒	粗 砾	$20<d\leqslant 60$
		中 砾	$5<d\leqslant 20$
		细 砾	$2<d\leqslant 5$
	砂 粒	粗 砂	$0.5<d\leqslant 2$
		中 砂	$0.25<d\leqslant 0.5$
		细 砂	$0.075<d\leqslant 0.25$
细 粒	粉 粒		$0.005<d\leqslant 0.075$
	黏 粒		$d\leqslant 0.005$

《土的工程分类标准》中土分类的基本做法是：首先根据土的颗粒组成确定巨粒土、巨粒混合土、粗粒土、含粗粒的细粒土和细粒土；然后再根据土的颗粒组成确定巨粒土、巨粒混合土、粗粒土的类别和名称。根据塑性指数与液限的关系按图 1-1 确定细粒土中黏土和粉土的类别和名称。其分类及命名详见表 1-5。表中 C 表示黏土，M 表示粉土，H 表示高液限土，L 表示低液限土；代号后缀为 G 的表示细粒土中的粗粒以砾粒占优势，后缀为 S 的表示细粒土中的粗粒以砂粒为主。

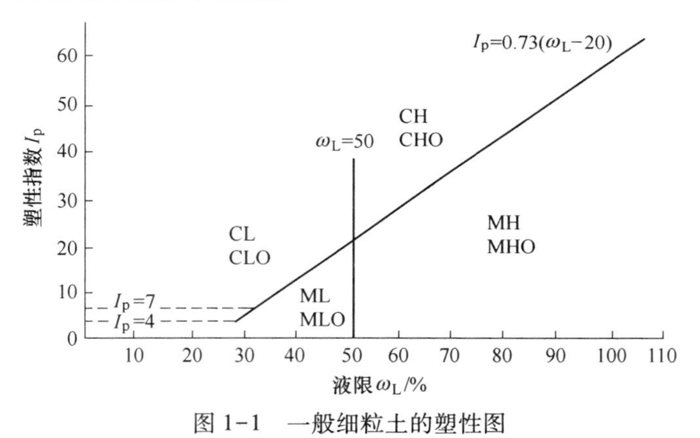

图 1-1 一般细粒土的塑性图

表 1-5 土的分类

土 类		粒组质量百分含量	粒组含量		土的塑性指标在塑性图中的位置	土的代号	土的名称
巨粒类土	巨粒土	巨粒组含量 >50%	巨粒含量 >75%	漂石含量>卵石含量	—	B	漂石
				漂石含量≤卵石含量	—	Cb	卵石
	混合巨粒土		50%<巨粒含量≤70%	漂石含量>卵石含量	—	BS1	混合土漂石
				漂石含量≤卵石含量	—	CbS1	混合土卵石
	巨粒混合土	15%<巨粒含量≤50%		漂石含量>卵石含量	—	S1B	漂石混合土
				漂石含量≤卵石含量	—	S1Cb	卵石混合土

续表1-5

土类			粒组质量百分含量		粒组含量		土的塑性指标在塑性图中的位置		土的代号	土的名称
粗粒类土	砾类土	砾	粗粒组含量>50%	—	细粒含量<5%	级配：$C_c \geqslant 5$；$C_u = 1 \sim 3$	—		GW	级配良好砾
						级配不满足上述要求	—		GP	级配不良砾
		含细粒土的砾			5%≤细粒含量<15%		—		GF	含细粒土砾
		细粒土质砾			15%≤细粒含量<50%	细粒组中粉粒含量不大于50%	—		GC	黏土质砾
						细粒组中粉粒含量大于50%	—		GM	粉土质砾
	砂类土	砂		砾粒组含量≤砂粒组含量	细粒含量<5%	级配：$C_c \geqslant 5$；$C_u = 1 \sim 3$	—		SW	级配良好砂
						级配不满足上述要求	—		SP	级配不良砂
		含细粒土的砂			5%≤细粒含量<15%		—		SF	含细粒土砂
		细粒土质砂			15%≤细粒含量<50%	细粒组中粉粒含量不大于50%	—		SC	黏土质砂
						细粒组中粉粒含量大于50%	—		SM	粉土质砂
含粗粒的细粒土	含砾细粒土		25%<粗粒组含量≤50%		砾粒组含量>砂粒组含量		塑性指标满足细粒土分类相应要求		CHG 或 CHS	含粗粒高液限黏土
									CLG 或 CLS	含粗粒低液限黏土
	含砂细粒土				砾粒组含量≤砂粒组含量				MHG 或 MHS	含粗粒高液限粉土
									MLG 或 MLS	含粗粒低液限粉土
细粒土	76g锥入土深度17mm	黏土	粗粒组含量≤25%		—		$I_p \geqslant 0.73(\omega_L-20)$ 和 $I_p \geqslant 7$	$\omega_L \geqslant 50\%$	CH	高液限黏土
					—			$\omega_L < 50\%$	CL	低液限黏土
		粉土			—		$I_p < 0.73(\omega_L-20)$ 和 $I_p < 4$	$\omega_L \geqslant 50\%$	MH	高液限粉土
					—			$\omega_L < 50\%$	ML	低液限粉土
		黏土或粉土			—		A 线以上和≤I_p<7		CL-ML，ML-CL	黏土或粉土
		有机质土			5%≤有机质含量<10%		—		CHO，CLO，MHO，ML	有机质土
		有机土			10%≤有机质含量		—		—	—

一般细粒土的塑性图见图 1-1，图中的液限 ω_L，为用碟式仪测定的液限含水率或用质量 76g、锥角为 30°的液限仪锥尖入土深度为 17mm 对应的含水量。图中虚线之间区域为黏土-粉土过渡区。

1.1.2　排土场及其分类

排土场又称废石场，是指矿山采矿排弃物集中排放的场所。采矿是指露天采矿和地下采矿，包含矿山基建期间的露天剥离和井巷掘进开拓，排弃物一般包括腐殖表土、风化岩土、坚硬岩石以及混合岩土，有时也包括可能回收的表外矿、贫矿等。排土场是堆放剥离物的场所，其占地是矿山开采的一大突出问题，特别是露天开采，据采矿研究资料，露天矿的剥采比一般在 2~8 之间，其中我国露天排土场占地面积占矿山总用地面积的 30%~50%，俄罗斯的排土场的占地面积为矿山总占地面积的 50%，美国排土场的占地面积为矿山总占地面积的 56%。改善排土工艺和增大排土场堆置高度，合理选择各项参数，科学地组织并有计划进行排土，是提高矿山经济效益的有效途径。

1.1.2.1　按排土场的特征划分

排土场可按设置地点、台阶数量、投资阶段等特征进行分类，排土场的类型可以有不同的分类，其分类见表 1-6。

表 1-6　按排土特征分类

分类		特征	适用条件
按设置地点划分	内部排土场	在露天采场或地下开采境界内，不另征地，剥离物运距较近	一个采场内有两个不同标高底平面的矿山；露天矿群或分区开采的矿山，合理安排开采顺序，可实现部分内部排弃
	外部排土场	剥离物堆放在采场境界以外	无采用内部排土场条件的矿山
按地形划分	山坡型排土场	初始沿山坡堆放，逐步向外扩大堆放	地形起伏较大的山区和重丘区
	沟谷型排土场	剥离物在山沟堆放	优先选择沟底平缓、肚大口小沟谷
	山坡沟谷型排土场	兼具山坡型和沟谷型特征	地形起伏较大，且具有肚大口小的沟谷
	平地型排土场	在平缓的地面修筑较低的初始路堤，然后交替排弃	地形平缓的地区
按台阶划分	单台阶排土场	在同一场地单层排弃，有利于尽早复垦	剥离量少、采场出口仅一个、运距短的矿山
	多台阶排土场	在同一场地有两层以上同时排弃，能充分利用空间	多台阶同时剥离的山坡露天矿；需充分利用排弃空间的矿山
按时间划分	临时性排土场	剥离物需要二次搬运	可综合利用的岩土；剥离物堆置在采场周边或以后开采矿体上可复垦的表土层
	永久性排土场	剥离物长期堆存	排弃不再回收的岩土
按投资划分	基建排土场	基建剥离期间堆置剥离物的场地	堆置费用列入基建投资
	生产排土场	矿山生产期间堆置剥离物的场地	堆置费用计入生产

A 按排土场与采场的相对位置分

按排土场与采场的相对位置排土场可分为内排土场和外排土场。

内部排土场是把剥离下的废石直接排弃到露天采场内的采空区。将采空区作为内部排土场，是节约用地、缩短岩土运距、减少对周围环境影响的一种非常有效的途径。内排与外排相比，有占地面积少、运距短、保护环境等优点，这是一种最经济而又不占农田的废石排弃方案，不仅运距短、剥离费用低、而且减少了矿山排土场的占地，有利于回填和复垦采空区。因此，在条件允许的矿山，应优先采用内部排土工艺。但内部废石场的应用受到一定条件的限制，通常适宜于开采水平或缓倾斜薄矿体（矿体倾角小于 12°），一些铝土矿、砂矿等。只有缓倾斜的矿体或在一个采场内有两个以上分区开采的矿山才适用，典型的如我国的平果铝土矿。同时，内排土对生产组织管理的要求较高，一旦排土场出现问题，就可能会影响生产。对于硬岩急倾斜金属矿，如果进行分期开采，特别是有两个不同标高底平面的露天坑前后分期开采，可应用内排土方式。多数金属露天矿山都不具备设置内部废石场的条件，而需在采场附近设置一个或多个排土场，根据采场和剥离废石的分布情况，可以实行分散或集中排土。

20 世纪末，俄罗斯资源开发研究院与圣彼得堡矿山研究院共同在科斯托穆克沙铁矿进行了深凹露天内排土开采技术试验研究。结果表明，经济上可行的内排土技术适用条件为：矿体走向长度大于 5km，平均剥采比大于 $2.0\mathrm{m}^3/\mathrm{m}^3$，覆盖岩厚度大于等于 30m，且土地费用很高，即便如此，露天矿最终深度也不宜超过 110～250m，同时基建周期较长。采用以下技术深凹露天矿下部水平进行强化开采：开采初期废石运往外部排土场，到达某一深度后，强化一端开采（而放缓主矿体的开采速度以保持产量均衡），使之尽快达到最终深度，此时形成的空间可作为内排土场，其中废石的最佳堆存量为境界内废石总量的10%～20%。图 1-2 中曲线 1 表明该项技术的收益率（*IRB*）与某一时刻所达到的深度 H_0 的关系，H_0 即为一端强化下掘的起始深度，该深度往往为露天矿封闭圈位置，曲线 2 为露天矿延深过程（*IRR*）的变化，曲线 1 与曲线 2 的交点表明值得内排的废石量。俄罗斯科矿位于科拉半岛，矿体平均水平厚度 200m，地表绵延 15.6km，矿体倾角 50°～60°，中部和南部的最终深度分别为 610m 和 380m，当时年采剥

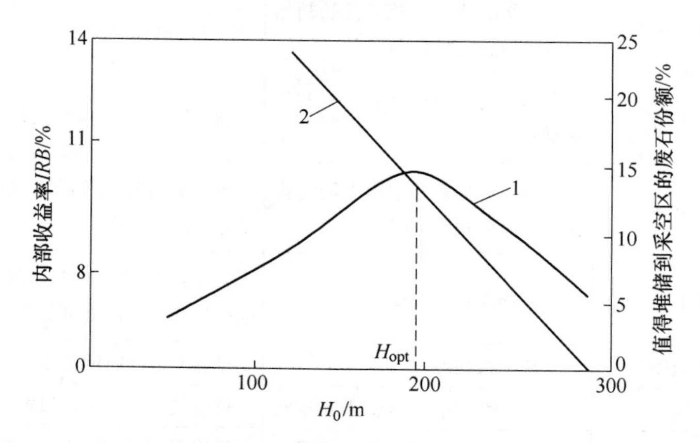

图 1-2 内排土收益率与露天矿一端下掘时刻对应的深度间的关系

总量6400万吨，剥采比2.1m^3/m^3。矿石由汽车运到转载站由火车转运，废石由汽车、火车或有轨车辆联合运往外部排土场。采用强化南部开采，以中部开采均衡产量，南部达到最终深度时，中部的废石用汽车运到南部内排土场，内排土场总共可容纳废石3亿立方米。

另一种内排工艺是将临时非工作带的采空区作为内排土场，15~20年后再将其倒运到下部采空区，乌克兰很多铁矿、锰矿使用该工艺。

B 按排土场地形条件分

按排土场地形条件可分为沟谷型排土场、山坡型排土场、山坡沟谷型排土场及平地型排土场。

（1）沟谷型排土场的优点是便于布置排土线，有较大的容积率，应优先选用，特别是大肚形山沟排土场优于一般长方形、三角形、椅圈形排土场。但应注意防止山坡坡度较大，山沟纵坡较陡，易产生滑坡、泥石流、土石流失等危害。

（2）山坡型排土场的优点在于能充分利用山区、丘陵区的地面起伏、相对高差大的特点，利用山丘、树木、杂草等自然屏障，减少排土作业对周围环境的影响。

山坡沟谷型排土场综合了沟谷型排土场和山坡型排土场的优点（图1-3a），是目前矿山排土场较为常选的类型。山坡沟谷型排土场便于布置排土线，有较大的容积率，应优先选用，特别是大肚形山沟排土场优于一般长方形、三角形、椅圈形排土场。但应注意防止山坡坡度较大，山沟纵坡较陡，易产生滑坡、泥石流、土石流失等危害。

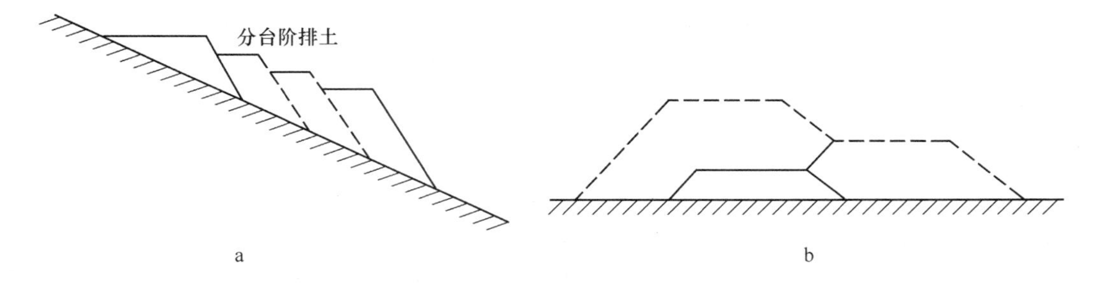

图1-3 沟谷型排土场、山坡型排土场示意图
a—山坡堆置场；b—平地堆置场

C 按堆排方式分

按堆排方式可分为单台阶全段高排土、压坡脚式排土、覆盖式多台阶排土、综合式多台阶排土。

此四种竖向规划模型如图1-4所示。

a 单台阶排土场

采用单台阶排土场（图1-4a）的矿山多数是汽车排土，排土场地形为坡度较陡的山坡和山谷。其特点是分散设置、每个排土场规模不大、数量较多、排土场空间利用率较高，但堆置高度大、安全条件较差，所以采用铁路运输的单台阶排土场高度受到一定限制，因为台阶高度大、沉降量大，线路维护和安全行车都比较困难。

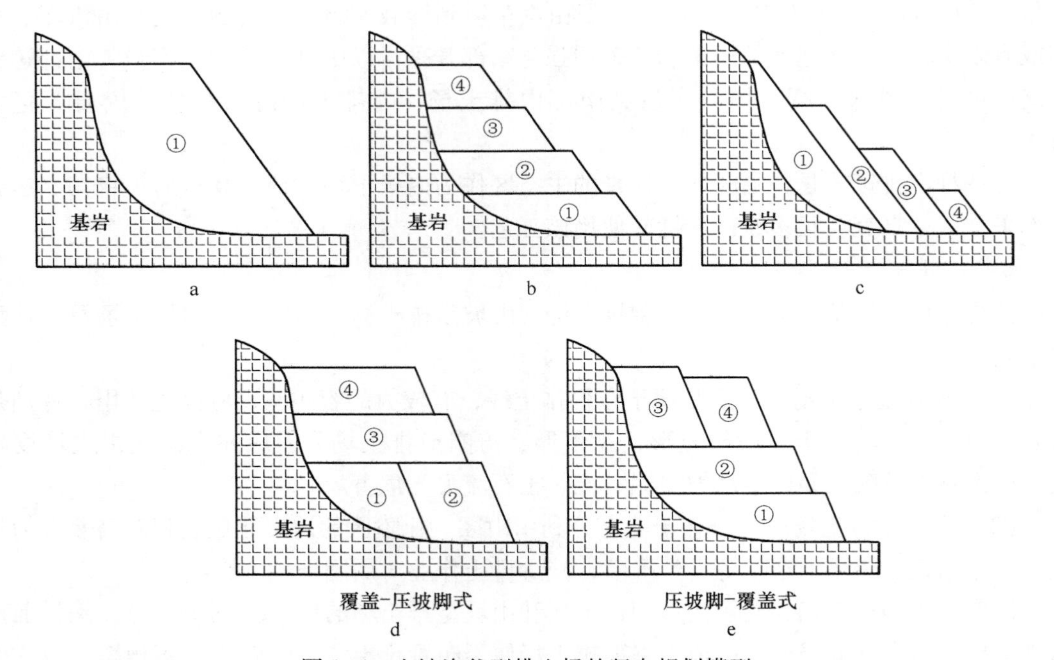

图 1-4 山坡沟谷型排土场的竖向规划模型

a—单台阶全段高排土；b—覆盖式多台阶排土；c—压坡脚式排土；d，e—综合式多台阶排土

单台阶排土场的初始路堤一般沿着等高线方向开辟半壁路堑，并向路堤一侧排土，逐渐向外扩展。初始路堤顺山脊修筑时，可根据需要向路堤的两侧排土。汽车卸车和调车的平台尺寸可根据汽车类型确定，32t 以内的载重汽车的初始平台不宜小于 50m×40m。为了延展初始路堤，首先沿着等高线方向排土，然后垂直等高线方向扩展，两个方向交替排土使排土场呈扇形扩展。

单台阶排土场一般高度大，其沉降变形也大，所以它适合于堆置坚硬岩石，排土场基底要求不含软弱岩土，以防止滑坡和泥石流。高台阶排土场的单位排土线受土容量大，移道、修路等辅助作业量少，以防止滑坡和泥石流，且高台阶排土场高度可达数百米。

当地下开采和凹陷露天开采的矿山附近有比采场运输出口标高低的地形，其容量又能满足矿山排土堆置需要时，一般采用单台阶排土场。

b 覆盖式多台阶排土场——逆排方式

逆排方式（图 1-4b）适用于平缓地形或坡度不大且开阔的山坡地形条件。其特点是按一定台阶高度的水平分层由下而上逐层堆置，也可几个台阶同时进行覆盖式排土，但需保持下一台阶超前一段安全距离。这种集中型多台阶排土场的缺点是：随着采场剥离台阶的下降，排土场的堆置标高逐渐上升；采场上部台阶的岩土运距较远，是重车下坡运输，同时深部水平的岩土运出采场境界后往往是重车上坡运输，使得排土成本较高。可根据地形条件采用适当分散的办法，选择上、中、下若干分散的排土场，在总体上达到上土上排和下土下排的目的，但在每个排土场仍按自下而上多台阶排土顺序，即自下而上的覆盖式排土。

多台阶排土场的参数和基底承载能力等都要通过分析计算进行设计，往往基底岩土层的承载能力和第一台阶（即与基底接触的台阶）的稳定性，对于整个排土场的稳定和安全生产起着重要作用。原则上要控制第一台阶的高度，尤其在因地形变化而使局部高度很大的地段；作为第二、第三、……后续各台阶的基础，要求初始台阶的变形小、稳定性好，所以一般它的高度应适当小于后续台阶的高度。同时要堆置坚硬岩石，其他松软和风化层表土堆存到靠排土场较近的地方，作为以后复垦用。

第一台阶的高度以不超过20~25m为宜，当基底为倾斜的砂质黏土时，第一台阶的高度不应大于15m。由于第一台阶的变形和破坏可能引起整个排土场的松动和破坏。据苏联克里沃罗格矿区的经验，第一台阶必须堆置坚硬岩石，高度不应超过20m，经过试验研究可将后续台阶高度增加到40m，安全平台宽50m，使铁路移道工作量减少约1/2，劳动生产率提高18%~20%。

当排土场地基为山坡和狭谷式地形时，如果采矿场空间组合关系允许，可采用“先上后下”的压坡脚式，即顺排方式，依地形条件许可，也可用覆盖-压坡脚式的组合形式，可因地制宜地应用。采用逆排方式时，采场上部剥岩量在排土场底部排弃，采场下部剥岩量在排土场上部排弃，即“上土下排”和“下土上排”，运距大大增加。

国外露天矿由下而上覆盖式排土的实例有俄罗斯列别金铁矿和乌克兰6大采选公司8个特大型露天矿，因采矿场和排土场地形都是略有起伏的平原地形，只能用覆盖式排土。高山型矿床且具备压坡脚式排土条件而应用了覆盖式排土的工程实例有菲律宾JAMPANKAN金铜矿，在2km×3km平地上拟建堆高120m的覆盖式排土场。在其北西部有一大沟，可以采用“上土上排”、“下土下排”的压坡脚式排土工艺，但在可行性研究时由于环保工程师与社区工作工程师坚持，最后采用覆盖式方案，代价是12亿吨剥离物因运距翻倍，增加汽车基建投资2亿美元，全期运营费需增加10亿美元。

c 压坡脚式组合台阶排土场——顺排方式

顺排方式（图1-4c）适用于山坡露天矿，在采场外围有比较宽阔、随着坡降延伸较长的山坡、沟谷地形，既能就近排土，又能满足上土上排、下土下排的要求。这种排土堆置的顺序是上一台阶在时间和空间上超前于下一台阶，排土过程中先上后下循序渐进，在上一台阶结束后，下一台阶逐渐盖过其终了边坡面，最后形成组合台阶。这时，下一台阶的初始路堤是由自身的岩土边排边修筑，也可在上一台阶的边坡上半挖半堆修筑初始路堤。如果是由近向远排土，在上一台阶结束前，为了适应多台阶同时排土的需要，下一台阶可以滞后一段距离，在上一台阶已结束的终了边坡上开始排土，采用自上而下的顺排方式。

压坡脚式组合台阶排土场，先期剥离的大量的表土和风化层堆置在上水平的排土台阶，下部和深部剥离的坚硬岩石则堆置在后期的排土台阶，压住上部台阶的坡脚，起到抗滑和稳定坡脚的作用。虽然在组合台阶形成后各台阶的相对高度不大，但是在每个台阶的堆置过程中所暴露的边坡高度仍然是很大的，在排土过程中也会遇到很多边坡稳定问题。加拿大霍汀露天矿利用压脚式堆置方法来反压和支撑上一台阶的松软岩土，防止滑坡。可采用两种压坡脚形式：第一种先堆置坚硬岩石形成阻挡坝，然后再堆放软岩；第二种是后期用坚硬岩石压坡角支撑早期堆置的软岩。

国外露天矿应用压坡脚式排土的典型工程实例很多。智利 EL Morrow 金铜矿，在矿体下盘采用段高 60m 压坡脚式排土，最上排土标高 4005m，其下有 3945m、3885m、3825m 排土水平，在矿体下盘缓山坡上压坡脚式排土。国内露天矿应用压坡脚式排土最成功的是本钢集团有限公司南芬铁矿和攀钢集团有限公司兰尖铁矿，都应用下盘高阶段汽车排土场，段高 200~400m；排土台阶与采矿生产台阶标高相匹配，剥离岩土平坡近距离运往排土场。南芬铁矿和兰尖铁矿应用压坡脚式排土分别达 40 余年，排土量数亿吨，与覆盖式排土相比，节省运营费数亿元；并且生产能力迅速扩大，技术经济指标全国领先；期间也发生过滑坡和泥石流。但应用覆盖式排土的矿山也同样发生滑坡和泥石流，这两种地质灾害是多因素影响的结果，并非是压坡脚式排土场一定会发生滑坡和泥石流，只是发生概率可能大一些。

d　综合式多台阶排土

综合式多台阶排土有覆盖-压坡脚式（图 1-4d）和压坡脚-覆盖式（图 1-4e）两种。

国内紫金山金铜矿北口排土场生产采用的是压坡脚-覆盖式组合方式，即顺排和逆排相结合的方式。在排土场坡脚最低处的江山狭沟口修筑江山岽大坝，近 10 年来利用排土场坡脚剥离废石加高培厚多次，现已由原标高 300m 加高到 450m。大坝东侧形成一个渗水收集库，对排土场渗水中的氰根和铜离子进行环保中和处理；在大坝西侧坡脚外侧分层堆置含金废石的堆浸渣，达到反压坡脚，有效防止滑坡。2012 年将北口江山岽大坝加高培厚至 500m，这样可有效减低排土场段高。在排土场上部，采取由上而下的压坡脚式排土，利用山坡地基，使采矿台阶与排土水平连接，达到剥岩运输平坡、近距离。为应对近年出现的极端气候、有效降低排土作业段高、确保生产安全，上部的压坡脚式排土（顺坡）拟逐步改造为覆盖式排土（逆排），密切结合采场和排土场现状，在排土范围、结构参数、堆置计划到排土场渗水收集与处理、保证安全及环保的综合治理措施等方面，对北口排土场进行了改进、补充与优化。

D　按台阶划分

排土场按台阶划分可分为单台阶排土场和多台阶排土场。

一般而言，单台阶排土场的排土高度大，在地下开采和凹陷露天开采的矿山，附近又有比采场运输出口标高低的地形，其容量又能满足矿山排土堆置需要，一般采用单台阶排土场。

多台阶排土场是指在同一场地有两层或两层以上的排土台阶，这类排土方式能充分利用空间。

E　排土场的其他分类

按时间划分可分为临时性排土场和永久性排土场。

按投资划分可分为基建排土场和生产排土场。

按基底土特征可划分为不良地基土、复杂条件地基土、一般地基土和良好地基土。

1.1.2.2　按排土方式划分

按运输方式可分为人工排土、铁路-推土机排土、汽车-推土机排土、铲运机排土、铁路-电铲（推土犁）排土、铁路运输排土、胶带-排土机排土以及水力运输排土等，见表1-7。

表 1-7 按排土方式划分

序号	类别	作业程序	适用条件	备 注	排土要求
1	人工排土	窄轨铁路运输机车牵引（或人力推或自溜），人工翻车，平整，移道	（1）单台阶排土场堆置高度高； （2）矿车容量小； （3）运输量小	人工排土宜采用单台阶排土方式	应根据其各自特点和以下要求确定： （1）初始路基宽度； （2）多台阶同时作业时，相邻上下两台阶必须保持足够的排土作业及其安全防护要求的宽度； （3）多台阶排土场，下台阶的初始路基可在上台阶的排土边坡上修建，但必须在上台阶边坡完全稳定后进行； （4）山坡露天矿多台阶排土，应高土高排，低土低排
2	推土机排土	窄轨铁路运输，推土机转排	（1）排土宽度≤25m； （2）块度大于 0.5m 的岩石不超过 1/3； （3）排土线有效长度宜为 1~3 倍列车长	（1）汽车或铁路运输时宜采用推土机排土。 （2）推土机的推送距离宜为 10~50m，推力的偏角宜在 20°以内。 （3）各台阶堆置顺序宜根据采矿场出口标高合理安排： 1）采矿场运输出口标高低于排土最低台阶顶面标高时，宜先低后高，分台堆排； 2）采矿场运输出口标高等于或高于排土台阶顶面标高时，宜采用单台阶堆排； 3）采矿场运输出口标高随开拓运输台阶变动时，排土台阶顶面标高亦应与其相适应	
3	推土机排土	汽车运输自卸，推土机配合	（1）工序简单，排放设备机动性大，各类型矿山都适用； （2）岩土受雨水冲刷后能确保汽车安全正常作业或影响作业时间不长		
4	铲运机排土	铲运机装、运、排土	（1）被剥离的岩土质松层厚，含水量≤20%； （2）铲斗容积为 4.5 ~ 40m³，运距为 100~1000m； （3）运行坡度：空车上坡<18°，重车上坡≤11°	铲运机可用于采剥、运输、排土，也可与松土机配合使用，合理的平均运距为 100~1000m	
5	电铲（或推土犁）排土	准轨铁路运输，电铲或推土犁排土	（1）排土场基底稳定，其平均原地面坡度≤24°； （2）所排岩土力学性质较差； （3）排土段高：电铲≤50m，推土犁≤30m； （4）排土线有效长度≥3 倍列车长	（1）力学性质较差的岩土转排及南方多雨地区大型露天矿排土作业宜采用准轨铁路运输-电铲排土； （2）大中型矿山松散岩土或挖掘机作业危险的排土作业宜采用准轨铁路运输-推土犁排土； （3）准轨铁路运输-移道机移道的矿山，可采用推土犁排土，在剥离物稳定性较差的排土场，台阶高度应小于 30m	

续表1-7

序号	类别	作业程序	适用条件	备 注	排土要求
6	装载机转排	准轨铁路运输，装载机排土	（1）排土场基底工程地质情况复杂，原地面坡度>24°； （2）所排岩土力学性质较差； （3）排土台阶高度大于50m； （4）排土线有效长度宜为1~3倍列车长	自然条件和岩土物理力学性质较差地点排土，可采用装载机排土	
7	排土机排土	胶带机运输，排土机排土	（1）排土场基底稳定，其平均原地面坡度≤24°； （2）所排岩土力学性质较好，排土工艺需有破碎-胶带机配合； （3）排土机下分台阶的阶段高度小于或等于排料臂长度的0.5倍； （4）排土线的有效长度能使移道周期控制在2~3个月内		
8	架空索道排土	架空索道运输	适用于小型露天矿或地下开采窄轨运输的矿山	采用架空索道、斜坡道或胶带运输机排土的排土场，应提高堆高，减少占地及其对环境的污染	
9	斜坡道排土	（1）斜坡道提升翻车架卸排； （2）转运仓箕斗提升，卸载架排土	矿车沿斜坡道逐步向上排土形成锥形废石山，适于1000t/d以下废石排放企业		
10	高强胶带输送机推土	胶带机运输，排土机转排	运量大，需扩大堆置容量而用地受限的排土场；胶带坡度16°~18°，适于大型矿山		
11	水力排土	水力剥离自流或压力管道输送排放	（1）采矿场采用水力剥离； （2）有适宜的水力排土场	（1）采矿场采用水力剥离； （2）有适宜的水力排土场	

排土方式系根据矿山的开拓运输方案确定，而转排设备的选择又与地形、工程地质和气象等条件密切相关。排土方式的确定，有一定的灵活性。

1.1.3 排土场的设计等级

排土场的等级是根据有色行业采剥规模和堆置高度划分，一般来说单个排土场容量超出3000万立方米的并不多，我国德兴特大型铜矿开采期内总废石量估计约11亿吨，约占

地 $5km^2$，现在每年排弃废石为3000万吨。排土场的设计等级应根据使用期内排土总容量、排土场的地形、排弃物堆置高度、场地地基强度和失事后的危害程度按表1-8的规定划分确定。

表1-8　排土场的设计等级

等级	场地条件	堆置高度 H/m	排土容积/万立方米
一	不良场地（即地形坡度≥24°、场地内存在大范围软弱地基土或湿陷性黄土、易发生泥石流灾害）	$H>180$	$V>20000$
二	复杂场地（即12°≤地形坡度<24°、场地内部分存在软弱地基土或湿陷性黄土，低易发生泥石流灾害）	$120<H\leqslant180$	$5000<V\leqslant20000$
三	一般场地（即6°≤地形坡度<12°、场地内部不存在软弱地基土或湿陷性黄土，非易发生泥石流灾害）	$60<H\leqslant120$	$1000<V\leqslant5000$
四	良好场地（即地形坡度<6°、场地地基良好）	$H\leqslant60$	$V\leqslant1000$

注：1. 排土场分级应按场地条件进行分级，然后按照排土场堆置高度和排土容积进行等级调整。
2. 当排土场场地条件为不良时，排土场等级为一级；当排土场场地条件为复杂、一般和良好时，应按照排土场堆置高度和容积进行等级调整。
3. 当按照场地条件划分，排土场等级低于排土场堆置高度和容积划分的排土场等级时，应按照排土场的堆置高度与容积进行划分，排土场堆置高度和容积划分等级两者的等差为一级时，采用高标准；两者的等差大于一级时，采用高标准降低一级使用。

排土场的等级划分是排土场安全标准、防排洪及安全距离等确定的重要依据。排土场的等级划分除考虑排土场容积和排土场堆排高度以外，还需考虑场地条件的因素。场地条件是排土场安全稳定性的关键因素。排土场分级步骤如下：

（1）按照排土场的场地条件（含地形、地基土特征及泥石流灾害易发性因素）进行分级，当排土场场地条件为不良时，无论按照排土场堆堆置高度和排土容积划分为几级，其排土场的等级均按照一级排土场考虑。

（2）当排土场场地条件为复杂、一般和不良好时，且等级低于按照排土场的堆置高度和容积确定的等级时，要按照排土场堆置高度和容积进行调整。排土场堆置高度和容积划分等级两者的等差为一级时，采用高标准；两者的等差大于一级时，采用高标准降低一级使用。

（3）其他条件下可按表1-9进行划分，例如某排土场按场地条件划分等级为四级，按总堆置高度划分为三级，按排土总容积划分为一级，则该排土场最终等级为二级。排土场分级是一个复杂的过程，需要综合考虑各方面因素，特别是需要考虑周边环境因素及排土场堆排前自然条件下的灾害发生可能性。

表1-9　排土场等级划分

按场地条件划分	按堆置高度划分	按排土容积划分	最终排土场等级
一级（不良）	四级	四级	一级
二级（复杂）	一级	一级	一级
三级（一般）	一级	二级	一级
四级（良好）	一级	三级	二级

1.1.4 排土场的场址选择

露天矿山排弃剥离物、地下开采矿山排弃废石都是采矿的第一道工序，排土场是矿山开采的一个重要组成部分，因此，场址的选择，必须与采矿场和选矿厂厂址选择同时进行。在露天矿中，运输成本约占岩石剥离成本的40%左右，而运距长短又是影响运输成本高低的主要因素，岩土运输距离越近，生产成本越低。从矿山经济效益方面出发，就近选址，缩短岩土运输距离，对提高企业的经济效益有着极为重要的意义。场址的选择，应着重考虑剥离岩土的分布状况、采掘顺序、剥离量的大小，可在采矿场附近选择一个或多个排土场。在不妨碍采场生产发展前提下就近选址，可降低运输成本，但必须注意场址的整体稳定。血的教训警告人们，选址的使用安全应是第一位的，环境污染的潜在危害不可掉以轻心。2000 年 10 月，广西南丹县一座废砂堆积而成的拦污坝突然坍塌，污水和泥石流冲起 2m 多高，坝附近上百座民房顷刻间毁于一旦，死 15 人，伤 50 多人，失踪 100 多人。

同时，排土场的容量应能容纳矿山服务年限内所排弃的全部岩土（包括设计服务年限矿山的基建剥离岩土和生产期废石量的全部容量）；排土场地可为一个或多个，至于排土场选择一个或多个，要根据排弃物的流向、流量和有无适宜场地等因素确定。在占地多、占用先后时间不一时，则宜一次规划，分期征用或租用。初期征用土地时，大型矿山不宜小于 10 年的容量，中型矿山不宜小于 7 年的容量，小型矿山不宜小于 5 年的容量。有回收利用价值的岩土和耕植土的排土场应按要求分排、分堆，并应为其回收利用创造有利的条件。另外，排土场场址选择时要进行方案比较，方案的比较应包括表 1-10 的内容。

表 1-10　排土场场址方案的比较

序号	比较内容	考　虑　因　素
1	场址的地形、工程地质及水文地质	强调了排土场场址的地形、工程地质、水文地质与自然条件，主要是从排土场的稳定性考虑
2	建设的自然条件	强调了方案比较内容应包括排弃物的运输方式、运距、容量、用地。矿山采掘期间排土量大、占地面积大，剥离物（废石）的运输与排放费用占矿山成本比重大，在排土场方案比较中，优先选择运距近、容积率高、占地少的场地，经济效益是不言而喻的
3	排弃物的运输方式、运距、容量、用地	
4	对暂不能利用的资源日后利用回收	强调了方案比较内容应包括对暂不能利用的资源日后利用回收的条件
5	安全与卫生防护距离	强调了安全与卫生防护距离，以避免意外的滚石、坍塌给周边生产厂房、居住区、主要交通干线带来安全危害

1.1.4.1 外部排土场场址选择

外部排土场场址的选择应根据采矿开拓剥离物运输方式，综合地形地质、环境因素进行堆存场地方案比较。剥离物运输方式主要有汽车运输和铁路运输。不同的运输方案，运输线有不同的技术要求，排土场选址一方面应考虑运输线的技术标准，使采矿场与排土场高程上合理衔接，在沿采场或排土场边缘布置运输线时，其边坡应稳定，以适应排土作业技术安全上的要求；另一方面要因地制宜利用地形，适当提高堆置高度，以增加排土场容积，使相同面积场地有更大容积。合理确定排土场各台阶的标高，其出发点应与矿山采剥进度计划相适应。通过高土高排、低土低排，缩短岩土运距，降低运输功，保证开拓运输线便捷通畅；同时也要考虑排土场边坡稳定因素。

（1）矿山排土场建设需要占用大量土地。俄罗斯、美国的矿山，排土场的占地面积分别为矿山总占地面积的50%和56%。根据对我国冶金露天矿的调查，排土场的占地面积为矿山总占地面积的30%~50%，矿业的发展导致排土场占用大量土地的问题日趋突出。我国人口众多，人均耕地面积较小，保护耕地是我国基本国策。根据节约用地的原则，应妥善考虑排土场用地，防止多征少用，或造成土地利用不当；可以利用荒地的，不得占用耕地；可以占用劣地的，不得占用好地。排土场场址选择应避开城镇生活区、水源保护区，主要是为了避免造成损害群众利益的环境问题。

（2）在规定的风景名胜区、自然保护区和其他需要特别保护的区域内，不得建设污染环境的工业生产设施。《中华人民共和国固体废物污染环境防治法》规定：禁止任何单位或者个人向江河、湖泊、运河、渠道、水库及其最高水位线以下的滩地和岸坡等法律法规规定禁止倾倒、堆放废弃物的地点倾倒、堆放固体废物。将剥离岩土直接排入江河、湖泊，不仅会造成水体严重污染，还淤塞河道，影响排洪。

（3）外部排土场场址宜选择在水文地质条件相对简单，原地形坡度相对平缓的沟谷；不宜设在工程地质与水文地质不良地带；不宜设在汇水面积大，沟谷纵坡陡，出口又不易拦截的山谷中；也不宜设在主要工业厂房、居住区及交通干线临近处。当无法避开时，必须采取有效措施，防止泥石流灾害的发生。从排土场的稳定性考虑，排土场场址宜选择在水文地质条件相对简单，原地形坡度相对平缓的沟谷，不宜设在工程地质与水文地质不良地带。因为地质不良排土场基底承载力不足，容易产生变形破坏而影响安全。排土场若设在汇水面积大、纵坡陡的沟谷处，极易诱发泥石流。从泥石流形成的条件来看，排弃松散土石是泥石流形成的基础，大量降水汇集和陡峭的纵坡又是产生泥石流的动力条件，为避免重大安全事故发生，排土场的场址不宜选择在上述地点，也不宜设在河沟纵坡陡的交叉口，最好是选择在葫芦状沟谷，肚大口小，土地利用率高，出口防护工程小的地方。为避免意外的滚石、坍塌给周边生产厂房、居住区、主要交通干线带来安全影响，规定排土场不宜设在主要工业厂房、居住区及交通干线临近处；当无法避开时，必须有可靠措施防止灾害的发生。

（4）外部排土场不应设在居民区或工业场地的主导风向的上风侧和生活水源的上游，并不应设在废弃物扬散、流失的场所以及饮用水源的近旁。废石中的污染物必须按照现行国家标准堆放、处置。对有可能造成水土流失或泥石流的排土场，必须采取有效的拦截措施，防止水土流失，预防灾害的发生。排土场的使用安全，首先应满足不发生危及人民生命财产安全的垮塌事故。排土场工程不同于其他基础设施建设工程，在基础处理、堆载压实、边坡防护上不可能有过多的要求，只能从场址选择上消除重大安全隐患。许多排土场在生产过程中或终止排弃后，细颗粒尘埃随风飘扬，污染大气。所以，为了避免类似粉尘污染现象的发生，排土场不应设在居民区或工业场地的主导风向上风侧。为避免水污染，排土场也不应设在生活水源的上游。固体废弃物堆放和填埋场必须避免选在废弃物扬散、流失的场所以及饮用水源的近旁。含有硫化矿物的废石经氧化或水蚀，会产生含金属离子的酸性水，这种水的无序排放可能对农田和民用水造成严重污染。

（5）宜利用山冈、山丘、竹木林地等有利地形地貌作为排土场的卫生防护带，无地形利用时，在排土场与居住区之间应按卫生、安全、防灾、环保等要求建设防护绿地。排土场场址选择中应利用山丘交错等有利地形地貌作为卫生防护带以减轻排弃岩土对周围生态环境的影响。排土场边缘凸起山冈、竹木林地具有防灾功能，本身就是天然拦截屏障，设计时应充分利用。无地形利用时，在排土场与居住区之间应按卫生、安全、防灾、环保等要求建设公害防护绿地。

1.1.4.2 内部排土场场址选择

有采空区或塌陷区的矿山，在条件允许时，应将其采空区或塌陷区开辟为内部排土场。利用采空区或塌陷区作为排土场地，不新征地，既可节约基建投资，还可缩短运距、降低剥离成本。有条件的矿山应与采矿矿岩开采顺序配合，充分利用上述区域作为排土场。一个采场内有两个不同标高底平面的矿山，应考虑采用内部排土场。

一个采场内有两个不同标高底平面、露天矿群同时有几个采区采矿，可通过有计划安排采掘进度，先行强化部分采区的采掘工作，利用提前结束的采空区实行内排土。如白银露天矿 1 号露天采场已经闭坑，位于附近的 2 号露天采场就近向 1 号采空区排弃岩土，汽车运输距离缩短了 0.8km。3 年共排土 100 多万立方米，既减少了排土场占地，又降低了成本。

露天矿群和分区分段开采的矿山，应合理安排采掘顺序，选择易采矿体先行强化开采，腾出采空区用作内部排土场。分期开采的矿山，可在远期开采境界内设置临时的内部排土场。对分期开采的矿山，为节约用地，可将近期剥离岩土堆放在远期开采境界内，减少运费，但增加了后期二次转运作业，有利有弊。方案是否可行、合理，还需经过技术经济比较后确定。

1.1.5 排土场的竖向堆置形式

露天矿岩土排弃需进行排土规划，当采场的开拓运输系统已定时，排土工作要达到经济合理的运输距离和全部剥离排土的运营费用的贴现值最小。排土规划还要考虑排土场的数量与容积、排土场与采场的相对位置和地形条件，及其对环境的影响等。

排土场设计时应进行排土场平面规划和竖向规划。当选择多个排土场，分散排土时，则应通过平面规划，达到运量合理分配。而在一个排土场范围内，由于它和采场有一定的高差关系，所以竖向规划特别重要，尤其是山坡露天矿和在沟谷、山坡地形设置排土场，经常遇到的是竖向规划问题。

将采场内需要剥离的岩土在竖向上划分一定的台阶，局部按照排土场地形条件及排土工艺，在竖向上也要划分台阶，使排土场与采场剥离台阶的划分相协调。根据露天矿排土运输条件和排土场建设类型，其竖向规划可分为以下几种堆置方式。

1.1.5.1 平缓坡运输型

平缓坡运输型（图 1-5a）的特点是采场剥离台阶比排土场台阶高一个台阶，采场由上往下剥离，排土场由上往下堆置，其运输路线是平缓坡，运输技术条件最佳，适用于公路和铁路运输排土。

1.1.5.2　下降运输型

下降运输型（图 1-5b）排土运输的特点是采场剥离台阶高于排土场两个以上的台阶高度，必须采用下降运输形式。采场由上至下剥离，而排土场由近向远或山下向山上排土。如果条件允许可以按模型实行单层高台阶排土，这样下降距离小、运输线路简单、运费较低。若不能进行高台阶排土，可采用低分段分层堆置。此种类型需要大幅度下降运输，对于铁路运输，因线路降坡能力低、展线长，很不经济；对于汽车运输，虽坡度可以增大，但也需要较长的展线，增加运费，同时重车下坡处于制动刹车的状况，其行车条件恶劣，一般重车下坡比缓坡运输的费用高 10%左右。当剥离量大、下降运输高差很大时，可在采场内采用溜井重力下放的运输方式。

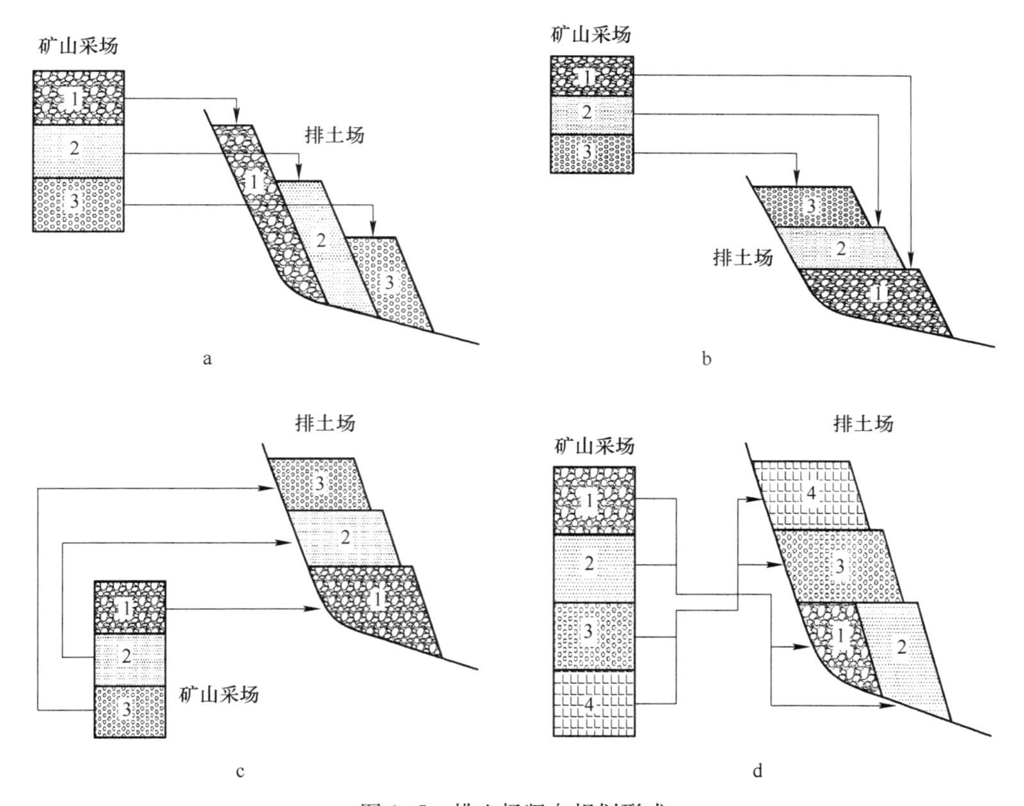

图 1-5　排土场竖向规划形式

（图中方块面积表示各个台阶的岩土量，虚线表示运输路线，箭头方向表示运输线路方向）

a—平缓坡运输型；b—下降运输型；c—上升运输型；d—组合型

1.1.5.3　上升运输型

上升运输型（图 1-5c）是采场剥离岩土都要用上升运输形式运至排土场，它的运输功和运输费最高，是最不利的排土类型。当采用汽车或铁路运输方式时，同样存在线路长、运费高的缺点。如汽车运输，重车上坡的运费比下坡运输高 10%左右，比平缓坡运输高 30%左右。

上升运输坡度大，可采用胶带运输，它爬坡能力强、效率高。上升运输最好采用水平分层堆置方式。从理论分析，分层高度越小，运输功越小。但是，分层高度小，则分层运输路线增多，是不经济的。因此分层高度要经过技术经济比较后确定。

1.1.5.4　组合型

组合型（图1-5d）是以上三种模型的组合型，它适合于山区地形，比高很大，上部是山坡露天开采，下部为深凹露天开采，而排土场也是在比高较大的山谷。这样的竖向规划往往比较复杂，需要进行多方案分析比较和优化。排土场规划的经济准则是露天开采的整个时期内，折算到单位矿石成本中的废石运输、排弃、排土场的复垦与污染防治等费用的总贴现值最小。排土场选址时，注意依照以下原则：

（1）在不影响工程推进的前提下尽量就近排土。有条件的露天矿实行高土高排，低土低排，分散货流；通过二次转排的技术经济合理性的论证等，推进内部排岩；充分利用荒山、荒沟。

（2）选择基底岩层坚固、水文地质条件较好、地表汇水面积小的位置设置排土场，如无法避开软弱岩层须采取适当工程措施，构筑防洪、排洪设施等。

（3）考虑排弃物的二次利用及土地复垦，可采用低品位岩矿、氧化矿、岩石、表土等分别堆存，以便回收有价物质、利于复垦时表土复原，保持生态多样性。

（4）在工业场地、构筑物或交通干线下游及下风侧设置土场，以防滑坡和泥石流事故发生时，危及生命财产，同时减少环境污染。

1.2　排土场的排土工艺

排土工艺因矿床的开采工艺，排土场的地形、水文地质特征及所排弃废石的物理力学特征而异。排土方式系根据矿山的开拓运输方案确定，而转排设备的选择又与地形、工程地质和气象等条件密切相关。排土方式的确定，有一定的灵活性。对某些特定条件下的排土场，可能有几种排土方式可供选择，因为不同的排土方式有它一定的适用条件，在选择中应充分注意，确保选定的排土方式合理。根据废石的运输与排弃方式及所使用设备的不同，排土场的排弃工艺可分为如下几种。

1.2.1　人工排土

人工排土受人力卸载条件限制，废石车载重小（一般为0.7~1.2m^3矿车），仅适用于排土工作量少的小型地采矿山，开拓运输一般为窄轨铁路、小型矿车、电机车牵引或自溜运输，以人工翻车、平整、移道，排土场一般为一个台阶。

1.2.2　公路运输排土

公路运输排土工艺是利用汽车将废石直接运到排土场进行排卸，然后由推土机推排残留的废石及整理排卸平台。汽车运输排土的露天矿大多采用“汽车-推土机”排土工艺，其排土作业的程序是：汽车运输剥离下的废石到排土场后进行排卸，推土机推排残留废石、平整排土工作平台、修筑防止汽车翻卸时滚崖的安全车挡及整修排土公路。“汽车-推土机”排土工艺的优点在于汽车运输机动灵活、爬坡能力大、可在复杂的推土场地作业，宜实行高台阶排土；排土场内运输距离较短，排岩运输线路建设快、投资少，又易于维护，我国多数露天矿山都采用“汽车-推土机”排土。“汽车-推土机”排土方式适用于任何地形条件，可堆置山坡型和平原型排土场，即单台阶和多台阶排土场。尽管如此，排土机排土工艺在岩石风化强烈、饱水泥泞条件下应慎重采用，因为泥泞条件易使汽车轮胎陷入困境。广东、湖北的一些矿山选用这种排土工艺曾有深刻的教训，每年雨季有 2~3 个月不能正常生产；北方矿山也出现过类似情况。大型露天矿也可采用“汽车-胶带运输机-推土机”排土工艺。

“汽车-推土机”按排土堆置方式可分作边缘式和场地式，边缘式排土是自卸汽车沿排土台阶坡顶线直接卸载，或卸在边沿处再由推土机将岩土推到坡下，这种方式比较经济，推土机作业量小。场地式是汽车在排土平台上顺序卸载，排弃一个分层后由推土机压实和平整。如此循环，排土台阶逐渐加高。这种排土方式只有在堆置软岩或土场变形大、在平台边缘卸载不安全时才使用。

“汽车-推土机”排土时，推土机用于推排岩上，平整场地，堆置安全车挡，它的工作效率主要取决于平台上的岩土残留量。当汽车直接向边坡翻卸时，80%以上的岩土借自重滑移到坡下，再由推土机平整并将部分残留量堆成车挡；当排弃的是松软岩土，台阶高度大，或因雨水影响，排土场变形严重，汽车直接向边坡卸载会不安全时，可以在距坡顶线 5~7m 处卸载，全部岩土由推土机推排至坡下，但这样会大大增加推土机的工作量，增加排土费用。推土机的推送距离一般为 10~50m。例如：对于功率为 73.5kW 的推土机，当推送距离为 14m 时，其块岩的台班推送量为 400m^3，混合岩土的台班推送量为 500m^3。

1.2.3 铁路运输排土

铁路运输的排土工艺主要是由铁路机车将剥离下的废石运至排土场，翻卸到指定地点再应用其他的移动设备进行废石的转排工作，根据排土场排土设备的不同又分为挖掘机排土、铲运机排土等（图 1-6）。可选用的转排设备有排土犁、挖掘机、推土机、前装机、索斗铲等。目前，在国内采用铁路运输排岩工艺的矿山主要以挖掘机为主，而其他设备很少用。铁路运输排岩工艺的辅助设备有移道机、吊车等。

1.2.3.1 电铲排土

采用铁路运输的矿山广泛采用电铲排土。其工艺过程：列车进入排土线后，依次将废石卸入临时废石坑，再由电铲转排。临时废石坑的长度不小于一辆翻斗车的长度，坑底标高比电铲作业平台低 1.0~1.5m，容积一般为 200~300m^3。排土台阶分为上下两个台阶，电铲站在下部分台阶从临时废石坑里铲取废石，向前方、侧方、后方推置。其中向前方、侧方推置是电铲的推进而形成下部分台阶，向后方推置上部分台阶是为新排土线修筑路基，如此作业直至排满规定的台阶高度。

电铲排土工艺的优点在于受气候的影响小，剥岩设备的利用率高；移道步距大；每米线路的废石容量大，因而减少了排土线长度及相应的移设和维修工程量；排土平台具有较高的稳定性，可设置较高的排土台阶，并能及时处理台阶沉陷、滑坡；场地的适应性强，可适用各种废石硬度的内外排土场；同时可在新建的排土场直接用电铲修筑路基，加快建设速度，节省大量的劳动力和费用。但其也有明显的缺点，即电铲设备投资较高、耗电量大，因而推土成本较高；运输机车需定位翻卸废石和等待电铲转排，因而降低了运输设备的利用率。

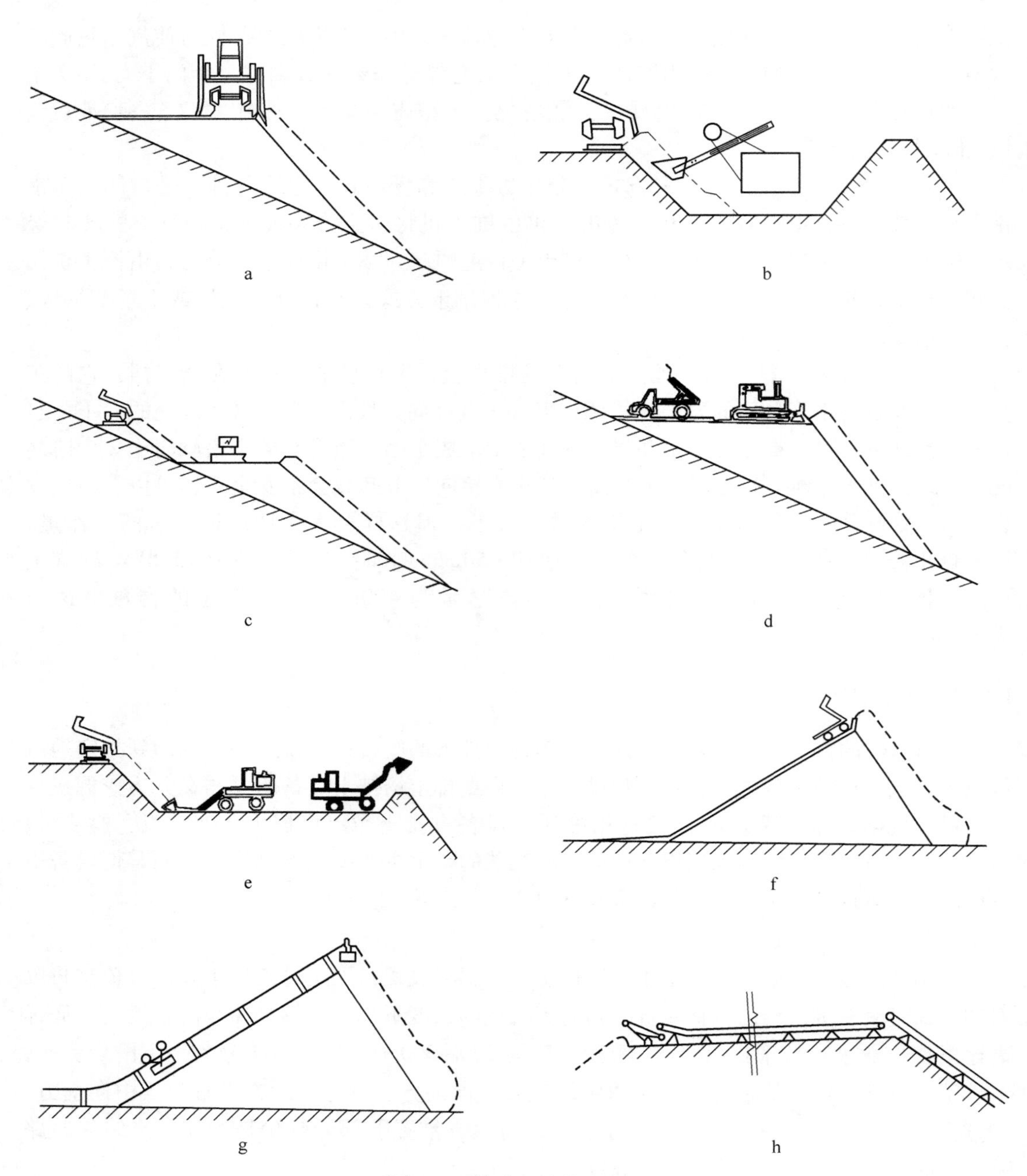

图 1-6　铁路运输排土形式

a—堆土犁排土；b—电铲排土；c—窄轨推土机排土；d—汽车推土机排土；e—单斗装载机排土；f—矿车或箕斗斜坡提升排放装载机排土；g—索道小车斜坡提升排放装载机排土；h—高强胶带输送机排土

1.2.3.2　推土机排土

推土机排土的工艺程序是列车将剥离下的废石运至排土场翻卸，推土机将废石推排至排土工作台阶以下，并平整场地及运输线路。国内采用推土机排土工艺的不多。采用这种方式推排免除了人工作业繁重的体力劳动，当排弃湿度较大的岩石时，由于推土机履带的来回碾压，加强了路基的稳定性，使排土场的堆置高度增大，但排弃成本高于其他方式。

1.2.3.3 前装机排土

前装机转排具有机动灵活、排岩宽度大、运距长、安全可靠等优点，这种排土方式的排土台阶有较长的稳定期。但当运距大时，排土效率较低。当排土平台较宽时，前装机可就地做180°转向运行，当排土平台较窄时，可就地做90°转向运行以进行加长排土工作平台的作业（图1-7）。

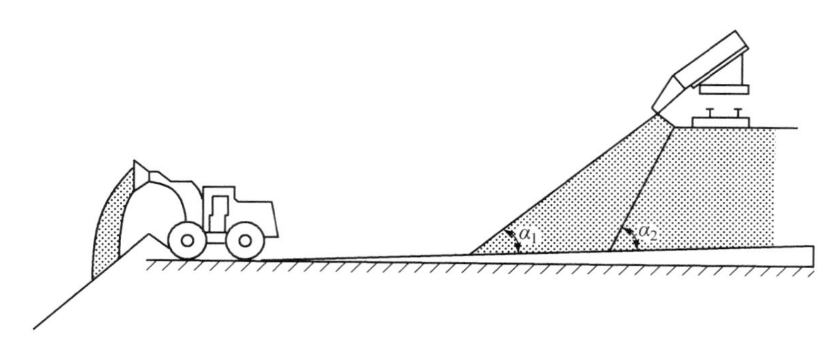

图1-7 前装机排土作业

1.2.4 胶带运输排土

胶带运输排土的排土工艺是利用胶带机将剥离下的废石直接从采场运到排土场进行排卸。露天矿采用胶带运输机-胶带排土机排土是近年来发展起来的一种多机械、连续排土工艺。该工艺系统一般的工艺流程是使用汽车将剥离下的废石运至设置在采场最终边帮上的固定或移动式破碎站进行废石的粗破碎，破碎后的废石被卸入胶带运输机，由胶带运输机运至废石场再转入胶带排土机进行排卸。当一个台阶高度排满后，用推土机平整场地，然后移动胶带排土机。

胶带排土机的主要工艺参数是最大排土高度和排土带宽度，它们都取决于排土机的结构尺寸。排土机向站立水平以上排土时，应尽量利用悬臂长度形成边坡压角，以保证排土边坡的稳定；向下排土也要尽量利用卸载悬臂长度，使排土带宽度达到结构允许的最大值，为排土机创造稳定的基底。

胶带运输机-胶带排土机的排土工艺充分发挥了连续运输的优越性。胶带运输机爬坡能力强、运距长、运输成本低、自动化程度高。与汽车运输相比，具有能源消耗小、维修费低、设备的利用率高等优点。胶带排土机增大了废石排土段高，在很大程度上缓解了排土场容量不足和占用耕地问题。但这种排土工艺初期投资大、生产管理技术要求严格、胶带易磨损、工艺灵活性差。

1.2.5 架空索道排土及斜坡卷扬排土

架空索道排土及斜坡卷扬排土的共同特点是堆置高度高、容量大，可减少占地面积、降低环境污染。

架空索道排土堆置是从装载站将废石装入索道挂斗运至废石场，再经斜坡栈桥运至顶部卸载。斜坡栈桥随废石堆置逐步延伸。装载、运输、卸载、回斗均可自动化。架空索道排土是连续性运输，能力较大，但对废石有一定的粒度要求。

斜坡卷扬排土堆置分侧卸式和前倾式两种。前者采用V形矿车或双边侧卸式矿车，废石经倒装转载在矿车上，提升至顶部卸载；后者则需经倒装转载到箕斗上再提升至顶部卸载。

1.2.6 废石与尾矿联合堆排

为了减少排土场占地。在有条件的矿山可采用排土场与尾矿库联合堆置的工艺，这样既可减少占用土地，增加库区堆置容量；又可减少环境污染。目前有以下几种联合堆置形式：废石堆筑形成尾矿库、在尾矿库上覆盖排土场、废石和尾砂混合堆置。

1.2.6.1 废石筑坝形成尾矿库

在尾矿库建设初期就利用剥离的岩土堆置初期坝，或在尾矿库形成后，利用废石筑坝增加库容量，延长尾矿库服务年限。例如鞍钢大孤山铁矿的排土场和尾矿库形成相互依存的关系，采用废石筑坝，既获得了排土空间，又解决了筑坝材料，增加了库容量。该矿尾矿库原三面环山，只需一面排土筑坝。1961年起开始三面排土筑坝，只有一面环山，20多年来排土场坝高已超过90m。目前尾矿库虽已到服务年限，但为了增加库容量，预计尾矿库水面标高可从115m增加到165m。

1.2.6.2 尾矿库上覆盖排土场

据统计，一般露天矿每百万立方米剥离岩土的占地面积（排土场）为2.5公顷，每百万立方米尾矿库的占地面积为6.7公顷。为了减少占地，可以采用排土场与尾矿库联合堆置的方法，其中在尾矿库上覆盖排土场是一种有效方式，此堆置工艺可分为两个方案：尾矿分区段排放和倾斜分层排放尾矿，随后在其上进行排土覆盖。尾矿库上覆盖排土场的堆置工艺如图1-8所示。

尾矿分区段排放工艺是将尾矿库分作若干区段，每一区段容积以选矿厂3~5年的尾矿量计算，从沟谷上游向下游排放尾矿。初期坝用岩石和土壤堆筑，随着库容堆满，再用粗尾砂增高子坝（也可用水力旋流器排放），尾砂的堆积速度每年12~15m。

在第一区段排满之前就要建第二区段的初级坝，当第一区段排满结束后4~5年，便开始排土，随着第一层排土工作线推进，相继开始堆置第二层、第三层……。为了提高尾矿库建设和堆置速度，缩短开始排土覆盖的时间，可采用倾斜分层、沿山坡地形从最高处排放尾砂一次达到设计高度的方式。

前苏联列别金采选公司的尾矿库分成10个区段，面积为100~300公顷，容量为3000万~7000万立方米，排土场堆置高度为40~50m，可以排土8亿~9亿立方米。古布金采选公司的尾矿库分成面积为220~330公顷的6个区段，上面覆盖排土场，可以容纳露天开采的全部剥离量。

1.2.6.3 剥离废石与尾砂混合堆置

由于尾矿库选址困难，可以将尾矿砂脱水浓缩后与废石混合堆置形成排土场，而无需建设专门的尾矿库，这对于平原地区寻找尾矿库库址困难，减少占地问题，提供了有效的途径。

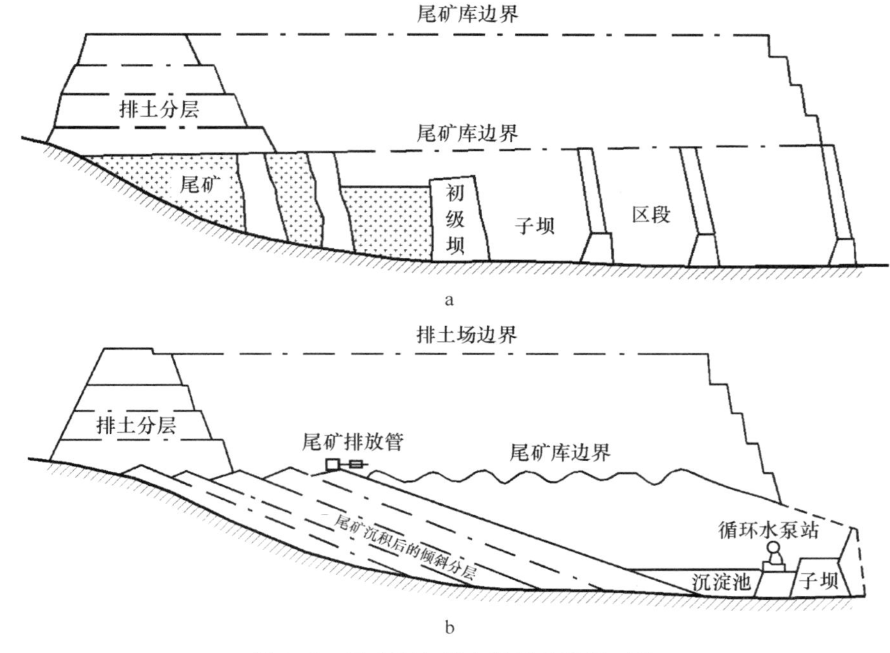

图 1-8　尾矿库与排土场重叠堆置工艺

a—尾矿分区段排放；b—倾斜分层排放尾矿

1.3　排土场的堆置要素

排土场的主要堆置要素应包括堆置总高度与台阶高度、岩土自然安息角与边坡角、最小平台宽度和有效容积等。表 1-11、图 1-9 列出了排土场的几个主要堆排要素。这些要素是排土场设计和排土场稳定性分析计算的主要参数。

表 1-11　排土场堆置要素

序号	要素名称	符号	排土场类型	
			单阶段	多阶段
1	地基坡度/(°)	$\theta_{台}$	$\theta_{台1}$，$\theta_{台2}$	$\theta_{台1}$，$\theta_{台2}$
2	台阶数	$N_{台}$	$N_{台}=1$	$N_{台}$
3	台阶高度/m	$h_{台n}$	$h_{台1}$	$h_{台1}$，$h_{台2}$，…
4	排土场总高度/m	H	$H=h_{台1}$	$H=h_{台1}+(N_{台}-1)\times h_{台2}$
5	安全平台宽/m	$b_{台}$	$b_{台}=0$	$b_{台}$
6	台阶边坡角/(°)	$\alpha_{台n}$	$\alpha_{台1}$	$\alpha_{台1}$，$\alpha_{台2}$，…
7	总边坡角/(°)	$\alpha_{总}$	$\alpha_{总}=\alpha_{总1}=\beta$	$\alpha_{总}=\beta$
8	占地面积/m^2	$S_{面}$	$S_{面}$	$S_{面}$
9	总容积/m^3	$V_{总}$		

1991 年 5 月出版的《采矿手册》“露天开采”中对部分露天矿汽车运输排土机排土的排土场和部分露天矿铁路运输排土场的参数见表 1-12 和表 1-13。

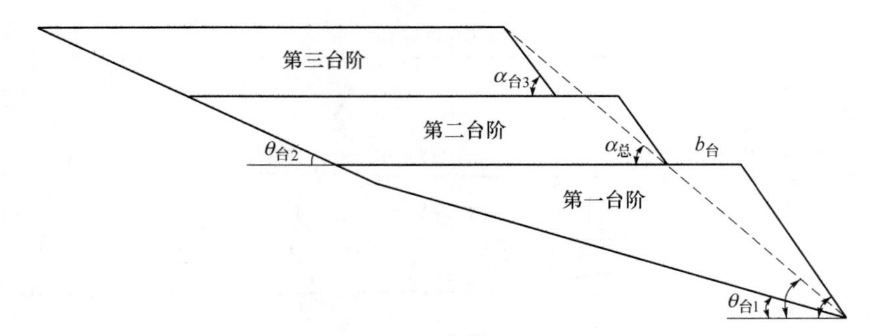

图 1-9 排土场的堆置要素示意图

表 1-12 我国部分露天矿汽车运输推土机排土的排土场参数

序号	矿山名称	排土场岩性	基底坡度/(°)	台阶个数	堆置高度/m		边坡角/(°)	
					台阶高	总高度	台阶坡度	总坡度
1	南芬铁矿	石英片岩、混合岩	22~30	—	80~180	106~295	31~35	20~28
2	兰尖铁矿	辉长岩，大理岩	34~38	—	15	180~200	35	35~36
3	大石河铁矿	混合片麻岩	30~60	1	30~105	30~105	34~37	34~37
4	峨口铁矿	云母石英片岩	27~39	1	60~120	60~120	40	40
5	石人沟铁矿	片麻岩	20~30	1	40~75	40~75	37.7	37.7
6	潘洛铁矿	石英片岩、凝灰岩	33~45	1	200	200	32~35	32~35
7	大宝山多金属矿	页岩、流纹斑岩	30~50	1	—	280~440	—	—
8	云浮硫铁矿	变质粉砂岩	30~40	3	20~40	150~200	40	35
9	德兴铜矿	千枚岩、闪长玢岩	—	—	20~60	220	—	—
10	永平铜矿	混合岩	28~33	3	24~36	144~160	38	33
11	石录铜矿	石英闪长岩、黄泥	2~28	4	10~30	45~55	25~30	—
12	金堆城钼矿	安山玢岩	—	1	35~90	35~90	34~36	34~36
13	白银铜矿	角闪凝灰岩、片岩	30~50	—	6~15	30~80	37~40	—
14	东川汤丹铜矿	白云岩、板岩	35~40	1	300~420	300~420	38	—

表 1-13 我国部分露天矿铁路运输排土场参数

序号	矿山名称	排土场岩性	基底坡度/(°)	台阶个数	堆置高度/m		边坡角/(°)	
					台阶高	总高度	台阶坡度	总坡度
1	眼前山铁矿	千枚岩、混合岩	15~25	3	20~25	78	34	24.5
2	齐大山铁矿	石英片岩、千枚岩、混合岩	—	3	14~30	50	38~43	25~35
3	大孤山铁矿	石英片岩、千枚岩、混合岩	50	3	15~25	67	35~37	32
4	东鞍山铁矿	千枚岩、混合岩	—	3	15~20	45~50	36	33
5	歪头山铁矿	角闪片岩、石英岩	10~15	2	20~34	64	34	—
6	甘井子石灰石矿	石灰岩、页岩	30~55	1	15~16	20	38	30
7	大冶铁矿	闪长岩、大理岩	—	—	12~20	70~110	35~42	28~35
8	朱家包包铁矿	辉长岩、大理岩	25~45	4	40	168	—	28~37

续表1-13

序号	矿山名称	排土场岩性	基底坡度/(°)	台阶个数	堆置高度/m		边坡角/(°)	
					台阶高	总高度	台阶坡度	总坡度
9	白云鄂博铁矿	白云岩、板岩	20~17	2	15~30	35~45	43	30~36
10	水厂铁矿	片麻岩、花岗岩	15~30	2	35~80	115	—	35~40
11	海南铁矿	透闪石灰岩、绢云母片岩	28~43	1	30~40 最大 90~110	40~130	36~38	36~38
12	南山铁矿	闪长岩、安山岩	5~10	3	15	80	31~40	10~17

1.3.1 排土场堆置高度与各台阶高度

排土场的台阶高是指排土台阶坡顶线至坡底线间的垂直距离，各台阶的高度总和称为排土场的堆置高度。排土场的台阶高与堆置高度主要取决于排土场的地形与水文地质条件、气候条件、废石的物理力学性质（岩石成分、粒度、回收率等）以及排岩设备和废石运输方式、生产管理等因素。其中场址原地表坡度和地基承载力为主要因素，如果场址地形平缓、地基承载力好时，其堆高可以加大；如果地基系土质时，排土场在排土初期基底压实到最大的承载能力时排土场的高度需要控制。在确定靠近地面第一层台阶高度时，应避免在地质条件差时堆置过高，以免造成严重的基础凸起使局部排土场下沉，造成台阶边坡滑落引起上层台阶不稳定。在多台阶堆置时，上下台阶要留有一定的超前距离，既保证下一台阶的安全生产，也为上一台阶的稳定创造条件。排土场堆置高度与各台阶高度应根据剥离物的物理力学性质、排土机械设备类型、地形、工程地质、气象及水文等条件确定。单台阶排土场一般堆置高度大，沉降变形也大，它适合于堆置坚硬岩石，排土场基底不含软弱层。多台阶排土场堆置高度要根据排土参数和基底承载能力分析计算。

1.3.1.1 排土场的堆置高度

在排土初期，基底岩土开始被压实。当堆置到一定高度时，排土初期的基底压实达到最大的承载能力，但尚未到极限状态，这时的排土场的堆置高度可按式（1-1）计算。

$$H = 10^{-4}\pi c_0\tan\phi_0\left[\frac{\gamma}{9.8}\left(c_0\tan\phi_0 + \frac{\pi\phi_0}{180} - \frac{\pi}{2}\right)\right] \tag{1-1}$$

式中 H——排土场的堆置高度，m；

c_0——基底岩土的黏聚力，Pa；

ϕ_0——基底岩土的内摩擦角，(°)；

γ——排土场物料的重度，kN/m^3。

排土场基底压实到最大的承载能力时会有少量变形和沉降，但只要不产生滑移关系不大，运用式（1-1）计算的高度往往偏于保守。当无工程地质资料时，堆置的台阶高度可按表1-14确定。表1-14中，括号内数值系工程地质及气象条件差时的参考值。同时，当排土场剥离物运来时土石类别明显的，排土时的台阶高度可根据其不同的土石类别，分别采用各自不同的台阶高度。当基底稳定时，台阶高度可作如下估算：堆置坚硬岩石时宜为30~60m（山坡型排土场高度不限），堆置砂土时宜为15~20m，堆置松软岩土时宜为10~20m。

表 1-14 排土场剥离物堆置台阶高度 (m)

岩土类别	排土方式						
	铁路运输					汽车运输	斜坡卷扬
	人工排土	推土机排土	推土犁排土	电铲排土	装载机排土	推土机排土	废石山
坚硬块石	40~60 (30~40)	40~50 (20~30)	20~30 (15~20)	40~50 (20~30)	≤200	≤200	<150
混合土石	30~40 (20~30)	30~40 (20~30)	5~20 (10~15)	30~40 (20~30)	≤100	≤100	<150
松散硬质黏土	15~20 (12~15)	15~20 (10~15)	10~15 (10~12)	15~20 (10~15)	15~30 (15~20)	15~30 (15~20)	70~80
松散软质黏土	12~15 (10~12)	12~15 (10~12)	10~12 (8~10)	12~15 (10~12)	12~15 (10~12)	12~15 (10~12)	50~60
砂质土	—	—	7~10	10~15	—	—	—

注：括号内数值为工程地质及气象条件差时参考值。

《有色金属采矿设计手册》提出了排土场的台阶高度与排弃岩石的性质和排土方法的关系，当无工程地质资料时，堆置的台阶高度也可参考表 1-15 中的值。表 1-15 中，当废石堆地基的工程地质、水文地质条件不好，以及区域的气候条件不良时，排土场台阶高度另定；当堆置的土岩是由流砂构成时，排土场台阶高度不应超过 3m。

表 1-15 排土场的台阶高度与排弃岩石的性质和排土方法的关系 (m)

排土方法	不同排土类型及排弃岩土性质对应的排土台阶高度					
	平地排土场			山坡排土场		
	软的	硬质的	混合的	软的	硬质的	混合的
排土犁排土	8~10	12~13	12~20	—	20~30	10~20
单斗挖掘机排土	10~15	15~20	20~30	—	25	15~25
自卸汽车和排土机排土	2~10	—	10~18	—	—	10~15

1.3.1.2 排土场的极限堆置高度

目前许多矿山都设法最大限度地利用排土场已有占地，增加堆高，建设超高台阶排土场；然而，排土场堆高与稳定性密切相关，若一味增加堆高，势必给矿山带来巨大的安全隐患。合理地确定排土场极限堆载高度已成为目前众多矿山面临的科研难题。对于排土场极限堆载高度的计算目前主要有以下几种方法。

（1）随着排土场高度增加，在基底处于极限状态、失去承载能力、产生塑性变形和移动时，排土场的极限堆置高度可按《有色金属矿山排土场设计规范》规定的公式计算。

$$H_{极限} = \frac{10^{-4} c_0 \cot\phi_0}{\gamma}\left[\tan^2\left(45° + \frac{\phi_0}{2}\right) \cdot \exp(x\tan\phi_0) - 1\right] \quad (1-2)$$

式中 $H_{极限}$——排土场极限堆置高度；

c_0——基底表土黏聚力。

（2）考虑变形。排土场多为复合基底，上层为表土，下部为基岩。直到目前为止，国内外均以基底表土层相对变形不超过15%~20%来确定土场极限堆高。当表土层相对压缩变形值达15%~20%时，土体向周围发生塑性滑动，则表土基底鼓起致使表土层破坏。直到目前，国内外平缓基底土场堆高均用基底表土变形与承载力来确定，在排土场散体自重荷载作用下，基底表土层压缩变形为：

$$\frac{\Delta h}{h_b} = \frac{\mu_3 \gamma H}{9.8(1 + e_1)} \tag{1-3}$$

式中 Δh——表土层最终沉降量，m；

h_b——表土层压缩前平均厚度，m；

μ_3——基底表土层压缩系数；

e_1——基底表土层孔隙比；

H——排土场堆高，m。

（3）考虑承载。当排土场荷载超过土场基底表土层承载能力时，将导致表土层剪切破坏，可按 L. Prandtl 公式计算表土极限承载能力。

$$P_0 = \frac{10.2\pi c_0 \cot\phi_0}{\cot\phi_0 + \dfrac{\pi\phi_0}{180} - \dfrac{\pi}{2}} \tag{1-4}$$

式中 P_0——极限承载力。

其物理含意为在排土场极限高度所致的极限承载力 P_0 条件下，排土场基底表土无论从变形还是承载角度来看都处于破坏状态。

但是，式（1-3）和式（1-4）是基于两条假设而提出的，即假设排土场为连续基础，表土基底只可能发生整体剪切破坏这一种形式；假设表土基底破坏即为排土场失稳，两者等效。尽管如此，当前国内外对排土场堆高的确定大多依据排土场基底的承载能力（如 L. Prandtl 公式）或表土基底变形性态（以超过15%~20%相对变形为极限）。

（4）杜炜平、贺跃光等通过对永平铜矿西北部排土场及南部排土场、厂坝七架沟排土场、朱家包包铁矿排土场、南芬露天铁矿各排土场、水厂铁矿候台子排土场及印子峪排土场、潘洛铁矿排土场、涟邵矿务局煤矿矸石山等开展工程科研或工程处理后指出：对于许多超大型高台阶排土场，利用式（1-3）和式（1-4）式计算极限堆载高度存在以下缺陷，即排土场极限高度的确定未反映表土厚度的作用；公式中将表土层破坏与土场破坏两者等效。而土场破坏又与土场极限堆高确定相对应，因而用表土层破坏直接确定土场堆高，但实践发现两者不总是等同的，只有当表土层底鼓破坏土场时才能由此确定土场极限堆高。因此，他们在既考虑表土层厚度又考虑表土与排土场底部废石接触条件的基础上导出了确定土场极限高度的方法与公式。表土底部的排土场基底表土临界厚度 h_{min} 是由 h_{min1}（表示表土挤入排土场底部块石间隙中的等效厚度）和 h_{min2}（表示泥石混杂等效基础下不底鼓表土临界厚度）两部分组成。

$$h_{min} = h_{min1} + h_{min2} \tag{1-5}$$

$$h_{min1} = \sum_{1}^{n} d_m \left(\frac{e_2}{1 + e_2}\right)^{n_1} \tag{1-6}$$

$$h_{\min 2} = \frac{2c_0 \cot\beta}{\gamma} \tag{1-7}$$

式中　d_m——排土场底部块石平均粒径；

e_2——底部块石孔隙比；

n_1——由试验确定的表土上挤于块石空隙的统计意义上层数（正整数）；

β——排土场坡角。

1）薄表土层（即 $h<h_{\min}$）。此时可认为排土场荷载由基岩承载力决定，基岩承载力可取单轴抗压强度的1/3。排土场极限堆高通过式（1-8）确定。

$$\frac{\gamma H_{极限}}{9.8} < \frac{1}{3}\sigma_b \tag{1-8}$$

式中　$H_{极限}$——排土场极限堆置高度；

γ——排土场散体重度；

σ_b——基岩的单轴抗压强度。

2）中厚表土层（即 $h>h_{\min}$）。当表土厚度 h 略大于 $h_{\min}$时，为中厚表土基底，采取少量措施便可由下伏基岩性态来确定排土场堆高，此情况适于大部分土场。

3）厚表土层（即 $h\gg h_{\min}$）。当表土厚度 h 远大于 $h_{\min}$时为厚表土层，可以不采取任何措施。在此条件下，基底表土破坏才等效于排土场底部破坏，排土场堆高才取决于地表土承载力。此时可以采用式（1-3）和 L. Prandtl 公式来确定堆高。此情况适合于少量排土场，可采用特殊技术大幅度增加堆高。

1.3.1.3　排土场堆高与其稳定性的关系

实际上，排土场堆高与其稳定性紧密相关。在这方面国内外均做过一些研究。对于那些有可能促成内部滑坡或沿倾斜基底接触面滑坡的土场，其堆高可与排土场稳定性分析一起考虑。因此，可采用数值计算或极限平衡法求解土场极限堆载高度。在计算过程中应考虑分层排土这一动态效应对土场稳定性的影响。为此，对土场进行了分层堆载模拟计算。具体做法是在计算过程中逐步增加现有排土场的堆载高度，直到排土场达到失稳状态，进而确定排土场极限堆载高度。

1.3.1.4　多台阶排土场的第一台阶的极限高度

多台阶排土场的总高度可经过稳定性验算确定，在相邻台阶之间需要留设安全平台，这样可使排土场总体边坡角小于其自然安息角，增加排土场的稳定性。采用多台阶排土，原则上要控制第一台阶高度，因为它是整个排土场的基础，它的堆置速度和压力大小与基底土层孔隙压力的消散和固结都密切相关，同时对上部各台阶的稳定性起重要作用。当地基为倾斜的砂质土时，第一台阶高度还不应大于15m，因为第一台阶的变形和破坏可能引起整个排土场的松动和破坏。在基底稳定的条件下可应用弹性理论和极限平衡原理计算第一台阶的极限高度。

$$h'_{台1} = \frac{2 \times 9.8 \times 10^{-4} c_0 \cot\phi_0}{\gamma\lambda_2} \tag{1-9}$$

式中　$h'_{台1}$——第一台阶极限高度；

λ_2——稳定性参数，无量纲，根据试验资料和经验选取，$0<\lambda_2<1$。

1.3.2 排土场剥离物堆置的自然安息角

各种排土场的堆置自然安息角与散体含水量有一定关系，含水量大，自然安息角小。排土场的堆置自然安息角可按表 1-16、表 1-17 选取。多台阶排土场剥离物堆置的总边坡角应小于剥离物堆置自然安息角。

表 1-16 排土场剥离物（岩堆）堆置安息角 （°）

类　别	自然安息角	平均安息角
沙质片岩（角砾、碎石）与砂黏土	25~42	35
砂岩（块石、碎石、角砾）	26~40	32
砂岩（砾石、碎石）	27~39	33
片岩（角砾、碎石）与砂黏土	36~43	38
页岩（片岩）	29~43	38
石灰岩（碎石）与砂黏土	27~45	34
花岗岩	35~40	37
钙质砂岩	—	34.5
致密石灰岩	32~36	35
片麻岩	—	34
云母片岩	—	30
各种块度的坚硬岩石	30~48	32~45

表 1-17 排土场剥离物（土壤）堆置安息角 （°）

土 壤 种 类	干	湿	很湿
种植土	40	35	25
紧密的种植土	45	35	30
松软的黏土及砂质黏土	40	27	20
中等紧密的黏土及砂质黏土	40	30	25
紧密的黏土及砂质黏土	45	30	25
特别紧密的黏土	45	37	35
细砂夹泥	40	25	20
洁净细砂	40	27	22
紧密细砂	45	30	25
紧密中粒砂	45	33	27
松散细砂	37	30	22
松散中粒砂	37	33	25
砾石土	37	33	27
亚黏土	40~50	35~40	25~80
肥黏土	40~45	35	15~20

1.3.3 排土场工作平台宽度

堆置阶段的平盘宽度。排土场的工作平台宽度主要取决于上一台阶的高度、大块废石的滚动距离、采用的排弃设备、运输方式、运输线路的条数及移道步距等因素，其宽度应达到上下相邻排土台阶互不影响的基本要求。

1.3.3.1 公路运输平台宽度

公路运输平台宽度可根据式（1-10）确定（图1-10）。

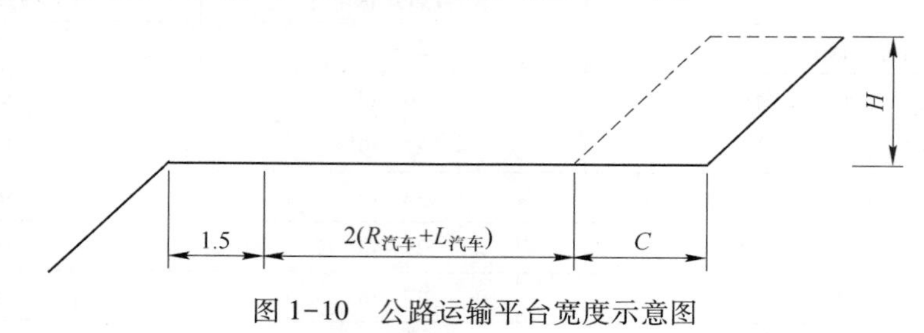

图1-10 公路运输平台宽度示意图

$$A_{公路} = 1.5 + 2(R_{汽车} + L_{汽车}) + C \tag{1-10}$$

式中 $A_{公路}$——公路运输工作平台宽度，m；

$R_{汽车}$——汽车转弯半径，m；

$L_{汽车}$——汽车长度，m；

C——超前堆置宽度，m。超前堆置宽度按表1-18选取。

表1-18 超前堆置宽度取值

堆排方式	推土机	装载机	电铲
超前堆置宽度 C	视作业条件而定	不小于装载和卸载半径之和	不小于一次移道步距，宜取18~24m

1.3.3.2 铁路运输平台宽度

铁路运输平台宽度根据式（1-11）确定（图1-11）。

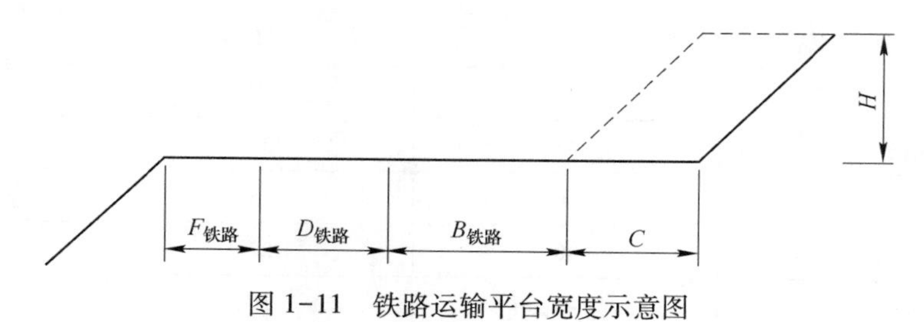

图1-11 铁路运输平台宽度示意图

$$A_{铁路} = F_{铁路} + D_{铁路} + B_{铁路} + C \tag{1-11}$$

式中 $A_{铁路}$——铁路运输工作平台宽度，m；

$F_{铁路}$——外侧线路中心至台阶边坡顶的最小距离，m；

$D_{铁路}$——线间距，m；

$B_{铁路}$——上台阶坡脚线至线路中心的安全距离，m，宜大于大块石滚落距离加轨道架线式电杆至线路中心距离，大块石滚落距离见表1-19；

C——超前堆置宽度，m，按表1-18选取。

表1-19 大块石滚落距离

台阶高度/m	10	12	16	20	25	30	40
大块石滚落距离/m	15	16	18	20	22	24	27

1.3.3.3 排土场工作平台宽度的经验参考值

排土场工作平台宽度的经验参考值可按表1-20确定。多台阶排土场，各台阶最终平台宽度不应小于5m。

表1-20 工作平台宽度参考值 (m)

运排方式	段高		
	15	15~25	30~40
汽车推土机	40~55	45~60	50~65
窄轨推土机	20~25	25~30	30~40
准轨装载机	30~40	40~50	50~60
准轨电铲	40~50	45~55	50~60
准轨推土犁	30~35	35~40	40~45

1.3.4 排土场有效容积及总容积

1.3.4.1 排土场需要的有效容积的计算

A 《采矿手册》采用的计算公式

《采矿手册》中建议的排土场有效容积的计算公式见式(1-12)。

$$V_{有效}=\frac{V_0K_B}{K_c} \tag{1-12}$$

式中 $V_{有效}$——有效容量，m^3；

V_0——剥离岩土的实方量，m^3；

K_B——初始剥离岩土的碎胀系数；排土场岩土的碎胀系数参考值见表1-21；

K_c——排土场沉降系数。排土场沉降系数参考值见表1-22。

表1-21 岩土的碎胀系数

类别	级别	初始碎胀系数	终止碎胀系数
砂	Ⅰ	1.1~1.2	1.01~1.03
砂质黏土	Ⅱ	1.2~1.3	1.03~1.04
黏土	Ⅲ	1.24~1.3	1.04~1.07
夹石与黏土	Ⅳ	1.35~1.45	1.1~1.2
块度不大岩石	Ⅴ	1.4~1.6	1.2~1.3
大块岩石	Ⅵ	1.45~1.8	1.25~1.35

表 1-22　排土场沉降系数参考值

岩土类别	沉降系数	岩土类别	沉降系数
砂质岩土	1.07~1.09	砂黏土	1.24~1.28
砂质黏土	1.11~1.15	泥夹石	1.21~1.25
黏土	1.13~1.19	亚黏土	1.18~1.21
黏土夹石	1.16~1.19	砂和砾石	1.09~1.13
小块度岩石	1.17~1.18	软岩	1.10~1.12
大块度岩石	1.10~1.12	硬岩	1.05~1.07

B　《有色金属矿山排土场设计规范》的计算公式

为简化计算，《有色金属矿山排土场设计规范》将排土场有效容积的计算公式（1-12）简化为：

$$V_{有效} = KV_0 \tag{1-13}$$

式中　K——剥离岩土经下沉后的松散系数（即终止松散系数）。各类剥离物的松散系数按表 1-23 中的值选取。

表 1-23　剥离物的松散系数 K 值

种类	砂	砂质黏土	黏土	带夹石的黏土	块度不大的岩石	大块岩石
岩土类别	Ⅰ	Ⅱ	Ⅲ	Ⅳ	Ⅴ	Ⅵ
初始松散系数	1.1~1.2	1.2~1.3	1.24~1.3	1.35~1.45	1.4~1.6	1.45~1.8
终止松散系数	1.01~1.03	1.03~1.04	1.04~1.07	1.1~1.2	1.2~1.3	1.25~1.35

C　《采矿工程师手册》的计算公式

《采矿工程师手册》的排土场的有效容积见式（1-14）：

$$V_{有效} = \frac{KV_s}{1 + K_6} \tag{1-14}$$

式中　V_s——剥离岩土的实方数，m^3；

K——岩土的松散系数，其取值可参考表 1-23；

K_6——岩土的下沉率，%，其取值参考表 1-24。

表 1-24　岩土下沉率参考值

岩土种类	下沉率/%	岩土种类	下沉率/%
砂质岩土	7~9	硬黏土	24~28
砂质黏土	11~15	泥夹石	21~25
黏土质	13~15	收黏土	18~21
黏土夹石	16~19	砂和砾石	9~13
小块度岩石	17~18	软岩	10~12
大块度岩石	10~20	硬岩	5~7

1.3.4.2　排土场的设计总容积的计算

排土场设计总容积计算式如下：

$$V_{总} = K_5 V_{有效} \tag{1-15}$$

式中 $V_{总}$——排土场设计总容积；

K_5——容积富余系数，取 1.02~1.05。

1.3.5 排土场的安全与卫生防护距离

排土场的安全至关重要，因为新堆置的岩土松散，场地的沉降变形频繁，容易造成安全事故。为了满足不发生危及人民生命财产安全及避开意外的质量隐患，必须设置一定的防护距离。排土场最终坡底线与其相邻的铁路、道路、场地、村镇等之间的防护距离与排弃物的性质、堆置高度、气候和地理因素等都有关系。所以设置排土场的安全防护距离应考虑剥离物的颗粒组成及其性质、运输排土方式、堆置台阶高度及其边坡坡度；排土场地基的稳定性和相邻建筑物及设施的性质；安全防护地带的原地面坡度、植被情况和工程地质；安全防护对象的地面与排土场最终堆置高度的相对高差等因素确定。

设置安全防护距离时也需要考虑滚石危害，根据煤炭系统实测资料表明：排土场堆置坡脚处原地面坡度不大（一般小于 20°）时，大块岩石滚动距离与堆置高度呈线性变化规律，滚动距离一般在 0.75H 范围内，个别为 1.5H。冶金系统实测资料表明：当坡脚处为采矿场自然状态下的开采平台，大块滚石从高度 55~100m 沿坡面滚落，累计约 95.4%落在 10m 以内，14m 以内的约 98.4%，16m 以内的约 99.1%，而在 16~20m 范围内的仅占 0.9%，可见大部分滚石在 14~16m 范围内均可以停止滚动。实际上，滚石的滚动距离与排土场边坡坡脚处原地面坡度息息相关，而受堆置高度影响并不明显。随着堆高的增加，滚石距离对安全影响不是主要因素，而是随着堆高的增加，排土场边坡下部的应力集中区产生位移变形或边坡鼓出，然后牵动上部边坡开裂和滑动。

排土场最终坡底线与保护对象间的安全距离是指无防护工程时的安全防护距离。排土场应保证不致威胁采矿场、工业场地（厂区）、居民点、铁路、道路、耕种区、水域、隧道等的安全。为保证排弃岩土时不致因大块滚石、塌滑等危及工业场地、居民点、铁路、道路、高压输电线等设施的安全，剥离物堆置整体稳定、排水良好，其设计最终坡底线与主要建、构筑物等的安全防护距离按表 1-25 确定。表中的安全防护距离考虑了边坡局部失稳引起的变形和大块滚石的滚动距离。

表 1-25 排土场最终坡底线与保护对象间的安全距离

<table>
<tr><th rowspan="2">序号</th><th rowspan="2">保护对象名称</th><th colspan="4">排土场等级</th></tr>
<tr><th>一等</th><th>二等</th><th>三等</th><th>四等</th></tr>
<tr><td>1</td><td>国家铁（公）路干线、航道、高压输电线路铁塔等重要设施</td><td>≥1.5H</td><td>≥1.5H</td><td>≥1.25H</td><td>≥1.0H</td></tr>
<tr><td>2</td><td>矿山铁（道）路干线（不包括露天采矿场内部生产线路）</td><td>≥1.0H</td><td>≥1.0H</td><td>≥0.75H</td><td>≥0.75H</td></tr>
<tr><td>3</td><td>露天采矿场开采终了境界线</td><td colspan="4">根据边坡稳定状况及坡底线外地面坡确定，当地面坡度逆坡时，应大于或等于 30m；当地面坡度顺坡时，不应小于 1.0H</td></tr>
<tr><td>4</td><td>矿山居住区、村镇、工业场地等</td><td>≥2.0H</td><td>≥2.0H</td><td>≥2.0H</td><td>≥2.0H</td></tr>
</table>

注：1. 航道由设计水位岸边线算起；铁路、公路、道路由其设施边缘算起；建、构筑物由其边缘算起；工业场地由其边缘或围墙算起；

2. H 为排土场设计最终堆置高度。

矿山铁路（道路）干线安全距离根据设施重要性等级及具体情况确定，其值不宜小于0.75倍的最终堆置高度。排土场最终坡底线与至矿山居住区、村镇及工业场地等的距离应大于2倍的最终堆置高度，其原因是矿山居住区、村镇及工业场地等是大量人群生产及生活的场所，必须具有更大的安全度。至排土场的安全距离，不论排土场坡底线外地面坡度如何，均取不小于其最终堆高度的2倍。目前国内的排土场，一般堆置高度为60~80m，个别可超过150m（汽车或窄轨运输排土场），其安全防护距离达200~300m，从目前各矿山实际情况看是可以保证安全的。

根据《露天矿排土场技术调查总结报告》提供的实例：辽宁某铁矿黄泥岗排土场老龙沟地段1979年发生11次滑坡，排土场平均堆高为50m，下滑体由山坡脚算起，滑移几十米远，滑移距离为最终堆置高度的1倍。辽宁某铁矿排土场，排土场最终堆置高度为40m，平均堆置高度为30m，因原地面有几米厚的淤泥层，受排土场土体荷载堆积作用后产生底鼓，土体被推出40m远，滑移距离为最终堆置高度的75%~100%，淤积物隆起高度达3.5m。辽宁某露天煤矿，排土场每层段高12~20m，最终堆置高度60~80m，在排土场西南部边缘产生滑坡后，坡角滑移最大距离近50m，为最终堆置高度的60%~80%。辽宁某铁矿二道沟排土场，排土场段高52m，由于地基下卧，软弱层面受土体荷载后，基底压缩变形，产生底鼓滑移，使设计的最终底线滑移约200m，滑移距离为最终堆置高度的1倍。上述除辽宁某铁矿系10多次累计滑移值大于最终堆置高度1倍以外，其他多数实例均在1倍范围之内。关于排土场整体失稳滑动距离，2008年尖山铁矿排土场滑坡超出2倍排土场堆排高度；2011年四川米易排土场整体滑坡远超出2倍排土场高度。因此在存在软弱地基上并且未及时清除的条件下，排土场整体失稳距离难以控制在2倍排土场高度范围内，不应按表1-25确定安全防护距离，需要通过专题论证确定。

1.4　排土场的地质危害及其实例分析

1.4.1　排土场滚石危害

随着矿山用地日趋紧张和技术的进步，高陡排土场也越来越多。矿山高陡排土场在生产作业过程中产生的滚石对坡脚以下的设施有极大的危害性。而滚石沿排土场边坡面运动的基本形式主要有3种：滑动、滚动和跳动。排土场滚石滑动一般在排土边坡的上部发生，上部物料颗粒较细，块石在滑动过程中由于摩擦力作用速度逐渐减小，由于其他块石的拦截或自身的下陷，一般滑动距离较短，不会到达坡脚，冲击危害小。矿山排土一般采用汽车或皮带作业，因此滚石会以一个初速度滚落至坡面。而排土场滚石跳跃多发生在排土场下部，且一般跳跃高度和距离都不大，但滚石的跳跃高度是确定拦挡措施高度、位置的重要参数，跳跃在理论上可用质点或球体撞击斜面来解释。滚石不可能以单一的形式进行运动，也不可能以某种顺序进行多种形式的运动，而是复合运动，且对某种运动形式来说，可能1次或多次重复出现，这取决于边坡的形状、坡面的地质力学特点以及滚石的力学性质等因素。

关于分层堆置的排土场，在排土作业过程中，各台阶间均按现有操作规程，留有20~30m的安全平台，一般可以认为大块滚石不会再越过各自台阶滚下，并危及下面设施的安全，其安全防护距离可根据最下层台阶高度计算即可。但考虑多层排土场最终形成的安全平台经多年变化，大部形成抛物线的边坡面，即上部陡、下部缓的综合边坡角（通常为25°~32°）。所以安全防护距离的确定，仍应以最终堆置高度为基础进行计算。对于国家铁（公）路干线、航道、高压输电线路铁塔等重要设施，考虑排土场坡脚外原地面坡度对滚石滚动距离的影响，当原地面坡度不大于24°时，排土场最终坡底线与保护对象间的安全距离取排土场设计最终堆置高度；当坡度大于24°时，排土场最终坡底线与保护对象间的安全距离取排土场设计最终堆置高度的1.5倍。当坡底线外原地面坡度大于24°时，滚动距离明显加大，为安全起见，应根据需要设置防山坡滚石危害的措施。对辽宁某露天煤矿排土场与张家沟铁矿采矿场245m平台进行滚石规律实测，煤矿排土场坡脚原地面坡度小于20°，滚石规律实测结果：滚动距离大多在0.75H范围内，个别为1.5H。辽宁露天煤矿排土场大块滚石的滚动距离见表1-26和表1-27。

表1-26　辽宁某露天煤矿排土场大块滚石的滚动距离

次　数	排土台阶高度/m	大块滚石滚动距离/m	备　注
1-1	21	10.7	辽宁某露天煤矿（一）
1-2	27	15.3	
1-3	18	8.45	
1-4	20	8.95	
2-1	23	23.8	辽宁某露天煤矿（二）
2-2	18	9.3	
3-1	14	20.0	辽宁某露天煤矿（三）

资料来源：《金属矿山排土场设计规范》。

表1-27　张家沟铁矿采矿场大块滚石的滚动距离

序号	滚动距离/m	大块滚石数量/个	大于1.0m大块滚石数量/%	大块滚石比例/%	大块滚石量累计比例/%
1	0~4	2770	20	84.5	84.5
2	4~8	385	7	8.7	93.2
3	8~10	95	4	3.2	95.4
4	10~12	80	2	1.8	97.2
5	12~14	55	4	1.2	98.4
6	14~16	33	3	0.7	99.1
7	16~18	27	1	0.6	99.7
8	18~20	15	1	0.3	100.0

资料来源：《金属矿山排土场设计规范》。

所以，煤炭系统实测资料表明：排土场堆置坡脚处原地面坡度不大（一般$\alpha \leqslant 20°$）时，大块岩石滚动距离与堆置高度呈线性变化规律，滚动距离一般在0.75H范围内，个别为1.5H。

张家沟铁矿采矿场245m平台大块滚石的滚动距离见表1-27，铁矿采场坡脚原地面坡度平缓，大块滚石从相对高55~100m的坡顶沿坡面滚动，其实测结果表明，大部滚石滚动距离在14~16m内。

1.4.2 排土场滑坡

1.4.2.1 案例

案例1 兰尖铁矿排土场

兰尖铁矿尖山肖家湾排土场和无名沟排土场是尖山采区岩土排弃的两个汽运排土场，具有运输功小、设计受土能力大等优点，但其稳定性较差。其中尖山第七排土场、第六排土场、无名沟排土场多次滑坡，几次大的滑坡及危害情况如下。

（1）尖山第七排土场。1979年12月1日，尖山第七排土场213万立方米的大滑坡，造成尖山、兰山明硐被破坏而重建，并废止了第七排土场。

（2）尖山第六排土场。尖山第六排土场曾于1987年发生了一次较大规模的滑坡，该滑坡发生于1987年4月25日至30日，第六排土场中部1480m排土水平的坡顶线附近下沉，形成长约90余米，宽10~20m的多级滑坡台阶，高差2~5m不等。同时将1480m平台的边坡水平坡脚处的坡、残积黏土、亚黏土向南推移了50~70余米，滑坡前缘形成0.5~1.8m高的鼓丘（东部），挤压变形带东西长约160余米。随着排土场继续加载，于1987年6月30日在原滑动的基础上，其挤压带向东扩大了20余米，向西扩大了3~5m，鼓丘高达1~3m（中西部），这时滑体前缘已推移至洪家湾沟边。随着时间的推移和在排土场1480m水平继续排土加载，于1988年2月2日在前两次滑移的基础上，滑体后缘张裂隙向东西扩展，前缘挤压变形带呈近东西扩展，累计长约300余米，滑体前缘已超覆洪家沟，鼓丘高2~4m。同时在坡面上出现一拉张裂隙，长约40余米。该排土场特征为：尖山排土场经三次滑移后所形成的滑坡体，南北长约500m，东西宽约300m，呈近南北向的椭圆形，前后缘周界清楚；后缘形成近东西向弧形拉张裂隙数条，反映在1480m水平坡顶形成多级滑坡台阶，前缘形成鼓丘，高2~4m。

（3）无名沟排土场。1994年9月24日，无名沟排土场西侧废石堆在前几次滑动的基础上再次发生滑动，致使无名沟排土场暂停使用。

案例2 歪头山铁矿排土场

歪头山铁矿29号线188西站西侧排土场于1998年6月4日起发生大规模滑坡，4~8日发生快速滑动，至1998年6月下旬，滑坡体前沿平均外移30多米，该滑体上部标高为244m，下部标高大多在138~150m，顶底平均高差100m，后沿落差近30m，滑体最大宽435m，最大长325m，最大厚40m，面积约5.4万平方米，滑体体积约118万立方米。该滑坡造成采场运输系统两个出口之一的北出口铁路29号线毁坏500多米，北出口被迫停产，造成244m台阶排土铁路线、29号线、200m水平及188西站的铁路共1775m毁坏，区域内信号、交直流供电及通信也遭到毁坏；滑坡还侵占农民土地4km^2，造成直接经济损失577万元。

案例3 太和铁矿排土场

太和铁矿隶属重钢，位于四川省西昌市。其排土场设计18年，排土场物料主要由第四纪冰碛层、辉长岩、花岗片麻岩等构成，由于前半期第四纪冰碛层占大半，故排土场物理力学性质极差，排土场的稳定性很差。1999年8月中下旬，西昌地区连降暴雨，太和铁矿排土场发生大面积滑坡、塌方，总方量多达20万余立方米，情况十分危急：1842排土场滑体下缘正对彝族同胞的房屋，严重地威胁着彝族同胞的生命财产安全；1786排土场塌方部分把前方小山体整体向前推移，堵塞前部大山谷沟，塌落物也基本饱和，接近液化，极有可能形成泥石流，严重地威胁着排土场下方尾矿坝的安全。滑坡原因分析：从滑坡形成机理来看，重钢矿业公司太和铁矿排土场的滑坡整体上属排土场内部的滑坡。其形成的原因是排土场介质较破碎，含有较多的黏土、含有较大的湿度、基底坡度较陡，以及排土场段高较大，以致排土场内部出现孔隙压力的不平衡性和应力集中区，孔隙压力降低了潜在滑动面上的摩擦阻力；在边坡下部的应力集中区产生位移变形或边坡鼓出，然后牵动下部边坡开裂和滑动，并伴随抛物线的边坡面，即上部陡、下部缓。归纳起来，重钢矿业公司太和铁矿排土场发生大滑坡有以下几个方面的因素：

（1）由于西昌地区连降暴雨，农灌沟水泥表层自然脱落或被水流砾石打坏，水沿小缝隙浸入排土场，造成排土场自汇水及外部水进入排土场，进入缝隙，形成滑动面，排土物料接近液化状态。

（2）设计时未对排土场基底地质情况如基底软弱层、地下浸水情况等进行详细的调查，在1842排土场基底还有少量的地下浸水，而太和铁矿在施工时对地下浸水未作任何引排等技术处理；设计依据不充分，排土工艺不明确。

（3）排土场段高过大，从排土场形成过程和效果看，排土场的段高以不大于50m为宜。而实际情况是从上到下的任何一个排土场台阶的段高都大于50m，下部排土场如1786排土场尤其突出。

案例4 尖山铁矿排土场

2008年8月1日0时45分左右，山西省太原娄烦县境内的新塔矿业公司太钢尖山铁矿排土场发生一起特别重大事故，造成位于尖山铁矿南排土场下面的娄烦县马家庄乡寺沟旧村93间房屋被埋，导致45人死亡，1人受伤，直接经济损失3080.23万元。

（1）垮塌滑体规模。垮塌滑体平均长度约496m，平均宽度约178m，垮塌滑体总体积约100.3万立方米。垮塌滑体形状整体呈“舌”形，近东西向展布，坡面坡度15°~20°，西高东低。根据垮塌滑体物质组成，可将垮塌滑体从后至前缘分为三段：第一段（滑体后部）主要由排土场排弃的废土、石组成，接近后缘拉裂缝密集，局部呈多台阶状，坡体长约240m，平均宽223m，厚度平均约8.0m，体积约42.8万立方米；第二段（滑体中部）主要由黄土组成，坡体表面上分布有废石，混合物呈散体，坡体长约116m，平均宽152m，厚度平均约10.0m，体积约17.6万立方米；第三段（滑体前部）主要由黄土组成，土体均匀，两侧土体呈散体状，土体受压后有“底鼓”现象，一般高出地面3~5m，坡体长约140m，平均宽约190m，厚度平均约15.0m，体积约39.9万立方米。

（2）垮塌滑体变形特征。垮塌滑体范围整体上分为两个区段，第一区段为1632m平台垮塌体，第二个区段为黄土山梁滑体。1632m平台垮塌后，在距1632m平台边线约38m的范围内形成张裂缝区，最长张裂缝长约410m，几乎贯通了整个排土线，垮塌后的坡面角约为25°。在1632m平台坡脚南侧的黄土山梁上部形成马鞍形地貌，受1632m平台垮塌挤压，鼓起现象明显。此次垮塌滑体具有分级滑动、滑动距离长、坡度较缓的特征。

（3）人员伤亡原因：

1）寺沟旧村在南排土场二期第一次征地范围内，虽然大部分村民从旧村搬到新村，但寺沟旧村房屋一直没有拆除，仍有部分村民和外来人员居住在寺沟旧村。

2）黄土山梁滑体移动距离长，而寺沟旧村居民房屋距离黄土山梁坡脚仅50m，移动的黄土山梁下部推垮并掩埋了寺沟旧村的部分民房，造成大量人员伤亡。

（4）排土场垮塌原因分析：

1）排土场边坡不稳定，明显处于失稳状态。1632m平台投入使用后其初期排土量较小，之后排土量逐渐增大，已排废石土1073.6万吨，排弃的物料为剥离的黄土和碎石混合的散体，大约80%为黄土，其余为碎石，由于排弃物料的强度低，边坡高度和台阶坡面角较大，边坡稳定性差。在事故之前4个月，1632m平台多次发生裂缝和局部下沉、塌陷，并呈上升趋势，6~7月下旬，1632m平台持续不稳定、下沉、塌陷，并多次出现大面积塌陷、整体塌方、局部滑坡等情况，边坡已明显处于失稳状态，最终发生大面积垮塌。

2）不利的地形条件。产生移动的黄土山梁位于1632m平台坡脚的东南部，北、东、南三面为沟谷，形成较为孤立的山梁。随着1632m平台排土线逐渐向东南推进，与黄土山梁之间的沟谷被排弃的物料掩埋，排弃的物料和黄土山梁上部北侧山坡接触后，排土场产生的侧向压力传递至黄土山梁上部北侧的山坡，并随着排土线向东南推进，逐步增大了排土场散体对黄土山梁的侧向压力。

3）排土场地基承载力低。排土场地基为第四纪地层，岩性为黄土、粉土、粉质黏土和碎石，黄土结构松散，裂隙发育，具湿陷性，地基承载力低，抗滑能力弱，在上覆废土、石的压力作用下容易产生变形，当上覆载荷超过黄土的抗滑能力时极易失稳。

4）降水影响边坡稳定性。根据当地气象资料，2008年6~7月降水较大，降水渗入地下的量相对较大。排土场为裸露的散体，其下部地基为黄土，结构松散，裂隙发育；在黄土山梁和排土场之间的沟谷已被排弃的废料填埋，使从上部散体中入渗的地下水在原沟底渗流缓慢。以上因素使降水更容易渗入地下，增加地层的含水量，使抗剪强度降低，降低了排土场及黄土山梁的稳定性。

5）扒渣捡矿降低边坡稳定性，且排土场底层应排弃大块岩石，并形成渗流通道。因排土场下部的废石被扒捡，降低了排土场底层地下水的渗流速度，削弱了排土场坡脚物料的抗滑能力，从而降低了排土场边坡的稳定性。

综上所述，由于1632m平台边坡稳定性差、地基承载力低，随着排土量的增加和1632m平台边坡的持续下沉，作用于1632m平台坡脚相对孤立的黄土山梁上的推力持续增大，致使黄土山梁上部土体不能支撑排土场散体产生的压力而产生蠕变与移动，导致排土场产生垮塌，在排土场垮塌滑体的压力作用下，推挤黄土山梁产生移动。

1.4.2.2 排土场滑坡的类型

排土场与基底滑坡类型可分为三种，即排土场内部滑坡、沿排土场与基底接触面的滑坡和沿基底软弱层的滑坡（图1-12）。

A 排土场内部的滑坡

排土场内部的滑坡（图1-12a）为基底岩层稳固，由于岩土物料的性质、排土工艺及其他外界条件（外载荷和雨水等）所导致的排土场滑坡，其滑动面出露在边坡的不同高度。当排弃大块坚硬岩石时，由于其压缩变形较小，排土场比较稳定；若岩石破碎，含较多的砂土，并具有一定湿度时，新堆置的排土场边坡角较陡（38°~42°左右），随着排土场高度增加继续压实和沉降，排土场内部出现孔隙压力的不平衡区和应力集中区。孔隙压

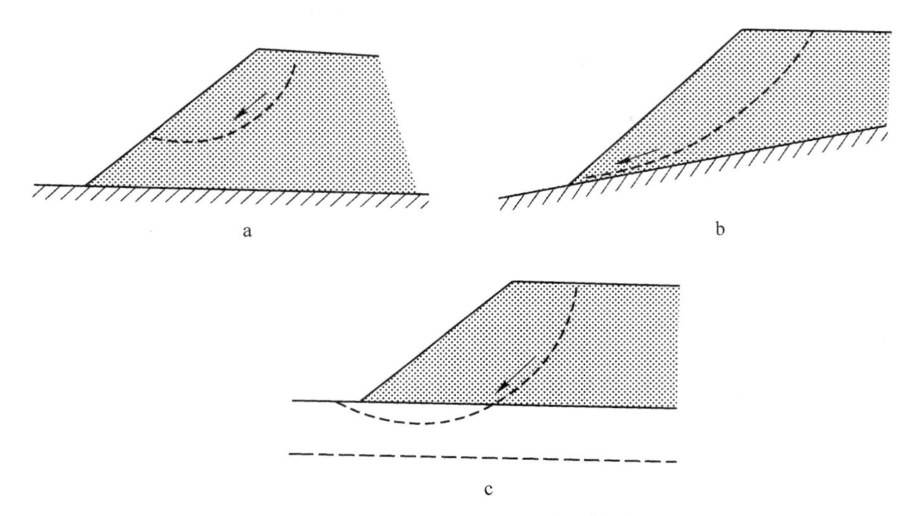

图 1-12 排土场滑坡类型示意图

a—排土场内部的滑坡；b—沿地基面的滑坡；c—基底软弱层的滑动

力降低了潜在滑动面上的摩擦阻力，在边坡下部的应力集中区产生位移变形或边坡鼓出，然后牵动上部边坡开裂和滑动，最后形成抛物线形的边坡面，即上部陡、下部缓，以直线量度的边坡角通常为25°~32°。

排土场内部的滑坡多数与物料的力学性质有关，如含有较多的土壤或风化软弱岩石；当排土场受大气降雨或地表水的浸润作用时，使排土场的稳定状态迅速恶化，并进而有可能产生内部滑坡。

B 沿基底接触面的滑坡

当山坡型排土场的基底倾角较陡，排土场与基底接触面之间的抗剪强度小于排土场的物料本身的抗剪强度时，便易产生沿基底接触面的滑坡（图 1-12b）。如基底上有一层腐殖土或基底为矿山剥离初期排弃的表土和风化层时，排土场的底部面形成软弱夹层。在遇到雨水和地下水的浸润时便会促进滑坡的形成。朱家包包铁矿 1 号排土场自 1978 年 4 月至 1979 年 1 月先后三次发生滑坡，体积达 36 万立方米，其原因就是剥离的表土和砂质岩石排弃在排土场底层，后期覆盖坚硬岩石，软弱的黏土成为滑动面。

C 软弱基底鼓起引起的排土场滑坡

软弱基底鼓起引起的排土场滑坡（图 1-12c）是当排土场坐落在软弱基底上时，由于基底承载能力低而产生滑移，并牵动排土场的滑坡。在冶金矿山排土场 40 多例重大滑坡事故中，这类滑坡约占 1/3。如齐大山铁矿二道沟排土场，堆置高度 52m，基底表面为 3~4m 厚的沉积土。由于沟底渗水表土饱和后，在排土场压力下发生滑动，沟底翻出了黑色泥浆，坡角滑移了 200 多米，滑体长 100 多米，滑坡量约 3.5 万立方米。歪头山铁矿 224m 排土线电铲堆置初始路堤时，由于基底是软弱的淤泥沉积物，在路堤压力下产生 3.5m 高的底鼓，水平移位达 40m，70~80m 长的一段路堤下滑，几次填方几次滑移，使得路堤长期形成不了。

《露天矿排土场技术调查总结报告》列举了几例排土场变形滑坡。如：辽宁某铁矿黄泥岗排土场老龙沟地段，1979 年发生一次滑坡，下滑体由坡脚算起，滑移距离为最终堆置高度的1倍（平均堆置高度为50m）。辽宁某铁矿排土场，因原地面有几米厚的淤泥层，在堆置剥离物后产生底鼓，土体被推出40m远（排土场最终堆置高度40m，平均堆置高度为30m），滑移距离为最终堆置高度的0.75~1.0倍，淤泥隆起高3.5m。辽宁某露天煤矿，最终堆置高度60~80m，1982年7月在排土场边缘产生滑坡，坡脚滑移最大距离近50m，为最终堆置高度的0.6~0.8倍。1983年辽宁某铁矿二道沟排土场，排土段高52m，由于地基下卧软弱层，受剥离物堆置后压缩变形，产生底鼓滑移，使设计的最终坡底线滑移约200m，滑移距离为最终堆置高度的4倍。

1.4.3 排土场泥石流

排土场的稳定性首先要分析岩层构造、地形坡度及其承载能力。当基底坡度较陡或基底为软弱层时易导致排土场滑坡，如果再加上丰富的水源及松散的岩土，则易诱发成泥石流。

案例1：1965年8月，东川铜矿落雪因民大水沟发生洪水泥石流，洪水挟带采矿卸入沟中的矿渣，形成稀性泥石流。堵塞了落雪至因民公路小新村地段的桥涵，冲断公路和冲毁因民矿小学及设备库等建筑设施数千平方米，冲走和淹埋部分物资和设备，造成经济损失100多万元。1970年5月26日，四川泸沽铁矿盐井沟采矿弃渣形成的泥石流，造成104人死亡、29人受伤。1984年5月27日，云南东川铜矿因民矿区黑山沟泥石流造成121人死亡，矿山停产半年，直接经济损失1100万元。

案例2：1972年汤丹矿马柱硐露天采场建设菜园沟排土场。从1973年至1974年9月，有剥离量为93万立方米的废石土弃在沟内。1974年雨季多次暴发结构型黏性泥石流，其最大流速为12m/s，泥石流总量约70万立方米，堆积于小江洒海村形成面积0.32km^{2}的堆积扇。冲毁埋没洒海村民房5间、农田20多公顷，威胁当地农民生命财产安全，迫使部分房舍往山坡上搬迁。同时堵塞小江，当年小江桥地段河床猛增40cm（正常年平均增高20cm）。

案例3：海南铁矿排土场发生多次滑坡和泥石流，形成了两个泥石流区，山前泥石流区和山后泥石流区。1959~1979年共堆置含80%黏土的岩石1200多万立方米，泥石流流通区长2~3km。1973年8月6日排土场发生30多万立方米的大滑坡，然后经过雨水或沟谷流水的冲刷导致大规模的泥石流。

案例4：云浮硫铁矿的三个排土场累计排土量2000多万立方米，先后形成了6条泥石流沟，1972年11月因台风和暴雨的影响，大台及东安坑两个排土场发生的泥石流随峰远河洪水直泻而下，淹没了水田151公顷，旱地43公顷。1975年6月发生第二次泥石流，危害更为严重。排土场汇水面积0.3km^{2}的泥石流把下游的窄轨铁路、桥梁，相邻公路都冲垮了，漫溢河水冲垮了河堤28处，长达4187m，1334公顷农田受灾，并冲毁厂房和水轮泵站一处，共赔款61万元。

案例5：1978年雨季，广西南丹县六卡至大厂公路隧道出口堆置在原地表30°坡上约上万立方米的弃渣被连续降雨浸泡后沿坡下滑，顺沟流至断高30m、倾角约70°陡坎处倾泻而下形成泥石洪流，越过了350m平缓灌木地，冲进了下游塘马村10多户房舍（全村30多户），严重危及人民生命财产安全，后只有集体搬迁。

案例6：桃冲铁矿属于大型的地下铁矿。其1号排土场位于长龙山北侧的山谷之中，整体位于+140~+247m 水平之间，纵向长度 270m，排土方式为单台阶全段高排土，排土台阶高度 70m 以上，排弃物料自然安息角平均 34°。排土场自使用以来发生多次滑坡及泥石流，较大规模的泥石流发生于 1996 年 3 月，物料沿山谷前移近百米，排土铁轨受损，正在排弃的电机车翻入排土场。伴随着滑坡形成滑坡型黏性泥石流向下移动，前峰到达山谷的狭窄锁口处，若进一步发展有可能冲盖下游的农田和小工厂，造成重大损失和不良社会影响。1 号排土场泥石流属滑坡渗水型泥石流，其形成原因如下：首先，排弃物料粉化现象严重。经对排土场大范围均匀布点取样筛分得知，1 号排土场内小于 5mm 的细颗粒含量达 40%，小于 0.5mm 的微粒含量为 20%。据美国 Pata. M. 道格拉斯对美国 24 个露天矿观测统计，若排土场松散物料细粒小于 5mm 颗粒超出 35%，排土场易失稳；当小于 5μm 颗粒含量大于 5%时，排土场易形成泥石流。其次，1 号排场处于陡深的山谷，有利的地形和丰富的水源是形成泥石流的基础要素。

案例 7：福建炼石水泥有限公司洋菇山石灰石矿排土场，坐落在采场西南面 1km 处山坡峡谷地带。设计容量为 800 万立方米，采用单一台段弃土工艺，汽车运排。1991 年以前，该排土场相对稳定，仅见小型滑坡，所形成数起泥石流规模亦较小，未造成危害。但 1991 年后，排土场开始失去稳定，滑坡频繁，不断发生泥石流，使库区内泥石淤积量迅速增加，拦截大坝的安全受到严重威胁。1992 年 6 月，排土场曾发生一次规模较大的泥石流，造成库区内泥石淤积量在短时间内增加约 10 万立方米，拦截大坝严重受损，大坝溢流段坝顶水平位移 92cm，坝顶上出现 11 条裂缝，所幸没有垮塌，未造成重大损失。通过对洋菇山石灰石矿排土场长期观察和分析，认为其形成的泥石流主要为滑坡型泥石流。原因分析：频繁发生原因是 1991 年后排土场具备了形成滑坡型泥石流三个基本条件：首先是排土场失去稳定，滑坡频繁，滑坡的主沟道上有大于 100m 的落差，致使滑体在运动过程中形成类似黏滞流体的碎石流；其次是排土场排弃的散体中黏土、亚黏土和强风化砂岩、砂砾岩所占比例较大，约为 1/3，形成了足够的泥化母岩；最后是滑坡过程中有充足的大气降水和汇水补给。

案例 8：据有关资料，小秦岭金矿区共有泥石流沟 74 条，其中潼关 35 条、灵宝 22 条、洛南 17 条。小秦岭金矿区成为泥石流的高发区，其危害严重。1994 年 7 月 11 日 19 时，潼关县和灵宝市交界的峪道西峪上游猛降大暴雨，22 时山洪铲蚀着沟道中采矿废石和尾矿渣，形成泥石流，直泄冲入文峪金矿选矿厂，冲毁矿区公路 9km、涵洞 3km，淤埋文峪金矿矿山设备百余台，使矿区交通、水电中断，造成 51 人死亡，上百人失踪。7 月 12 日 2：30 时，支沟洪水再次汇聚到文峪金矿尾矿库内，尾矿库坝面被冲出平均宽 4m、深 4m、长 300m 的冲沟，形成的坡面泥石流进入主沟，在主沟再次形成泥石流。本次泥石流总方量 30 万立方米，按当时的规模划分标准为巨型泥石流，属特大级泥石流灾害。原因分析：一是金矿开采产生的采矿弃渣为泥石流形成提供了丰富的松散固体物质；西峪主沟 15.2%的沟床比降使得沟谷上游及沟源处废石尾渣拥有巨大的势能，而陡峻的地形为势能转化为动能提供了有利条件，强暴雨是泥石流诱发因素。1996 年 8 月 15 日，强降雨诱发西峪西邻的东桐峪峪道重大级矿渣型泥石流灾害，冲毁各类房屋 15 间、金矿石 20 多万吨以及桥梁、农田，直接威胁桐峪镇和陇海铁路的运行安全，直接经济损失 340 万元。目前潼关金矿区 7 条峪道、22 条支沟均是泥石流隐患沟。其中以西峪、东桐峪和善车峪最为严重。1996 年 8 月、1998 年 7 月，1998 年 9 月大西峪、枣乡峪、灵宝鑫鑫金矿老虎沟，因暴雨引发大型泥石流灾害，影响范围40km²，直接经济损失30余万元。目前金矿区内大西峪、枣乡峪、大湖峪、杨砦峪等9条沟谷存在泥石流隐患。流域内集中分布30家矿山企业，沟内坑口密布，废石、尾矿堆积量巨大，固体废弃物年排放量约240万吨，累计排放量4100万吨，最大的枣乡峪、大湖峪达240多万立方米，最小的苍珠峪的堆积量也有13万立方米。

此地区多发泥石流灾害，其原因在于绝大多数废石渣、尾矿库依沟谷筑坝而建，或沿沟谷河道边、黄土冲沟砌坝而成，部分已超期服役；除少数矿山企业采取护堰措施进行防护外，其他均无任何防护措施。自1975年金矿开始开采至2005年10月，仅潼关金矿区7条主峪道18条支沟堆积的具有一定规模的矿渣堆就达944处，总渣量超过1100万立方米，且每年以30万立方米递增。从沟口到沟脑，从山脚到山顶，矿渣堆及部分选矿尾矿渣随意堆放，在主要支沟形成重重叠叠的矿渣堆。高陡山坡和沟岔堆放的废石堆高10～30m，安息角为30°～40°。实际填表调查的298处废渣堆中，没有拦渣稳渣护挡墙的矿渣堆数量占到了总数的74.97%；占据河道位置1/3以上的矿渣堆数量占总数的86.37%；稳定性差、极差的矿渣堆占到了总量的71%。矿渣堆易在暴雨、矿震、重力等作用下，向下滑塌进入沟道中，形成准泥石流体或泥石流。

案例9：铅硐山矿位于陕西凤县县城东南14km，为以锌为主的多伴生矿床，含有一定量的银铜等金属矿物。矿山在20世纪70年代中期采矿以前没有发生过泥石流，但1991年、1998年、2001年曾发生过多次泥石流。2001年铅硐山矿山地区开始出现连阴雨天气，直到9月中旬停止，连续长时间的连阴雨天气，使得矿山斜坡上的土体充分饱和，土体抗剪强度降低，并且在连续阴雨过程当中出现四次较大的降雨过程。2001年7月28～29日、8月3日、8月25日、9月11日，由于前期的降雨为暴雨出现时暴发泥石流作了充分的准备，在四次暴雨出现时，矿山斜坡上的松散固体物质开始沿斜坡下泄，千枚岩区斜坡（在形成区右侧）出现滑坡，灰岩区出现崩塌。2001年7月28～29日暴发泥石流、8月3日又暴发一次较大的泥石流、8月25日再次暴发泥石流，到9月11日暴发一次规模最大的泥石流。泥石流固体物质沿着斜坡迅速向下运动，在运动过程中相互碰撞并与雨水混合而形成泥石流。部分泥石流物质在1480～1515m高程之间相对开阔的沟道停淤，在9月11日最大一次泥石流暴发时，将在1480～1515m高程处的泥石流物质冲向下游，冲毁了矿山的铁路，堵塞了矿山主要运输线的一个涵洞，使泥石流漫向公路，迫使矿山停工一个多月，使矿山直接经济损失达到500万元左右，幸好没有人员伤亡。这次泥石流是矿山建矿以来最大的一次，流速大、冲击力强，搬运石块直径最大达到1.5m，泥深1.5m左右。这次泥石流冲出物达30000m³左右，大部分停淤在1480～1515m高程之间的平台上，另一部分浆体和漂石被搬运到沟口或堵塞在沟口上的一条矿山公路沟上游的沟道上。这次泥石流属中型规模的矿山泥石流。引发泥石流的原因是采矿引起矿山地质环境的改变，使得矿山原有应力状态出现失衡导致地面变形，在暴雨激发下发生滑坡、崩塌，最终造成泥石流，可以说采矿引发地表变形，使得松散固体物质猛增是泥石流发生的内因，而暴雨是泥石流暴发的诱发外因。

由于排土场人工堆积在陡峻山坡上的大量松散岩土物料充水饱和，形成泥石流，含大量泥沙石块、砂石在重力作用下沿陡坡和沟谷快速流动，形成一股能量巨大的特殊洪流，在很短时间内排泄几十万到几百万立方米的物料，对道路、桥梁、房屋、农田等造成严重损害。

形成泥石流有三个基本条件：第一，泥石流区含有丰富的松散岩土；第二，山坡地形陡峻和较大的沟床纵坡；第三，泥石流区的上、中游有较大的汇水面积和充足的水源。矿山泥石流多数以滑坡和坡面冲刷的形式出现，即滑坡和泥石流相伴而生，迅速转化难以截然分开。矿山工程中筑路开挖的土石方、坑道掘进排弃的废石以及露天矿排土场堆积的大量松散岩土物料都给泥石流的发生提供了丰富的固体物料来源。据统计，自 20 世纪 70 年代起先后有 20 多个矿山发生了泥石流灾害（表 1-28）。

表 1-28 20 世纪 70~80 年代我国矿山泥石流的概况

矿山	泥石流活动情况	流域面积 /km^2	山坡坡度 /(°)	沟床比降 /%	年降雨量 /mm	固体物质储量/万吨
盐井沟泸沽铁矿	剥离土，1970 年以来常发生泥石流	13.6	35	144	1000	500
汉罗沟泸沽铁矿	筑路弃土，1972 年发生泥石流	2.1	35	188	1000	51
无名沟兰山铁矿	1966 年和 1978 年发生两次泥石流，冲垮平硐口	—	—	—	877	2824
泡石头沟太和铁矿	剥离土，多次发生小型泥石流	52	30	127	1272	—
四川后沟石棉矿	—	7.4	30~37	230	—	5000
新康大洪沟石棉矿	—	61	30	140	—	—
四川胥家沟蛇纹石矿	—	2	30~45	200	—	—
东川小菜园沟汤丹矿	剥离土，1971 年发生多次泥石流	9.7	—	—	850	1500
大水沟因民矿	—	47	30	111	—	—
因民沟落学矿	坑道弃渣，1973 年发生泥石流	47	30	111	850	100
黄水胥沟烂泥坪矿	—	91	—	50	—	—
易门狮山分矿菜园沟	—	42	—	52	—	—
易门狮山分矿无名沟	—	16.2	—	81	—	—
昆阳磷矿	—	2.2	40~45	94	—	—
永平铜矿大垄沟	1978 年冲毁农田 11.14 公顷	0.064	40	137	1740	16
云泽硫铁矿三水围	剥离土，1972 年发生泥石流	0.2	30~40	145	1550	10000
海南铁矿七条山沟	1959 年起排土场发生多次泥石流	—	30~40	150	1536	7000
潘洛铁矿大格沟	1972 年、1976 年和 1983 年发生泥石流	0.4	35	340	2000	750
石录铜矿	剥离黄土形成泥石流	—	—	—	2869	1188

2 高台阶排土场矿岩散体粒径分级规律

排土场矿岩散体块度组成及在空间的分布规律与排土场的段高、排土平台宽度、排土顺序和排土设备等密切相关。当排土段高比较小、排土平台比较宽，并且自下而上分层排土时，排弃过程中的散体岩土很少产生自然分级或基本上不产生自然分级，排土场的块度组成与原块度组成相比变化不大。这主要是排土段高小时，散体岩土初始位能小，散体岩土在没有达到所应具备的起跳速度时就已经到达坡底。对于高台阶排土场，其块度组成及空间分布规律就有很大区别。首先，由于段高比较大，在汽车翻车卸载或推土机整平过程中，对于坚硬或较坚硬岩体爆破的散体，在坡面上会出现明显的自然分级，边坡由上至下其平均粒度逐渐加大，其级配产生明显差异。

2.1 排土场矿岩块度组成的测试方法

排土场岩土块度组成的测定方法应满足准确性、经济性、代表性之要求。经济性是制约条件，对于几万乃至上亿吨散体的巨型排土场而言，一味地强调准确性，将排土场散体都进行测定是不可能也不经济的；同时，从边坡稳定性研究角度考虑，也显得没有必要，所以最好选择具有代表性的部位和岩性进行测定，即采用抽样的方法来进行。抽样样本容量不但要代表和反映总体的块度组成，而且也要代表和反映出局部的块度组成。从上述分析，我们可以得出这样的结论：准确性、经济性和代表性的有机结合是选用排土场块度组成测定方法的原则。因此，在测定排土场岩土块度组成时需要进行基本假定，其假设条件如下：

（1）大多岩土物料的排放属于随机过程。各类岩土的排放位置仅取决于剥岩工程、排土工艺进度以及生产调度等，这些影响因素均属于随机变量。

（2）按照统计学观点，认为岩土的分布规律在表面和内部都是一致的，即排土场坡面外层的岩土物料具有充分代表性。

（3）随着时间的推移，沿排土线全长岩土物料的分布不尽相同，但在一定时间一定区域内，岩土物料的总体分布都是一致的。

就目前科技发展水平而言，还没有一种能准确、快速、经济地测定排土场岩土块度组成的方法。常用的方法包括筛分法、直接量测法和摄影法。筛分法和直接量测法或二者结合能保证测定块度组成的准确性，但消耗劳动量大，劳动强度大，不经济；另外，在一定条件下取样比较困难，甚至难以进行。如高阶段排土场，其垂直高度几百米，在坡中取样极其困难，样品难以运出。摄影法不但速度快而且经济，但其准确性相对来说要差一些，由二维尺寸代替三维尺寸所带来的误差比较大，而同时在排土场现场特别在边坡中间部位进行拍照时，很难保证被摄面的中心法线与相机镜头法线重合。通常对排土场岩土块度组成测定取上述三者之长，避其之短，采取以筛分法和直接量测法所得结果为依据，以摄影法为主体的综合测定方法。也就是利用前两者的准确，而后者保证了经济性和代表性。其实质还是以量测和筛分结果为依据，以摄影法结果为中间过渡的桥梁。不言而喻，对排土场岩土块度组成进行这样分析和处理，如果集筛分、直接量测和摄影法三者优点于一体，基本能满足排土场块度分级的准确性、经济性和代表性。

尽管如此，排土场矿岩散体的测试仍然存在岩块的"小化"问题，这会使得所测散体粒径误差增大。岩块的"小化"问题主要由两个原因造成的，一个是"覆盖效应"；另一个是在对岩块进行分级时，由于岩块形状与筛孔形状不同所产生的。后一个原因能很容易地采用一个增值系数解决，因为同一散体的岩块形状是相似的。"覆盖效应"的影响并不太大，原因是被遮挡的岩块的显露部分多数在图像处理过程中被当做"背景"而弃之，还有一小部分落入到小粒级中，然而小粒级岩块的测试漏失是最难于解决的问题。近年来，分形理论的研究和应用在各个领域得到迅速的发展。分形几何在岩土力学中的应用，为解决小粒级岩块的测试漏失难题开辟了一条新的研究途径。近年来，国内外许多学者应用分形理论对岩石块度进行的分析表明，散体的块度分布具有良好的分形结构，完全可以用分形维数来表征其分布特征，并推导出了分维数与传统块度分布函数的关系。由于这种关系是一个连续函数，所以，可以避免或削弱小岩块测试漏失的现象。现有常见的散体组成测试方法可以分为两大类，即直接测试方法和间接测试方法。

2.1.1 排土场矿岩块度分布直接测试法

直接测试方法，顾名思义，就是对排土场矿岩散体直接进行测量，从而获得岩土块度组成分布数据，直接测试法主要包括筛分法和直接测量法。

在各种测试方法中，精度首推筛分方法。在露天矿生产过程中，由于生产成本和效率的原因，其应用受到一定的限制。所以，筛分方法主要适用于某些筛分量小，需要准确地了解材料粒度组成的场合，以及对其他测试方法的测试精度进行标定。筛分方法是公认最精确的方法。

筛分法是直接测试方法的典型代表，它采用一定的筛分工具对矿岩散体进行筛分和称重，从而获得矿岩散体的块度组成数据。这类方法测试出的散体块度组成的准确率最高，对中小型规模的排土场较为适用，但对于具有相当生产规模的排土场来说，则存在着工作量大、劳动强度高和设备投资大等难以克服的困难，广泛采用受到很大制约。筛子的规格是标准化的，筛孔的国际标准是以 100mm 为基础，以约 $\sqrt[10]{10}=1.259$ 为级差，在实际使用中选用的筛网孔往往视岩石粒度组成的大小而选取。

另外，对于大块的矿岩散体，当采用筛网无法进行筛分时，则需对大块体岩石进行直接量测，这可作为筛分法的一种配套手段。即当岩块的颗粒尺寸较大时，大块岩石已不便于用筛子进行筛分，而直接采用皮尺等工具对岩块尺寸进行量测。岩块量测一般是量取岩块三个互相垂直方向的最大线性尺寸 L_x、L_y、L_z，然后计算粒径 d_0 及体积 V'_0。

$$d_0=\sqrt[3]{L_xL_yL_z} \tag{2-1}$$

$$V'_0=\frac{L_xL_yL_z}{\lambda_l} \tag{2-2}$$

式中　λ_l——岩块线性尺寸换算系数，它等于岩块某个方向的最大线性尺寸与该方向上的平均线性尺寸之比。

2.1.2　排土场矿岩块度分布间接测试法

间接法就是通过实测数据、经验公式、摄影、摄像等手段获得排土场表面矿岩块度的几何信息，并按照一定的统计方式，推断其块度组成。若抛开其方法获得岩块几何特征的方式，而只考虑如何从这些几何特征信息求得散体块度组成，间接法又可分为线段法、面积法和体积法等。

2.1.2.1　相关数据测量法

对于未分级的爆堆散体，其块度分布在某种程度上会影响装载、运输和破碎设备的负荷特性和生产能力。例如，可以通过测定发动机的能耗求出装载机械的挖取特性。同样也可以通过测定装载循环时间和运输能力等来推断散体块度分布。另外，岩土块度分布的特点与破碎机生产能力之间存在着一定关系。

2.1.2.2　经验公式法

由于经验公式法的参数难以获得，即使在某一区域得到较好的应用，但其参数是在花费大量的人力和物力的前提下获得的，且具有很大的样本区域局限性，所以在大范围内推广应用仍受很大的限制。另外，由于各地岩石性质差异较大，该模型同样具有区域局限性。

A　粗颗粒散体的分布函数

排土场散体介质块度分布规律的研究，可为排土场散体物料的物理力学性质试验提供粒度组成和级配方案，而且也是进一步确定排土场破坏模式的依据。因此，排土场散体岩石粒度分布规律研究是其稳定性研究的基础课题。经验公式法是应用较为成功的方法，但有些经验公式由于是根据某一矿山具体条件总结出来的，应用范围具有一定的局限性。散体块度分布函数的经验公式很多，虽然其精度较高，但由于公式中参数的影响因素多，不易获得，使其应用受到了一定的限制。其中有学者采用对数 X^2 分布来分析风化岩土组与排土场高度的关系，用对数正态分布分析原岩爆破散体组与排土场高度的关系，得出原岩爆破散体块度组成分布函数与边坡高度关系的表达式：

$$y = \int_{-\infty}^{\ln x} \frac{1}{\sqrt{2\pi}\delta_0 x} \exp\left[-\frac{(\ln x - \mu_1)^2}{2\delta_0^2}\right] dx \tag{2-3}$$

风化岩土类块度组成分布函数与边坡高度关系的表达式：

$$y = \int_0^{\ln x} \frac{1}{2^{\frac{n_0}{x}} \gamma^{\frac{n_0}{x}}} (\ln x)^{\frac{n_0}{2}-1} \exp\left(-\frac{\ln x}{2}\right) d(\ln x) \tag{2-4}$$

式中　y——粒度为 x 的筛下岩石相对含量；

x——粒度；

μ_1，δ_0——原岩爆破散体块度组成分布参数；

n_0——风化岩土类块度组成分布参数；

γ——排土场物料的重度。

通常，排土场各部位岩石的粒度组成分布服从一定的分布函数，常见的分布函数有

Gibrat 函数、Γ分布函数、Gandin–Schuhmaun 函数、Rosin–Ramuler 函数。

Gibrat 函数：
$$y = \int_{-\infty}^{\ln x} \frac{1}{\sqrt{2\pi} x\sigma} \exp\left[\frac{(\ln x - \mu)^2}{2\sigma^2}\right] d(\ln x) \tag{2-5}$$

Γ分布函数：
$$y = \int_{0}^{\ln x} \frac{1}{2^{e/2} x\Gamma(e/2)} (\ln x)^{\frac{e}{2}-1} \exp\left(-\frac{\ln x}{2}\right) dx \tag{2-6}$$

Gandin–Schuhmann 函数：
$$y = \left(\frac{x}{d_{max}}\right)^{b_1} \tag{2-7}$$

Rosin–Ramuler 函数：
$$y = 1 - \exp\left[-\left(\frac{x}{m}\right)^k\right] \tag{2-8}$$

式中 μ——粒径对数平均值；

e，k——分布参数；

d_{max}——最大粒径值；

b_1——参数；

m——分布参数，其数小于此种粒径的土的质量占总土质量的63.21%时的粒径值。

B 土壤颗粒的分布函数

（1）MVG 模型。针对土壤颗粒大小分布规律，目前，也提出了一些相应的描述模型。如 Van Genuchten 提出了一个描述土壤水分特征曲线的经验公式，在土壤研究中得到了广泛的应用。经改进后的 Van Genuchten 模型可以用来描述土壤颗粒大小分布。改进后的公式如下：

$$C_0 = C_{min} + (1 - C_{min})[1 + (a_2 D)^{b_3}]^{\left(-1+\frac{1}{b_3}\right)} \tag{2-9}$$

式中 C_0——对应于颗粒直径 D 的累积质量百分含量；

a_2，b_3——曲线的形状参数；

C_{min}——对应于最小实测粒径 D_{min} 颗粒的累积百分含量。

（2）MLog 模型。改进的逻辑生长模型（modified logistic growth model），简称 MLog 模型，其表达式如下：

$$C_0 = \frac{1}{1 + a_3 \exp(-b_4 D^{c_1})} \tag{2-10}$$

式中 C_0——对应于颗粒直径 D 的累积质量百分含量；

a_3，b_4，c_1——曲线的形状参数；

D——散体颗粒直径。

（3）Gomp 模型。Gompertz 模型（简称 Gomp 模型）也可应用到土壤颗粒分布的插值研究中。其表达式如下：

$$C = a_4 + b_5 \exp\{-\exp[-c_2(D - d_2)]\} \tag{2-11}$$

式中 a_4，b_5，c_2，d_2——曲线的形状参数，$c_2<0$。

（4）Fred 模型。Fredlund 等提出了一个包含4个待定参数的公式来描述土壤颗粒分布曲线，其表达式如下：

$$C_0 = \left\{\ln\left[\exp(1) + \left(\frac{a_5}{D}\right)^{b_6}\right]\right\}^{(-c_3)} \left[1.0 - \frac{\ln\left(1 + \frac{d_3}{D}\right)}{\ln\left(1 + \frac{d_3}{D_{min}}\right)}\right]^7 \tag{2-12}$$

式中 a_5，b_6，c_3，d_3——曲线的形状参数；

D_{min}——对应于最小实测粒径颗粒。

Fredlund 指出，参数 $d_3=0.001$ 时的描述结果通常具有足够的精度，因此可以分两种情形进行研究，即 $d_3=0.001$（简称为 Fred3P 模型）和 d_3 为变量的情形（Fred4P 模型）。

2.1.2.3 摄影方法

摄影方法总体上可划分为标准摄影法和摄影测量方法。标准摄影法是利用块度分布已知的标准照片与实际矿岩散体照片人为地进行比较，以确定矿岩散体块度分布。但用图像分析估算块度也存在不少问题。第一个困难是须用手工或计算机处理技术圈定图像中单个岩块的界线，因光线不均匀、阴影、噪声、矿岩块度变化大等问题，实际上不可能应用标准边界探测程序圈定矿岩块界线；第二个困难是要正确地从二维图像中取得三维信息，因此需假定矿岩块第三个方向的块度；第三个困难是矿岩块相互重叠，必须进行块度修正；第四个困难是为了显示现场大小不同粒度岩块，必须摄取不同比例的图像且经适当处理，以便获得最终粒度分布曲线。

同时，凡是以摄影测量法为基础的各种块度分布测试系统，无论是手工测试，还是自动测试，都普遍存在一个系统自身的问题，就是对细小岩块测试漏失和由于散体表面岩块相互遮挡造成的“覆盖效应”产生的误差。为了消除这一系统误差，国内外研究工作者提出了各种不同的修正方法。美国矿业局的 Stagg 提出了一个经验公式，在没有筛分数据的情况下，可以利用这一经验公式预测细小岩块的数量并对测试结果进行修正。而 Chung 和 Noy 则提出用大量照片测试数据回归所得的 Rosin-Ramuler 参数来进行修正。我国学者曾世奇提出用蒙特卡罗模拟，即统计实验法解决图像分析“小化”的修正问题。

摄影测量方法主要有单图片法、双图片法和高速摄像法。单图片方法是利用排土场表面的单一照片作为信息的载体，块度分布的测试工作是在照片上进行的。双图片方法又称立体图片法，其实质是在排土场的同一位置上，从不同的角度进行拍照。在测试过程中，将两幅照片重合在一起形成立体图像，进行块度分析。该方法的优点是图像信息量大、精度高，但处理技术复杂。高速摄像法是选取排土过程中的画面，对飞行中的各个岩块进行测量，从而获得散体矿岩块度的分布，该方法的缺点是画面清晰度差，且不能再现滞后破碎的现象。摄影测量方法是直接对已形成的排土场散体进行块度分析，不考虑散体块度形成的任何影响因素，这是该方法不受区域限制、有利于推广应用的主要原因之一。

单图片摄影测量方法是将单图片摄影测量用于分析散体块度分布的方法，是建立在散体内各级岩块充分混合，表面岩块的分布代表散体内部岩块分布的前提之下的。单图片摄影测量法具有测试速度快、分析系统设施简单、成本低、能够给出矿岩散体各级岩块的块度组成等优点，虽然单图片方法的信息少，但如果能开发出质量高的图像处理方法，充分利用有限的图像信息，并且寻求出准确的块度分布计算方法，使其具有较高的测试精度，将非常有利于推广应用，并且非常具有研究的价值。测出散体表面岩块分布，即掌握了整个散体的岩石块度分布。整个测试过程可具体划分为以下几个分过程：

（1）在散体表面垂直进行拍照，将获得的照片作为信息的载体。

（2）在照片上圈定岩块的周边轮廓，利用图像输入设备，如摄像机、扫描仪等，把散体表面图像输入计算机内，然后通过一系列的图像处理，最后自动圈定岩块的周边，或以数字化仪为输入设备，以手工的方式，用折线代替岩块周边曲线圈定岩块，并同时输入计算机内。

（3）在计算机上按比例计算圈定的各岩块的面积，并计算各岩块的当量直径。

（4）采用当量几何直径对所圈定的岩块进行重量分级，并绘出分级曲线。

A 标准摄影法

标准摄影法是南非 Sishen 等人于 1986 年提出的。该方法以散体块度的 $R-R$ 分布函数为基础，在估测出散体的平均块度$\bar{x}$和均匀指数 δ 后，散体的筛下累积含量 y 由式（2-13）计算：

$$y = \exp\left[-0.693\left(\frac{x}{\bar{x}}\right)^{\delta}\right] \tag{2-13}$$

之后，按 Rosin-Ramuler 分布函数建立一系列不同特征尺寸和均匀指数的标准矿堆，在矿堆表面放一张卡片，其中心部位涂黑的面积等于矿堆平均块度；然后对各标准化散体进行拍照，获得不同块度分布的标准化照片；将实际散体取样照片同标准化照片相对比，选择出与之相匹配的标准化照片；按散体拍照比例和标准化照片上的平均块度估算其平均块度，散体的均匀指数应与对应的标准化矿堆相等。标准照片匹配对比法具有使用方便、迅速而直观的特点，只需进行散体拍照取样和简单比例计算就可确定被测散体的块度分布，省去了许多概率推断和修正工作，但这也正是测定精度难以提高的原因所在。由于该方法的突出特点是目测，其精度主要与照片中目的比例和观测者的判读有关，所以，观测时的人为因素很大。若判断有误，将产生一个组别的误差。但为减少判断失误而采用大比例照片，又会使得拍摄数量剧增，这就需要解决比例尺与测定精度的关系问题。同时，各标准化矿堆间的均匀指数始终存在一定的差值，这也是造成估测误差的主要原因。

B 摄影测试法

a 随机截距法

随机截距法最早由澳大利亚 Rozival 提出，随机截距法的实质是利用线段的长度比确定块度组成，即在照片（图像）上放一张带平行线的透明纸，记录各岩块切割的线段长度，将这些线段长度分级，若线段总长度为 L_0，而其中某一分级的长度和为 L_i($i=1$，2，3，…，$n-2$，$n-1$，n)，则此级在所统计的岩块中所占比例 A_i 为：

$$A_i = \frac{L_i}{L_0} \tag{2-14}$$

并用其作为散体岩块在该级内的体积含量。随机截距法假定散体岩块都是一些按相同方向排列的、有相同截面积的棱柱体的组合。事实上，散体表面上岩块的截面积各不相同。通常，大岩块的截面积大，小岩块的截面积小，这就使得按式（2-14）计算出的小块度级含量高于相应的实际值（筛分值）。即使岩块的截面积相同，也会因各级岩块的随机均匀分布而导致岩块的无序排列。在进行随机表面取样时，岩块边界与测线相交截出的线段长度总是小于该岩块的实际块度，由此造成计算出的大块度级含量低于相应的实际值。由于随机截距法本身的不足，使得在相同的筛下累计百分率下统计出的岩块尺寸总比实际的岩块尺寸小，因此曾提出了随机截距法会产生“小化”现象的观点，并认为“小化”现象是由于散体表面上岩块露出的平面图形的几何尺寸比它在无遮拦情况下平面图形的几何尺寸小而引起的。然而，从块体的三维概率分析可知，随机界面所截出最大尺寸总是等于或小于其实际尺寸，且切割出最大尺寸的概率等于零。因此，用散体表面上岩块的平面尺寸作为其空间尺寸，自然会出现所谓的“小化”现象。

为纠正用散体表（断）面分布作为其整体分布的误差，国内曾提出过多种方法：概率推断、重量化处理与回归分析综合修正法，相关分析法，立体转化法等。如提出的综合修正法是以减少各测线间未统计到的小岩块带来的误差以及体积与重量间转换误差为目的。

（1）概率推断公式。

$$N_j = \frac{n_j A_2}{A_j} \tag{2-15}$$

对推算的各级岩块数再进行重量转换：

$$W = \frac{a_6 P_r q}{n_9^2 m_4} \tag{2-16}$$

式中　N_j——第 j 级岩块的推算总数；
n_j——测线上统计到的第 j 级岩块的数量；
A_2——测线统计区域总面积；
A_j——第 j 级岩块被统计到的面积；
W——岩块重量系数；
a_6，m_4，n_9——岩块形状系数；
P_r——岩块体积系数；
q——岩块的容积。

同时计算出排土场表面上岩块的重量分布，然后用如下回归公式分布转化为空间分布；

$$y_1 = c_4 \exp\left(\frac{a_7}{x} + \frac{b_7}{\bar{x}}\right) \tag{2-17}$$

式中　y_1——空间分布（筛分分布）与表（断）面分布的比值；
$\bar{x}$——表（断）面上统计出的平均粒度；
a_7，b_7，c_4——回归系数。

此修正方法考虑了测线未截出小岩块所丢失的组成信息和岩块尺寸向其重量转化的问题，提高了矿岩散体平面块度分布的准确性，且在平面分布向整体分布转化中引入平均块度作为限制变量，进一步明确了实际分布与其平面分布的值关系。

（2）马鞍山转换公式。马鞍山矿山研究院通过相关分析给出了表面块度分布与其整体分布的关系：

$$y = d_4 \exp(e_3 y_x) \tag{2-18}$$

式中　y——筛分得到的某块度级下的累积含量；
y_x——相同块度级下的平面累积含量；
d_4，e_3——回归修正系数。

尽管马鞍山矿山研究院提出的修正方法没有进行小岩块推断和重量转化，得到的平面块度组成可能出现较大的“小化”。然而，由于修正的目标是找出平面累积含量与整体累积含量的定量关系，即使平面块度组成的误差稍大，对回归分析也不会产生明显影响，且这样修正更为简单、明确。

（3）长沙院转换公式。长沙矿山研究院提出了立体转化法：

$$f(x)=H(x)F(X_{max}, X, A)f'(x) \tag{2-19}$$

式中 $f(x)$——散体整体分布函数；

$f'(x)$——平面分布；

$F(X_{max}, X, A)$——岩块特征值的换算系数，其值与平面上的最大块尺寸、块度和松散程度有关；

$H(x)$——分布立体化函数。

长沙院提出的立体化方程考虑到了排土场的松散程度和最大块度，这比简单的回归计算又进了一步。不过，其前提是用给定的某一块度分布式拟合出平面分布和筛分结果，先求出立体化函数 $H(x)$ 和换算系数，才确定出式中的各项参数。由于用给定函数拟合筛分块度组成本身就会产生一定误差，再以其为标准纠正平面拟合分布作为整体分布的误差，测定精度自然会极大降低。因此，能否考虑用各块度级含量作为立体化变量还有待研究。以上截距法的研究结果表明，用排土场表面上的块度分布直接作为整体分布其误差较大，必须进行适当的修正或立体化。

b 最大长度法

鞍山钢铁学院研究了一种改进型线段法——最大长度法。与随机截距法不同，该方法量取测线所截岩块的最大线性尺寸，但仍然按式（2-14）推算排土场表面各级块数，计算出表面块度分布与整体分布的关系。岩块长度与其重量的转化公式为：

$$W_1=K_1L_2^{\beta_2} \tag{2-20}$$

式中 W_1——岩块重量；

L_2——表面岩块的最大线尺寸；

K_1，β_2——转化系数，由岩块形状确定。

最大长度法在由表面分布推断整体分布时，仍以筛分结果为标准，二者的关系为：

$$y_2=yy' \tag{2-21}$$

式中 y'——筛分累积含量与表面累积含量的比值函数；

y——表面块度分布的累积含量；

y_2——由表面分布推算出的整体分布。

最大长度法在一定程度上弥补了随机截距法量取的线段长度往往小于矿岩散体表面上被量测岩块实际块度的不足。在不进行修正的条件下，虽然各块度级的累积含量曲线仍在筛分曲线之上（误差大于15%~20%），但其误差比截距法小。就量取截长的方式而言，最大长度法更合理些。在推算散体块度分布方面，与现有的随机截距法的修正相类似，未能发现表面的块度分布与其空间分布之间存在的特定的概率关系。

c 面积法

该方法用照片上各块度的岩块投影面积比代替矿岩散体中各块度等级的体积比。若各组平均面积为 S_i（分组数 $i=1, 2, 3, \cdots, n-2, n-1, n$），则各组岩块的平均块度尺寸 d_i 为：

$$d_i=K_D\sqrt{S_i} \tag{2-22}$$

式中　d_i——各组岩块的平均块度尺寸；

K_D——岩块的面积形状系数；

S_i——各组平均面积。

累积各组的投影面积与总的投影面积，得到各块度级的比例含量。面积法的提出是基于能量分布原理所导出的散体块度分布与其表面块度分布相似的观点。然而，这种相似性仍存在较大的偏差。已有的研究结果表明，虽然用面积法量测出的各级岩块累积含量曲线与筛分曲线的变化规律近似，但测定出的筛下累积曲线有时总在筛分曲线的上方，而有时却完全相反，且累积含量的绝对误差大多在15%以上，反映出面积法的稳定性和准确性仍较差。马鞍山矿山研究院提出用线性函数将照片上的面积分布转化为整体分布的方法：

$$y_2 = c_5 + d_5 y \tag{2-23}$$

式中　y_2——矿岩散体筛分的某一块度级的筛下累积含量；

y——矿岩散体面上相同块度级的筛下累积含量；

c_5，d_5——回归系数。

中国矿业大学曾提出用可见度系数和分布系数将面积法得到的平面分布修正为散体总体分布的方法：

$$y_2 = k_e k_p y \tag{2-24}$$

式中　y_2——修正得到的散体累积含量；

y——表面块度分布的累积含量；

k_e——随观测角和累积含量而变的可见度系数；

k_p——散体块度分布系数，$k_p = 5.6y^{-0.53}$。

按式（2-23）修正面积分布具有简单、方便的特点，但修正后的累积含量仍有一定误差（10%~15%）。式（2-24）虽然考虑到因观测角不同而引起的岩块在照片上的可见度差异，但也只能使照片上测定出的面积分布更准确。此外，仅用分布系数表征散体块度分布与其面积分布的复杂关系过于简单，而且 k_p 的取值是否通用尚待研究。

d　体积概率统计计算法

就是用等体积球直径近似等于岩块尺寸，以球体系统的断面圆尺寸分布及其空间分布为基础，确定出散体表面上测线与岩块相交所截出的线段的数量密度与岩块的空间数量密度之间的关系，由此提出计算散体块度组成的新算法。

假设散体块度最佳匹配椭圆的面积和周长等于其本身的面积和周长，它们的长轴和短轴分别为：

$$a_0 = \frac{\frac{P_2}{\pi} + \sqrt{\frac{P_2^2}{\pi^2} - \frac{4S_2}{\pi}}}{2} \tag{2-25}$$

$$b_0 = \frac{\frac{P_2}{\pi} - \sqrt{\frac{P_2^2}{\pi^2} - \frac{4S_2}{\pi}}}{2} \tag{2-26}$$

通过 JohnM Kemeny 等人经过多年分析发现散体岩块的大小和最佳匹配椭圆间存在的关系，其散体的体积为：

$$V_2 = 1.16 b_0 S_2 \sqrt{\frac{1.35 a_0}{b_0}} \tag{2-27}$$

式中 V_2——散体的体积，m^3；

a_0——最佳椭圆的长轴，m；

b_0——最佳椭圆的短轴，m；

S_2——散体岩块的面积，m^2；

P_2——散体岩块的周长，m。

通过图片推测出了各级散体岩块的体积，将散体岩块的尺寸分为 n 个区间，从而计算某粒径下的筛下百分含量。

从排土场表面上岩块组成的几何信息推断其空间体积的概率问题，仅仅通过相关分析、回归分析等手段将平面分布与空间分布联系起来缺少必要的统计基础。而且在将平面上的块度分布修正为空间分布时，必须以各散体的抽样筛分结果为标准，这给实际应用带来极大不便。从统计角度分析，排土场表面上所反映出来的岩块大小与散体的块度分布有关，它们之间存在一定的概率关系。某岩块被随机测线截出的线段长度还与该岩块的大小和形状有关。摄影测试方法是直接对已形成的排土场进行块度分析，不考虑散体块度形成的任何影响因素，这使该方法不受区域的限制，便于推广应用，但是，以摄影测试方法为基础的各种测试系统都存在着因为诸如“小块漏失”等原因所产生的误差。

2.2 排土场矿岩散体粒径分布规律

排土场堆积散体粒度组成是由排土工艺及岩石在开挖后受原生节理的切割、生产爆破的破碎、岩块经坡面运动后大小块度的岩石自然分级所决定的，使得排土场上下各部位堆积散体的粒度分布呈一定的规律性。散体土石料在排弃一定高度后，易形成分层，尤其是采用“汽车-推土机”排土方式时，其分层作用十分明显，分层作用包含两方面含义：一是水平分层，即排弃过程中按块度自然分级。即块度粒径不同的散体土石料自高处落下，大块沿坡面滚至边坡下部，而细粒、小块留在上部；二是倾斜分层，由于散体土石料强度不同，加之排土强度的不均衡性，则会形成排弃散体的倾斜分层，尤其是采用混排时，在排土场较坚硬废石组成的坡面上排放薄薄的一层细土。实际上，由于排土场堆积散体的岩土力学性质主要由其自身的岩土成分和块度大小决定，进而影响排土场的边坡稳定性。因此，分层是影响超高台阶排土场边坡稳定性的重要因素之一，对散体岩土的块度分布规律进行研究，特别是当排土场具有一定高度后，其边坡粒径存在明显粒径分级时显得尤为重要。因为散体岩土的块度分布规律研究可以为排土场散体物料的力学试验提供粒度组成和级配方案，从而为排土场稳定性分析提供一些可靠的数据。而且，块度分布规律的研究也是进一步确定排土场破坏模式的依据。因此，排土场堆积散体粒度分布规律研究是排土场稳定性的基础。其对排土场的稳定性、露天矿所采用的排土工艺，进而对于露天矿能否安全生产都有着较重要的影响。

排土场堆料是一种岩块、空气、水三种介质的混合体，它的物理力学性质不仅与堆料的岩性、混度、粒度、密度等有关，而且与它的颗粒形状、粒度组成的密切关系。在测试方法上，较小的土类可用沉降分析法，在粒度可筛范围内用筛分法，大块岩石则可用直接量测法。在试验现场，分别采用直接测量、钻孔和筛分法对排土场的内部和表面的粒径分布进行研究。这几种方法的结合可以使所获得的粒径分布更接近于实际，起到相互补充和验证的作用。

江西某铜矿 413m 台阶排土场（图 2-1）堆积散体成分主要为微风化千枚岩，且其排土场坡面的堆积体呈松散状。排土场采用一坡到底的单台阶全段高排土方式排土，其单台阶排土高度高达 120m。由于采用“单台阶全段高排土方式排土”方式排土，其坡面的堆积散体呈现出明显的“水平分层”，即散体的小颗粒多停留在排土场的上部，中颗粒多残留在坡面中部，大块岩石则趋向于排土场底部。下面针对此铜矿高台阶排土场的明显“水平分层”现象，分析排土场表面粒径分布规律。

图 2-1 413m 台阶排土场现场照片

2.2.1 排土场表面粒径

针对排土场的实际情况，采用筛分法测量岩石块度的准确性，筛分法是测定粒径分布必不可少的方法。筛分法适用于颗粒大于 0.1mm（或 0.074mm）小于 100mm 的土。筛分法是用一套孔径不同的筛子进行过筛分析，称量每一级的筛余量，计算出各级筛余量或各粒级组的百分含量。筛子的规格是标准化的，筛孔的国际标准是以 100mm 为基数，以 $\sqrt[10]{10}=1.259$ 为级差。在实际使用中所选用的筛网孔径往往视岩石粒度组成的大小而选取。根据排土场的现场情况，最大筛径选用 100mm 比较合适，更大的采用直接量测法，现场采用的筛孔孔径见表 2-1。

表 2-1 排土场现场筛孔孔径

筛孔分级	1	2	3	4	5	6	7
筛孔孔径/mm	5	10	20	40	60	80	100

将现场筛分的小于 5mm 的土样带回岩土所实验室进行室内筛分研究（图 2-2），采用的筛孔粒径为 0.075mm、0.25mm、0.5mm、1mm、2mm。

图 2-2 现场筛分的部分结果照片

直接测量包括对排土场表面大粒径块石的测量及地表一定范围内各种粒径颗粒百分含量的确定两种（图 2-3）。排土场内的块石粒径大、密度较散土高，在堆排过程中，由于重力作用易从排土场顶部滚落至下一台阶表面堆积，且越靠近底部，块石粒径越大。通过选择从底部至排土场顶部的剖面，对其中的大块石进行直接测量，可以确定此类大块石的粒径及其在排土场内部的分布规律。通过图片分析结合测量结果可以大致确定各种粒径在垂直方向上的百分比。

图 2-3 直接测量法测量排土场块石粒径分布

对岩石块度的直接量测是筛分法的一种配套手段，即当岩块的颗粒尺寸较大（大于100mm）时，大块岩石已不便于用筛子进行筛分，可直接对岩块尺寸进行量测。

根据地质情况，现场筛分取样工作全部在排土场的外层进行。在排土场选取两条具有代表性的 $A-A'$ 和 $B-B'$ 坡面作为试验坡面，每条坡面设置 12 个试验点，每个试验点高度间隔 10m 进行取样，取样面积以 1.0m^2 为准，取样深度为 1.0m，取样后进行筛分试验。图 2-4 为 413m 台阶排土场粒度测试现场测点布置示意图。

2.2.2 排土场现场粒径分布

413m 台阶排土场的堆积散体来自采场爆破后的块石。尽管原岩爆破散体已经经过电铲倒装、汽车翻卸和推土机碾压，但现场堆积散体的硬度比较大，所以其平均块度与爆破后的块度相比变化相对不大。并且根据现场调查得知排土场台阶高度小于 40m 时基本未分

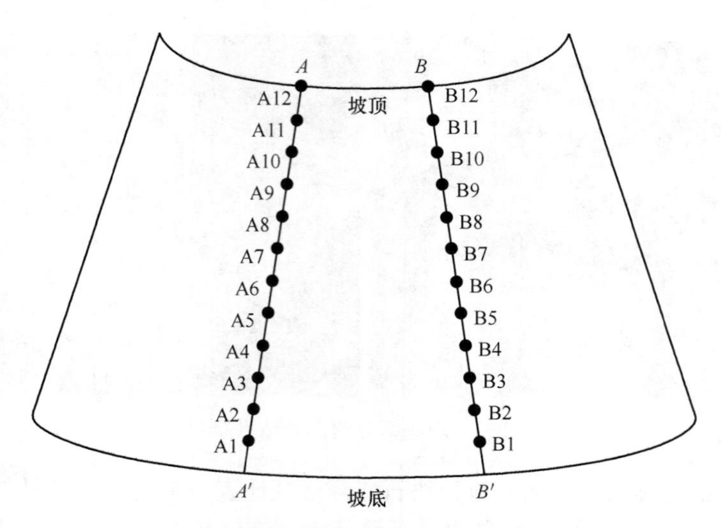

图 2-4　排土场粒度测试现场测点布置示意图

级，所以将这种硬度较高、堆排高度小于 40m 的堆积体假定为爆堆散体（即认为未分级的堆积散体）。413m 台阶排土场的爆堆散体粒径调查结果和排土场两个典型坡面（$A-A'$坡面和 $B-B'$坡面）的粒径调查结果分别见表 2-2 和表 2-3。

表 2-2　413m 台阶排土场顶部平台不同位置的爆堆散体粒径分布

测点编号	413m 台阶排土场的爆堆散体各粒组块度的百分含量/%									
	<5mm	5~10mm	10~20mm	20~40mm	40~60mm	60~80mm	80~100mm	100~200mm	200~400mm	>400mm
Ⅰ组	18.1	9.18	13.75	18.84	15.32	10.17	7.56	7.08	0	0
Ⅱ组	10.73	9.47	12.37	24.59	13.88	9.71	6.42	5.59	7.24	0
Ⅲ组	15.87	9.44	16.08	19.16	10.25	6.8	5.98	8.05	8.37	0

表 2-3　413m 台阶排土场不同高度的粒径分布

测点坡面线	测点编号	测点相对高度	不同高度的各粒组粒径分布百分含量/%									
			<5mm	5~10mm	10~20mm	20~40mm	40~60mm	60~80mm	80~100mm	100~200mm	200~400mm	>400mm
$A-A'$坡面	A1	10m	0.00	5.72	15.29	10.10	8.47	10.81	8.49	5.30	20.56	15.26
	A2	20m	3.43	7.29	10.29	17.10	14.17	10.32	6.98	10.80	10.56	9.06
	A3	30m	5.26	2.29	14.00	15.34	14.21	13.46	16.09	14.37	4.98	0.00
	A4	40m	5.83	9.79	9.47	21.34	17.51	11.56	9.09	7.37	8.04	0.00
	A5	50m	7.59	12.35	23.67	17.61	13.72	7.27	6.07	5.05	4.08	2.59
	A6	60m	6.82	10.17	18.26	17.87	13.62	11.27	5.81	7.87	8.31	0.00
	A7	70m	12.37	15.34	15.37	20.13	14.22	9.49	6.37	4.33	2.38	0.00
	A8	80m	12.39	13.29	14.67	24.29	16.14	8.91	7.42	2.89	0.00	0.00
	A9	90m	16.29	14.29	16.27	20.20	15.13	10.37	5.39	2.06	0.00	0.00
	A10	100m	18.07	18.67	19.35	13.79	13.46	8.67	5.57	2.42	0.00	0.00
	A11	110m	20.51	16.39	21.07	15.18	11.37	11.17	4.31	0.00	0.00	0.00
	A12	120m	24.37	14.19	19.19	18.09	12.37	8.37	3.42	0.00	0.00	0.00

续表2-3

测点坡面线	测点编号	测点相对高度	不同高度的各粒组粒径分布百分含量/%									
			<5mm	5~10mm	10~20mm	20~40mm	40~60mm	60~80mm	80~100mm	100~200mm	200~400mm	>400mm
B-B′坡面	B1	10m	0.57	4.93	8.33	11.90	12.35	14.08	7.98	8.77	18.82	12.27
	B2	20m	5.15	8.17	13.33	14.54	15.35	9.56	12.50	12.04	6.06	3.30
	B3	30m	2.96	7.10	15.33	16.28	12.04	12.06	14.37	9.04	7.30	3.52
	B4	40m	6.49	8.66	13.54	19.89	16.04	9.67	8.67	9.74	7.30	0.00
	B5	50m	6.56	11.67	21.87	15.43	15.68	10.08	4.38	8.84	5.49	0.00
	B6	60m	7.24	12.36	20.14	18.37	15.45	12.16	4.43	5.21	4.64	0.00
	B7	70m	10.98	16.29	17.24	19.08	13.36	10.32	6.06	3.00	3.67	0.00
	B8	80m	11.35	14.16	18.19	20.53	14.73	9.16	6.06	3.64	2.18	0.00
	B9	90m	15.67	13.74	15.35	19.68	14.37	11.69	4.28	5.22	0.00	0.00
	B10	100m	19.92	17.92	16.28	16.21	16.32	7.34	2.67	3.34	0.00	0.00
	B11	110m	19.84	16.83	19.39	13.47	10.72	13.68	4.70	1.37	0.00	0.00
	B12	120m	21.64	16.96	18.82	16.26	9.07	10.28	6.97	0.00	0.00	0.00

2.2.3　排土场散体粗粒料的颗粒分布曲线

散体粗粒料的粒度组成常用颗粒分布曲线来表示，因为曲线的变化可以代表颗粒的粗、细粒偏向。常见的散体颗粒分析曲线的几种分布特征如图2-5所示。颗粒分布曲线的纵坐标为小于某粒径土的百分含量（%），横坐标为土颗粒的粒径（mm）。但是，横坐标常取为对数坐标（即：lg$D$），这是由于混合土中所含粒组的粒径往往相差几千、几万倍甚至更大，且细粒土的含量对土的性质也有一定的影响，所以也需详细表示。

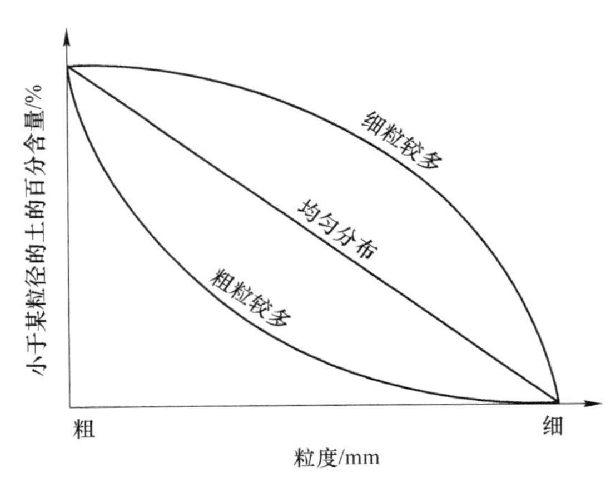

图2-5　散体粗粒料颗粒分析特征曲线示意图

研究中各种土样的颗粒曲线如图2-6~图2-8所示。从图中可以看出，413m台阶排土场堆积散体的粗颗粒土偏多。同时，由于颗分曲线没有产生水平段，所以413m台阶排土场的堆积散体没有出现粒径段缺失的现象，此结果表明排土场粗粒中有细粒做填充，而细粒则由粗粒做支撑骨架。

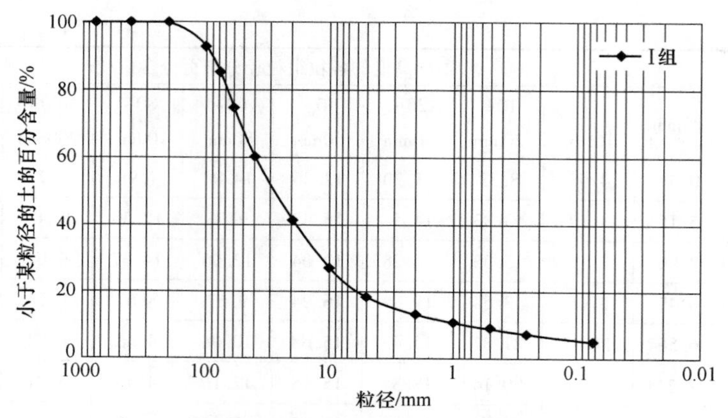

图 2-6　爆堆散体的Ⅰ组散体粗粒料粒径级配累积

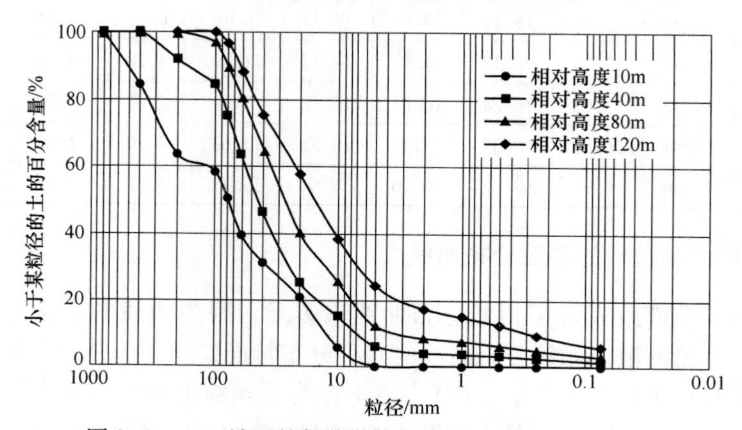

图 2-7　*A-A′*坡面的部分散体粗粒料粒径级配累积曲线

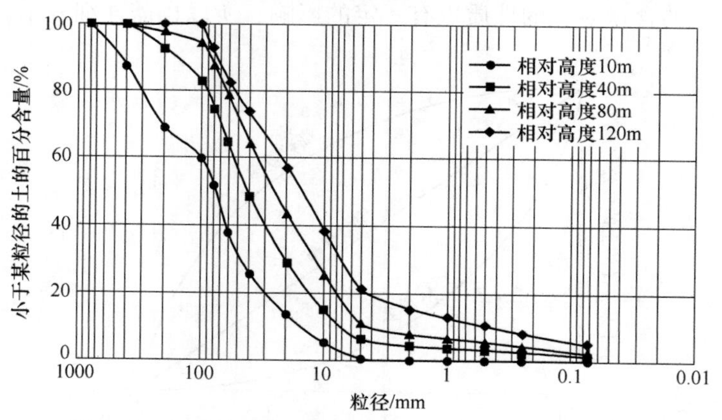

图 2-8　*B-B′*坡面的部分散体粗粒料粒径级配累积曲线

2.2.4　排土场堆积散体的粒度组成衡量指标

散体岩土颗粒级配（粒度组成）是影响其物理力学特性的主要因素之一，常用的衡量指标有不均匀系数 C_u、曲率系数 C_c、中间粒径 D_{50}和平均粒径$\overline{D}$。

$$C_u = D_{60}/D_{10} \tag{2-28}$$

$$C_c = \frac{D_{30}^2}{D_{60}D_{10}} \tag{2-29}$$

式中 C_u——散体不均匀系数；

C_c——散体的曲率系数；

D_{10}——小于此种粒径的土的质量占总土质量的10%，也称有效粒径；

D_{30}——小于此种粒径的土的质量占总土质量的30%；

D_{60}——小于此种粒径的土的质量占总土质量的60%，也称控制粒径；

D_{50}——指土中大于此粒径和小于此粒径的土的含量均为50%时的粒径。

岩石粒度组成的大小常用平均粒径来表示，其以各粒级含量的加权平均值作为平均粒径$\overline{D}$。

$$\overline{D} = \frac{\sum R_i D_i}{\sum R_i} \tag{2-30}$$

式中 $\overline{D}$——平均粒径；

D_i——某粒径组中值；

R_i——该粒径组所占的百分率。

另外，为了便于研究散体粗粒料的物理力学性质，在我国通常把粗粒土看作粗、细两部分。习惯用固定粒径5mm作为分界粒径，即将小于5mm的颗粒称为细料、大于5mm的颗粒称为粗料（也表述为“粗料含量”：用$P_{>5mm}$表示），一般认为粗料形成骨架、细料充填空隙。从宏观上看，粗料含量$P_{>5mm}$是决定粗粒土工程力学特性的主要因素。该413m台阶排土场的散体粗粒料粒度组成统计特性见表2-4。

表2-4 413m台阶排土场粒径统计特性

测点位置	测点编号	测点相对高度	C_u	C_c	D_{50} /mm	平均粒径 /mm	粗料含量 $P_{>5mm}$/%
A-A′坡面	A1	10m	9.46	0.92	79.28	186.39	100
	A2	20m	7.89	1.31	56.78	130.14	96.57
	A3	30m	6.23	1.12	58.45	74.51	94.74
	A4	40m	7.78	1.53	44.08	68.91	94.17
	A5	50m	6.46	0.88	27.26	62.72	92.41
	A6	60m	7.63	0.89	36.51	65.7	93.18
	A7	70m	9.11	0.89	26.88	42.93	87.63
	A8	80m	8.97	1.15	27.95	36.11	87.61
	A9	90m	10.76	0.95	23.12	32.74	83.71
	A10	100m	9.28	0.95	16.85	30.33	81.93
	A11	110m	9.3	1.13	16.22	26.84	79.49
	A12	120m	10.96	1.06	15.96	25.1	75.63

续表2-4

测点位置	测点编号	测点相对高度	C_u	C_c	D_{50} /mm	平均粒径 /mm	粗料含量 $P_{>5mm}$/%
B-B′坡面	B1	10m	6.47	1.43	76.93	171.65	99.43
	B2	20m	8.44	1.13	51.48	88.76	94.85
	B3	30m	7.07	0.94	53.84	91.77	97.04
	B4	40m	7.72	1.19	41.77	67.91	93.51
	B5	50m	7.06	0.8	32.83	57.52	93.44
	B6	60m	6.94	0.89	31.17	51.6	92.76
	B7	70m	7.96	0.81	25.75	44.67	89.02
	B8	80m	8.14	0.98	26.14	41.46	88.65
	B9	90m	11.12	0.95	25.33	36.68	84.33
	B10	100m	10.86	0.89	17.47	29.86	80.08
	B11	110m	10.26	0.99	16.87	29.93	80.16
	B12	120m	10.03	1.04	16.06	27.52	78.36
爆堆散体	Ⅰ组	—	14.54	1.29	29.52	41.06	81.9
	Ⅱ组	—	9.46	1.56	34.18	59.83	89.27
	Ⅲ组	—	12.51	1.34	28.99	61.72	84.13

2.2.4.1 排土场散体颗粒级配分析

从表2-4中可以看出，413m台阶排土场的散体粗粒料的 C_u 都大于5，其土样级配属于不均匀土。且413m台阶排土场的顶部平台的爆堆散体土样的 $C_u>5$，$C_c=1\sim3$，其散体粗粒料土样级配良好。另外，其 $A-A'$ 坡面和 $B-B'$ 坡面部分高度的土样有 C_c 小于1的情况，从而导致其级配不良，这种不良级配主要集中在排土场的中上部。

2.2.4.2 散体土样的自然分级

根据表2-4的计算结果，分析了中间粒径 D_{50} 和平均粒径 $\overline{D}$ 与排土场高（h/H）的关系，如图2-9~图2-12所示。从图中可以看出，中间粒径 D_{50} 和平均粒径 $\overline{D}$ 随排土场高度的增加而减小，且与高度（h/H）呈指数关系。这也从侧面说明了413m台阶排土场坡面的粒径分级非常明显，即小颗粒多在排土场的顶部，排土场中部中等颗粒比较集中，下部的粗颗粒明显的变多。

在工程上常采用粗粒含量 $P_{>5mm}$ 来表示散体粗粒料的工程性质。图2-13和图2-14为413m台阶排土场的粗料含量 $P_{>5mm}$ 随排土场高度的变化关系。由图可知，粗料含量 $P_{>5mm}$ 随排土场高度的增加而呈线性减小，即在排土场顶部 $P_{>5mm}$ 要少一些，即小颗粒较多一点。但是总体看，$P_{>5mm}$ 的变化在70%~100%左右。

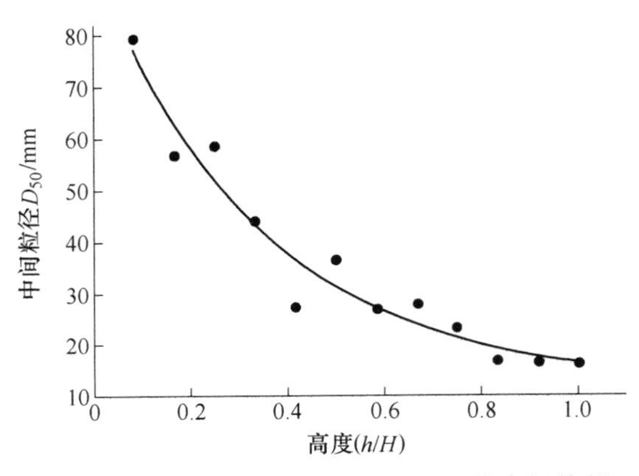

图 2-9　413m 台阶排土场 $A-A'$坡面的中间粒径 D_{50}随排土场高度的变化关系

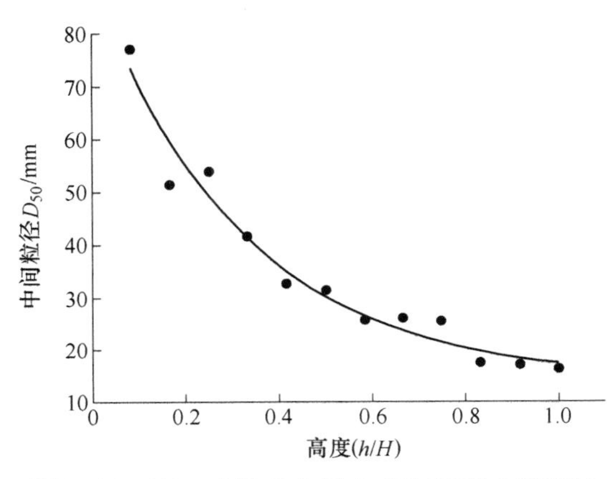

图 2-10　413m 台阶排土场 $B-B'$坡面的中间粒径 D_{50}随排土场高度的变化关系

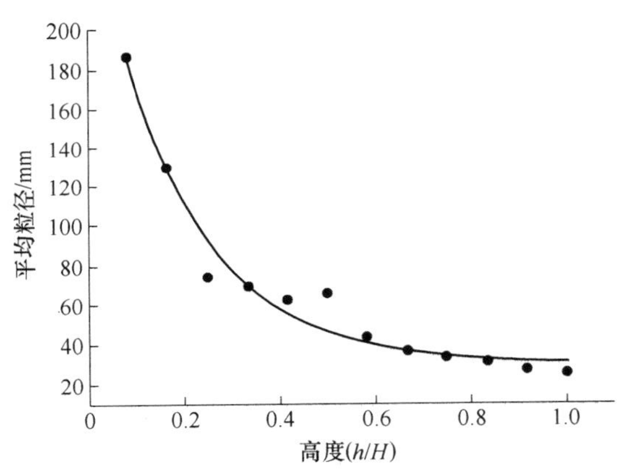

图 2-11　413m 台阶排土场 $A-A'$坡面的平均粒径 $\overline{D}$随排土场高度的变化关系

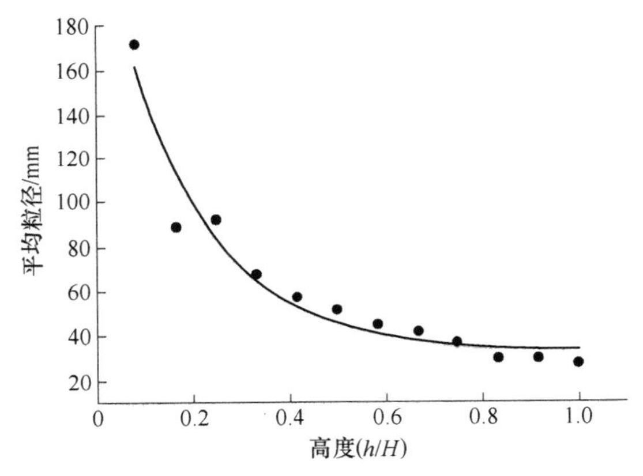

图 2-12　413m 台阶排土场 $B-B'$坡面的平均粒径 $\overline{D}$随排土场高度的变化关系

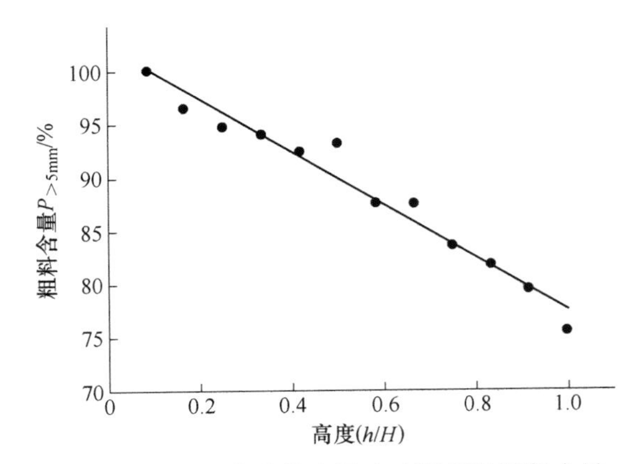

图 2-13　413m 台阶排土场 $A-A'$坡面的粗料含量 $P_{>5mm}$随排土场高度的变化关系

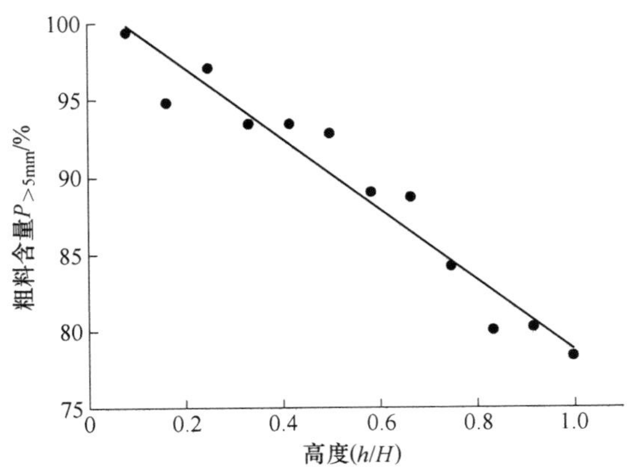

图 2-14　413m 台阶排土场 $B-B'$坡面的粗料含量 $P_{>5mm}$随排土场高度的变化关系

2.3　排土场块度分布与排土场高度的关系描述

排土场块度的分布规律可为排土场散体介质的大型直剪试验、三轴压缩试验等室内试验提供粒度级配，并且可依据散体介质分布规律研究排土场散体粗粒料强度参数的变化，为排土场的稳定性分析提供理论依据。同时，由以上的散体粗粒料的粒径级配累积曲线和散体粗粒料粒度组成统计特性研究成果可知，413m 台阶排土场堆积散体的粒径分布与其高度有关。此处以 413m 台阶排土场工程实例，系统地研究超高台阶排土场堆积散体的粒度分布随排土场高度的变化规律。

根据中间粒径 D_{50} 和平均粒径 $\overline{D}$ 与排土场高度（h/H）的关系图可知，排土场坡面的散体粗粒料颗粒粒径分布与排土场的高度密切相关。然而，在建立排土场各高度的粒径分布规律与排土场高度的变化关系之前，需寻找一个通用的粒径分布函数关系式，以分析排土场不同高度时的颗粒分布规律。从而获取排土场不同高度所对应的“分布参数”。根据现已建立的粒度组成分布函数模型来看，“Rosin-Ramuler 模型”的拟合结果相对较好。为了进一步提高 Rosin-Ramuler 函数的拟合度，此处对 Rosin-Ramuler 函数进行了修正，修正的 Rosin-Ramuler 模型函数式见式（2-31）。

$$y = a\left\{1 - \exp\left[-\left(\frac{x}{d}\right)^{n}\right]\right\} \tag{2-31}$$

式中　y——粒度为 x 的筛下散体相对含量；

a——修正系数；

x——粒度，mm；

n，d——分布参数。

根据修正的 Rosin-Ramuler 模型，并结合 413m 台阶排土场的两个典型坡面的粒径调查结果进行了拟合。其 $A-A'$ 和 $B-B'$ 坡面在高度为 10m、40m、80m 和 120m 的拟合图分别见图 2-15 和图 2-16。

从 413m 台阶排土场 $A-A'$ 和 $B-B'$ 坡面拟合结果看出，其拟合相关系数都在 0.96～1.00 之间，而利用原 Rosin-Ramuler 模型进行拟合，其拟合相关系数大都在 0.9 左右，所以这

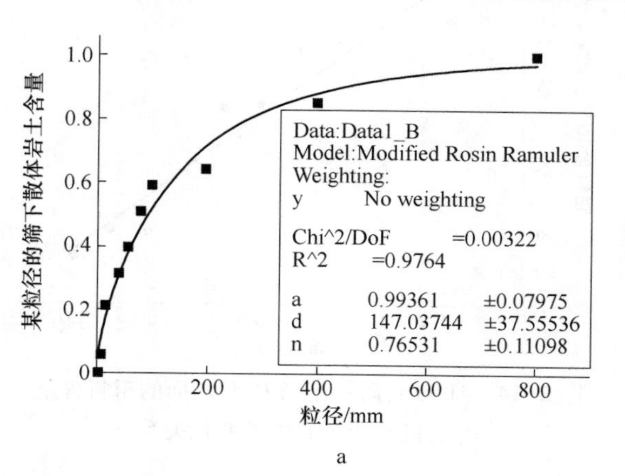

a

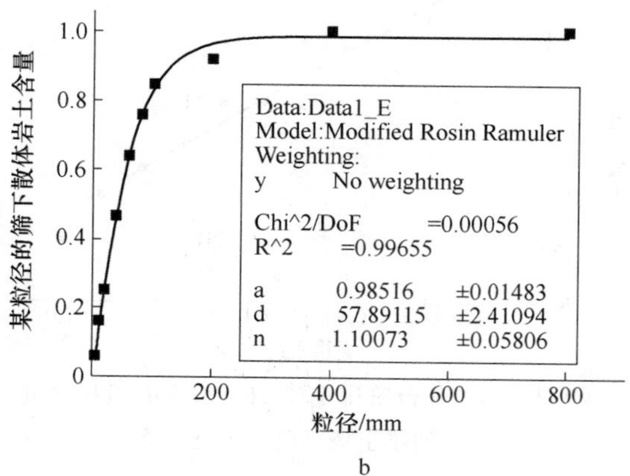

b

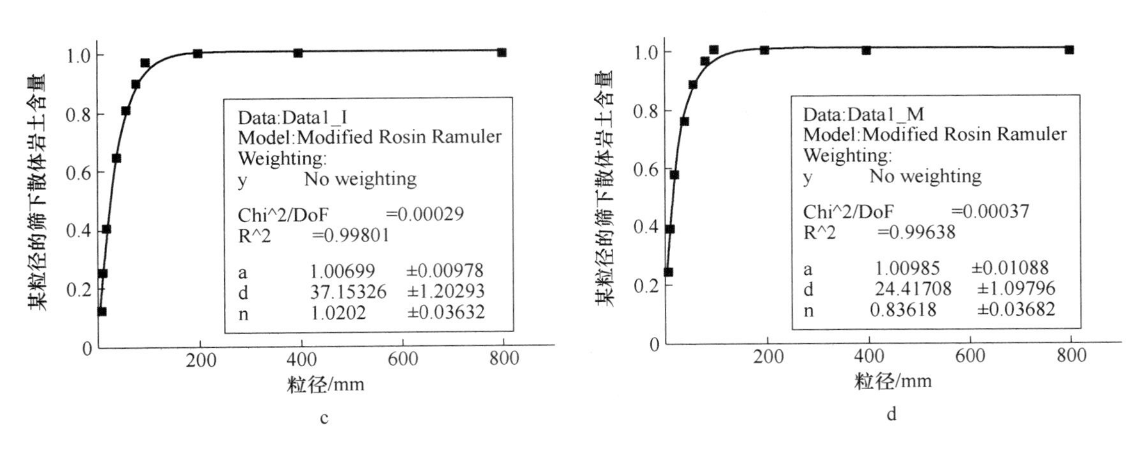

图 2-15 *A-A'*坡面基于修正的 Rosin-Ramuler 模型的散体粗粒料拟合曲线

a—相对高度 10m；b—相对高度 40m；c—相对高度 80m；d—相对高度 120m

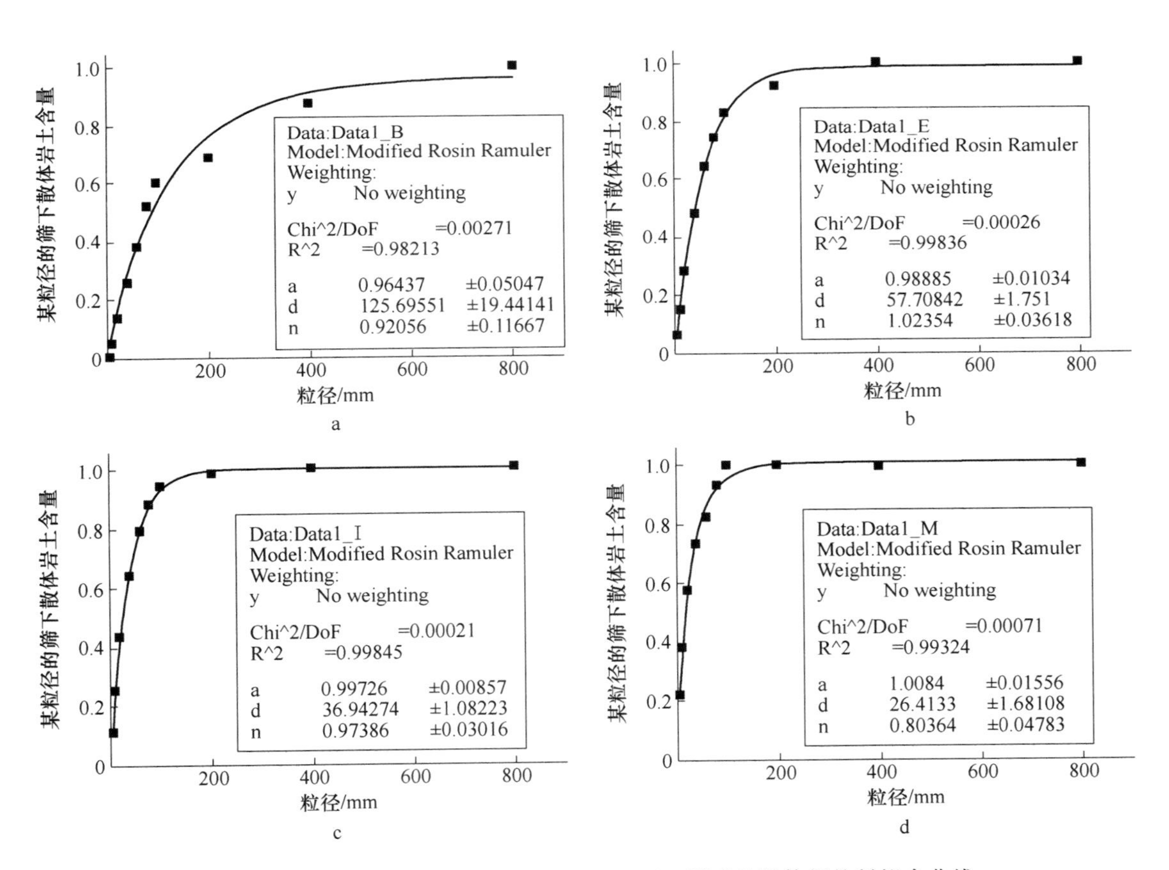

图 2-16 *B-B'*坡面基于修正的 Rosin-Ramuler 模型的散体粗粒料拟合曲线

a—相对高度 10m；b—相对高度 40m；c—相对高度 80m；d—相对高度 120m

说明修正后的 Rosin-Ramuler 模型在拟合度方面有很大的提高。表 2-5 中列出了 413m 台阶排土场 *A-A'*和 *B-B'*坡面的 Rosin-Ramuler 修正函数的各修正参数和分布参数拟合值。

表 2-5　随排土场高度变化的参数值

相对高度 h /m	$A-A'$坡面			$B-B'$坡面		
	a	d	n	a	d	n
10	0.9936	147.04	0.76531	0.9644	125.70	0.9206
20	0.9834	82.32	0.7820	0.9809	69.02	1.0052
30	0.9994	74.31	1.2044	0.9730	69.01	1.0765
40	0.9852	57.89	1.1007	0.98885	57.71	1.0235
50	0.9696	39.96	0.9801	0.9874	46.65	0.9696
60	0.9844	51.75	0.9636	0.9888	42.86	1.0294
70	0.9988	37.82	0.9229	0.9939	37.22	0.9333
80	1.0070	37.15	1.0202	0.9973	36.94	0.9739
90	1.0094	33.05	0.9255	1.0082	35.90	0.9028
100	1.0061	28.47	0.8285	1.0070	27.68	0.8357
110	1.0087	26.28	0.8474	1.0099	28.81	0.8095
120	1.0099	24.42	0.8362	1.0084	26.41	0.8036

从表 2-5 可知，修正系数 a 值在 1.00±0.05 之间；分布参数 n 值在 1.00±0.30 之间。另外，分布参数 d 值随排土场高度的增加而减小。求取的不同高度的 d 值对应的粒径百分含量 D_x（此处 D_x 指小于 d 值时土的质量占总土质量）的统计表见表 2-6。

表 2-6　排土场不同高度时 d 所对应的粒径百分含量 D_x

相对高度 h/m	$A-A'$坡面		$B-B'$坡面	
	拟合的 d 值/mm	相对应的百分含量 D_x/%	拟合的 d 值/mm	相对应的百分含量 D_x/%
10	147.04	61.37	125.70	62.39
20	82.32	63.58	69.02	60.85
30	74.31	60.73	69.01	59.14
40	57.89	62.09	57.71	62.78
50	39.96	61.18	46.65	60.74
60	51.75	61.12	42.86	60.32
70	37.82	61.02	37.22	60.94
80	37.15	61.18	36.94	61.09
90	33.05	60.03	35.90	60.41
100	28.47	61.93	27.68	60.34
110	26.28	62.74	28.81	61.99
120	24.42	61.75	26.41	62.63

表2-6中“相对应的D_x值”在59.00~64.00之间。并求得A-A'坡面和B-B'坡面的“相对应的D_x值”的平均值为61.35。所以此处可以把修正Rosin-Ramuler模型的d值定义为$D_{61.35}$，即“d值”可以采用如下方式取值：小于d值（mm）粒径时的土的质量占总土质量的61.35%。此处，相对于413m台阶排土场的坡面堆积散体来说，其Rosin-Ramuler修正模型的“分布参数d值”与排土场高度的函数表达式可用式（2-32）表述，其中排土场的高度采用高度比值“h/H”（即取样点到边坡底部的垂直高度与整个边坡的垂直高度之比，H=120m）。

$$d(h/H) = \frac{1}{k_1(h/H) + k_2} \tag{2-32}$$

式中　$d(h/H)$——与高度比值相关的分布参数d值；

h/H——高度比值，即取样点到边坡底部的垂直高度与整个边坡的垂直高度之比；

k_1，k_2——拟合参数。

A-A'坡面和B-B'坡面的分布参数d值与排土场高度（h/H）的拟合图如图2-17和图2-18所示，其拟合相关系数都比较好，一般都在0.95左右。

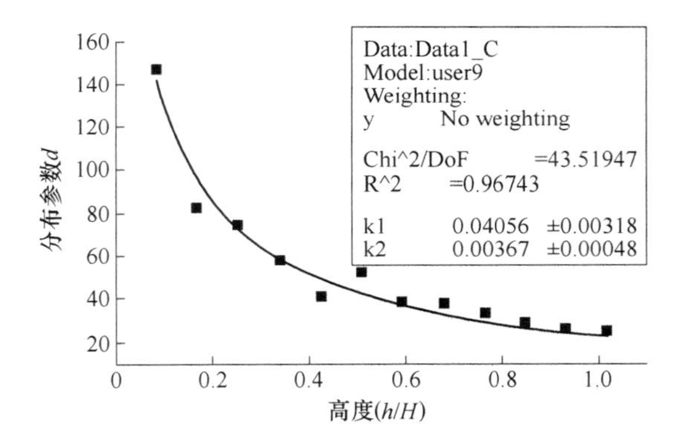

图2-17　A-A'坡面散体粗粒料分布参数d值与排土场高度的拟合曲线

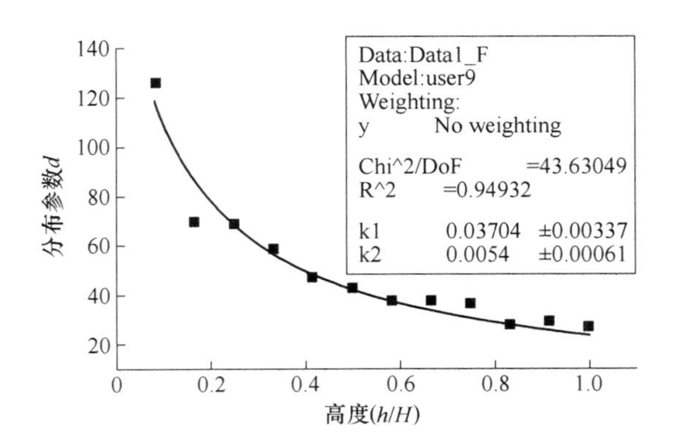

图2-18　B-B'坡面散体粗粒料分布参数d值与排土场高度的拟合曲线

通过现场实测的粒径分布数据建立了一个适合于413m台阶排土场坡面粒径分布的函数表达式。现在将拟合的结果用一个通用的函数表达式表示，见式（2-33）。

$$y = a\left\{1 - \exp\left[-\left(\frac{x}{d\left(\frac{h}{H}\right)}\right)^n\right]\right\} \tag{2-33}$$

式中 y——粒度为 x 的筛下散体相对含量；

a——修正系数，其取值范围为 1.00±0.05；

x——粒度，mm；

n——分布参数，其取值范围为 1.00±0.30；

$d\left(\frac{h}{H}\right)$——分布函数，mm，其数小于此种粒径的土的质量占总土质量的 61.35%时的粒径值。

3 排土场矿岩散体物理力学特性

众所周知，排土场散体介质的物理力学参数是排土场稳定性分析的基础和前提。在宏观尺度上排土场散体具有非均质、非弹性、各向异性及时效性特征。这一重要特征表明散体是一种很特殊很复杂的材料，它既不是离散介质，也不是连续介质，存在宏观、细观、微观的不连续性。同时，由于高台阶排土场在不同的高度具有不同的粒径级配（即粒径分级现象），所以，为了充分了解高台阶排土场的这一特征，需要开展大量室内实验，以研究不同级配的散体粗粒料力学性质。

3.1 排土场矿岩散体实验

试样级配是影响粗粒土工程特性的重要因素。在进行实验时，一般应按散体土的天然级配，或模拟工程实际情况合理地选择试样级配，以使实验成果具有代表性。目前所用的级配类型有两种，即天然级配和人工级配，统称为原级配。天然级配是根据散体土的天然级配制备试样，进行各项物理力学性实验，并按此来确定各项指标的范围及采用值。人工级配是根据排土场散体或实际填筑料实验所得级配成果，按统计方法整理得出的级配，随统计方法的不同有多种形式：有采用土料方量百分率级配曲线的统计方法，得出典型级配，包括上包线级配、下包线级配和加权平均级配；也有根据多组级配曲线的外包轮廓线作出级配范围线，以最细者为上包线，最粗者为下包线，各组加权平均为平均级配。外包线级配是控制散土体的极端情况，多用作验证性或探索性实验的依据；加权平均级配曲线代表了排土场的平均级配情况，大多以此作为进行物理力学性质实验的依据。对于级配变化较大的土料，如风化料，则不能固定在某一级配情况下实验，一般在一定范围内进行研究。此外，人工级配也包括了设计工程类比或根据料场的实际情况确定的级配，属工程要求的级配。试样级配选择是一个复杂的问题，实际选用时需以反映客观实际情况为原则，防止由于试样级配选择不当而影响实验成果的可靠性。

3.1.1 排土场散体粗粒土土样制备

排土场矿岩散体粗粒土土样制备步骤如下：

（1）将全部土样置于橡皮板上风干，用木槌将土块及附着在粗颗粒表面上的细粒土锤散，锤击时应避免破坏土的天然颗粒。将全部土样依次过筛，按大于100mm、100~60mm、60~40mm、40~20mm、20~10mm、10~5mm以及不大于5mm，分粒组称其质量，计算各粒组含量百分数。分别测定大于5mm部分和不大于5mm部分土的风干含水率。必要时取不大于5mm粒组过筛，计算各粒组含量百分数，土样应按粒组分别存放。

（2）天然含水状态土样制备应在保持天然含水率的情况下，将全部土样拌和均匀。根据含砾量多少，取代表性土样，测定其天然含水率。根据各项实验所需总质量，分别取所需土样质量进行存放，装入保湿器或塑料袋中扎紧袋口存放，并防止含水率发生变化。

（3）根据天然级配或人工级配或工程要求的级配进行试样配制，若试样中含有超过试样允许的最大粒径颗粒，对超粒径颗粒可选择剔除法、等量替代法、相似级配法及结合法处理；然后按确定的实验级配，称取各粒组的土，将土样平铺在不吸水的垫板上拌和均匀，按控制含水率均匀施加所需的水量后，充分拌和，湿润24h。实测含水率与控制含水率之差不应大于1%。

排土场矿岩散体土样和试样制备中各粒组质量及所需加水量的计算包括两部分：第一部分是所需风干土或天然含水状态土质量和某粒组风干土或天然含水状态土质量；第二部分是土样所需加水量。

（1）土质量和各粒组土质量计算：

$$m_3 = m_1 + m_2 \tag{3-1}$$

$$m_1 = 0.01\rho_d(1 + 0.01w_1)VP_5 \tag{3-2}$$

$$m_2 = \rho_d(1 + 0.01w_2)(1 - 0.01P_5)V \tag{3-3}$$

$$m_i = \frac{P_h}{P_5}m_1 \tag{3-4}$$

式中　m_3——风干土或天然土总质量，g；

m_1——大于5mm粗粒风干土或天然土质量，g；

m_2——小于5mm细粒风干土或天然土质量，g；

m_i——粗粒某粒组中风干土质量，g；

V——试样体积，cm^3；

ρ_d——试样控制干密度，g/cm^3；

P_5——制样时大于5mm颗粒含量，%；

w_1——大于5mm颗粒风干或天然含水率，%；

w_2——小于5mm颗粒风干或天然含水率，%；

P_h——粗粒某粒组含量，%。

（2）土样所需加水量计算：

$$m_w = 0.01 \times \frac{m_4}{1 + 0.01w_0}(w - w_0) \tag{3-5}$$

$$m_0 = 0.01w_1P_5 + (1 - 0.01P_5)w_2 \tag{3-6}$$

式中　m_w——土样所需加水量，g；

w_0——风干土或天然土总含水率，%；

w——试样控制含水率，%。

3.1.2　超径颗粒的处理

关于超径颗粒的处理，用原级配土料进行实验是最理想的，但由于仪器对试样的限制，不得不对土料中某些超过试样允许粒径的颗粒（即超粒径颗粒）进行处理。处理超径颗粒的方法包括剔除法、等量替代法、相似级配法及结合法。无论哪一种处理超粒径颗粒的方法都有局限性，需根据工程实际和经验选择使用。

3.1.2.1　剔除法

剔除法是将超粒径颗粒剔除，剩余部分作为整体，再分别计算各粒组含量。这样将使小于5mm颗粒含量相对增加，改变了原级配土的性质。因此，除超粒径含量极小外，一般不采用此法。剔除法的级配计算公式：

$$P_{5i} = \frac{P_{05i}}{100 - P_{d\max}} \times 100 \tag{3-7}$$

式中 P_{5i}——处理后 $d>5$mm 某一粒级含量，%；

P_{05i}——处理前与 P_{5i} 对应的粒级含量，%；

$P_{d\max}$——超粒径颗粒含量，%。

3.1.2.2 等量替代法

等量替代法是将粗粒土中超径料等重量地用最大粒径 $d_{\max}$ 至5mm的粗料部分各粒级含量加权平均代替，代替后的各粒级的含量按式（3-8）、式（3-9）计算。其优点是代替后的级配仍保持原来的粗料含量，细料含量和性质不变，但改变了粗料的级配、不均匀系数及曲率系数，存在大粒径缩小、粒级范围变小、均匀性增大等特点。超粒径含量较小时也可用最大一级粒径粒组等量替代超径粒，等量替代法的级配公式计算：

$$P_{5i} = \frac{P_5}{P_5 - P_{d\max}} P_{05i} \tag{3-8}$$

$$P_5 = \sum_{1}^{n} P_{5i} = \sum_{1}^{n} P_{05i} + P_{d\max} \tag{3-9}$$

式中 P_5——原级配大于5mm粗料含量，%。

3.1.2.3 相似级配法

相似级配法是将原级配的土料根据确定的允许最大粒径按几何相似的原则等比例将原土样粒径缩小，使颗分曲线向右平移，仍保持与原级配曲线相似，故 C_u 和 C_c 可保持不变，但不大于5mm颗粒含量有所增加。因此，该法只是几何尺寸相似，不能全面地模拟原样的性状。采用相似级配法需注意颗粒级配曲线平移后，不应使其中的细粒含量增加到影响原级配试样力学性质的程度。一般来讲，不大于5mm颗粒的含量增加后不宜大于15%。研究成果表明：不大于5mm颗粒的含量如果增大到30%左右，将使粗粒土达到最大密实度，强度偏大而透水性减小。相似级配法粒径和级配的计算公式如下：

$$d_{ni} = \frac{d_{0i}}{n_2} \tag{3-10}$$

$$n = \frac{d_{0\max}}{D_{\max}} \tag{3-11}$$

$$P_{dn} = \frac{P_{d0}}{n_2} \tag{3-12}$$

式中 d_{ni}——原级配某粒径缩小后的粒径，mm；

n_2——粒径缩小系数；

P_{dn}——粒径缩小 n 后相应的不大于某粒径含量百分数，%；

d_{0i}——原级配某粒径，mm；

$d_{0\max}$——原级配最大粒径，mm；

D_{max}——试样允许最大粒径，mm；

P_{d0}——原级配相应的不大于某粒径含量百分数,%。

3.1.2.4 结合法

结合法是先用相似级配法以较适宜的比例缩小粒径，控制不大于5mm颗粒含量增加到不超过实验要求的含量，超径颗粒含量再用等量替代法处理。资料表明，该法所得的最大干密度与现场碾压实验相接近，强度指标也介于相似级配和等量替代级配所得指标之间。

3.1.3 散体粗粒土直剪实验步骤

直接剪切仪的剪切盒一般为圆柱形或方柱形，且常采用应力控制式直接剪切仪，其组成包括剪切盒、传压板、滚轴排、垂直加压框架和水平加荷支座等，剪切方式可采用快剪、固结快剪或慢剪。直接实验实验过程中应注意的事项：直接剪切仪的直径或边长与高度之比不应小于1，直径或边长与试样中最大颗粒粒径之比不应小于5，直径或边长不宜小于30cm；直剪仪的剪切缝缝宽为试样中最大颗粒粒径的1/3~1/4；在剪切盒底部，快剪实验应放上不透水板，固结快剪和慢剪实验应放上有滤网的透水板；装样时应将搅拌均匀的土样分为3~5次分层装入剪切盒内，每一层土样应击实或振实到所要求的高度，剪切面应避开装填层面，并位于装填层中部；对于黏性粗粒土，每层表面应刨毛后再装下一层；试样需要饱和时，无黏性土宜用浸水饱和法，黏性土宜用抽气饱和法。实验步骤如下：

（1）将装填试样的剪力盒移入剪切仪内，并置于滚轴排上。在试样顶部依次放上不透水板或透水板、传压板、垂直千斤顶和传力柱，需要时安装稳压装置。应使各部件中心处于同一轴线上。启动垂直千斤顶，使各部件接触。在传压板的对称部位，安放量测垂直位移百分表，百分表的数量不应少于2个。

（2）在试样上施加的最大垂直荷载，不应小于工程要求的压力。施加在各试样上的垂直荷载宜按等差级数或等比级数分别施加。垂直荷载应一次施加完成，并使其在整个实验过程中保持恒定值，测读压力施加前后垂直百分表读数。

（3）进行固结快剪实验和慢剪实验时，应对试样进行固结（饱和试样应安装水槽，并向水槽内注水，水面的高度不应低于试样剪切面）。在施加垂直荷载后，每隔1h测记垂直变形一次，直至变形稳定。固结稳定标准为两次读数的差值不大于0.05mm。

（4）安装水平千斤顶和水平位移百分表。应使水平千斤顶与预定剪切面位于同一轴线上。启动水平千斤顶，使各部件紧密接触。调整垂直位移百分表。拔出固定销，拆除开缝环，测记各测表读数，施加剪切荷载。

（5）快剪实验应在垂直荷载施加完成后立即进行剪切；固结快剪应在固结完成后进行剪切。剪切荷载应按预估最大剪切荷载的10%分级施加，每30s施加一级，并测读水平位移和垂直位移百分表一次，当出现水平位移较大时，可适当加密分级。当剪切荷载出现峰值或剪切荷载不再增加而水平位移急剧增加时，可结束实验。若无上述两种情况出现，则控制水平位移达试样直径或长度的15%~20%，可结束实验，并将此时的剪切荷载作为破坏值。

（6）慢剪实验应在固结完成后进行剪切，剪应力分级同快剪实验。每施加一级剪应力，立即测读各位移百分表一次，以后每隔 1min 测读一次，当两次读数的水平位移差不大于 0.01mm 时，施加下一级剪应力。结束实验的标准同快剪实验。

（7）实验结束后，拆除位移测表，吸去水槽内水，卸去水平荷载、垂直荷载及加荷设备。根据需要对剪切面进行描述，并取剪切面附近的试样，测定其含水率和颗粒级配。

3.2 矿岩散体的直接剪切实验

3.2.1 实验颗粒破碎

我国水利部行业标准和国家标准把 $60\text{mm}>d>0.075\text{mm}$，含量大于 50% 的土划分为粗粒土，作为散粒体材料，粗粒土很少承受拉应力，因此室内试验主要研究粗粒土抗剪切破坏的能力。目前，关于粗粒料的研究，主要集中于通过大型直剪仪和室内三轴压缩试验仪对其抗剪强度特性进行分析研究。颗粒破碎对抗剪强度影响的机理也是比较复杂的，颗粒破碎有各种各样的形态，包括颗粒接触点的压碎、颗粒接触点的粉碎、颗粒本身破碎等。破碎使颗料间接触点压力重新调整，接触点应力集中现象缓解，接触点压力均匀化，形成更为稳定的结构。

R. J. Marsal 在对土的抗剪强度进行讨论时，提出了一种表示破碎度量的方法，他是以试验前后试样粒组百分含量的正值之和来表示破碎率，他在对堆石料进行大规模的试验后认为，影响材料抗剪强度与压缩特性最重要的因素是：当材料受力后应力状态发生改变，从而引起粒状材料颗粒本身的破碎。Lee 对排水条件下砂土的剪切强度进行了研究，他在试验中发现砂土在高围压三轴试验过程中出现了显著的颗粒破碎，他认为颗粒破碎对砂土应力-应变关系的影响与松砂的颗粒重组类似，高围压下颗粒破碎消耗能量，削弱了剪胀对摩擦角的影响，使土体的摩擦角高于滑动摩擦角。Vesic 对砂土在高应力条件下的剪切特性进行了研究，他认为应力水平小于 0.1MPa 时，砂土的颗粒破碎很小，土颗粒可以相对自由的移动。剪胀对土体剪切特性影响十分显著。随着应力的增大，颗粒破碎现象愈加明显，剪胀的影响逐渐消失。土体应力水平达到 1~10MPa 范围时，颗粒破碎现象更加剧烈，直到应力水平达到崩溃应力（不受土体初始孔隙比影响的应力），土体结构完全取决于颗粒破碎，剪胀影响完全消失。Miura 通过三轴试验，指出土体表面积增量是土体消耗的塑性功的函数。他提出采用土体表面积增量与塑性功增量的比值作为衡量剪切过程中土体颗粒破碎率。颗粒破碎率是塑性功的函数，塑性功相同条件下，材质脆弱的易破碎砂土在低围压下的颗粒破碎率与材质坚硬不易破碎的砂土在高围压下的颗粒破碎率是相同的。

郭庆国对粗粒土的工程特性进行了研究。他认为，由于粗粒土颗粒间的接触情况多为点接触，剪切过程中接触点局部压力较高，颗粒容易发生剪碎现象，土承受的压力水平愈高剪碎现象愈显著。颗粒破碎的增大，必然影响到强度特性的变化。郭熙灵通过三峡花岗岩风化石渣的三轴试验和平面应变试验认为：颗粒破碎对试验的剪切强度指标有影响，其对强度的影响程度与破碎率、试验方式、形状系数有关，破碎率越大，破碎强度分量越大，试验总的强度指标越低。吴京平利用对人工钙质砂三轴剪切试验指出，颗粒破碎程度与对其输入的塑性功密切相关；颗粒破碎的发生使钙质砂剪胀性减小，体积收缩应变增大，峰值强度降低。根据大型压缩仪的堆石蠕变试验，梁军认为堆石颗粒的破碎可分为对应于主压缩变形的颗粒破碎和伴随蠕变变形的颗粒破碎，细化破碎的堆石颗粒滑移充填孔隙是发生蠕变的重要原因。刘汉龙利用室内大型三轴试验认为颗粒破碎的增加将导致粗粒料的抗剪强度降低，峰值内摩擦角与颗粒破碎率之间呈幂函数关系，且不论颗粒的岩性、强度、大小、形状、级配和初始孔隙比等情况如何，试验资料都落在一个狭窄的区域。张家铭对钙质砂进行了不同围压、不同应变下的三轴剪切试验，并对试验前后的试样进行了颗粒大小分析试验。试验结果表明，钙质砂在三轴剪切作用下颗粒破碎十分严重，同时用Hardin模型对其破碎进行了度量，并就围压、剪切应变与破碎之间的关系进行了分析。2008年，赵光思应用DRS-1型高压直残剪试验系统研究了法向应力0~14MPa条件下颗粒破碎之后认为：14MPa条件下砂的相对破碎与法向应力之间呈二次函数关系，其内摩擦角随相对破碎的增加呈负指数函数减小，达到临界相对破碎值（约7%~9%）后，不再减小，稳定值为28.9°。并且指出高压条件下砂的颗粒破碎与塑性功呈线性关系，颗粒破碎是砂在高压条件下剪切特性非线性的根本原因。针对多个堆石料进行大型三轴剪切试验，结果表明大颗粒主要发生的是表面破碎。而整个试验过程中，在剪切完成后的颗粒破碎率与围压之间呈线性增加关系，且风干样的颗粒破碎率小于饱和样的破碎率。孔德志对人工模拟堆石料进行了颗粒破碎三轴试验研究，指出破碎颗粒可分为残缺颗粒和完全破碎颗粒，两者的质量分数存在幂函数关系，他认为现有的多粒径指标 B_g、B_f 和 B_r 仍可作为颗粒破碎的影响参量使用，而单一粒径破碎指标 B_{15}、B_{10} 和 B_{60} 局限性较大。由于大型直剪仪试样尺寸较大，可以最大程度保留土样的原始级配、弱化尺寸效应，因此大型直剪试验对促进颗粒破碎的研究也将具有积极意义。

散体粗粒料抗剪强度产生的机理也比较复杂，西特（H. B. Seed）和李（K. L. Lee）将其影响因素大致分为以下四个方面：

（1）颗粒间摩擦阻力所发挥的强度。

（2）颗粒重新排列和定向所需能量而发挥的强度。

（3）剪胀所需能量发挥的强度。

（4）颗粒破碎对抗剪强度的影响。

图3-1是西特和李在高周围压下（$\sigma_3=12$MPa）得出的砂的影响抗剪强度的四个主要因素。

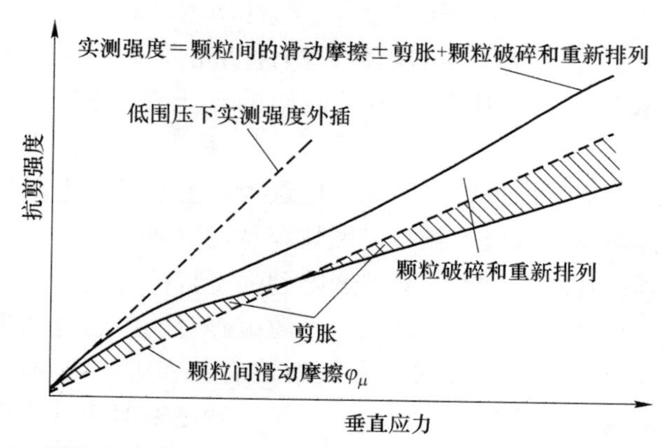

图3-1　颗粒间摩擦、剪胀、重新排列、颗粒破碎与抗剪强度的关系

事实上，进行颗粒破碎实验研究对排土场和堆石坝具有实际的工程意义。在堆筑过程中，散体材料首先要经过开采、运输、堆排等工序，这会引起小部分的颗粒破碎；其次，散体材料要经过振动碾压，此过程颗粒将发生明显的破碎，这也是颗粒产生破碎的主要原因；随着堆排高度的增加，在自重作用下底部土亦将发生一部分的破碎，特别是当下部粗粒土处于水库中时，长期浸泡对颗粒破碎作用是比较明显的，以上阶段的破碎总称为主压缩破碎。梁军认为室内实验的颗粒破碎与实际工程中的主压缩破碎具有一定相关性。同时，赵光思也认为土的强度特性与颗粒破碎率的大小密切相关。这是因为颗粒破碎会改变颗粒粒径、颗粒级配、密实程度、颗粒间接触压力等，从而使颗粒间接触压力重新调整，接触压力均匀化，阻碍剪胀的发挥，降低岩土材料的抗剪强度。另外，Marsal 也经过大量的实验指出：当颗粒材料受力后，其应力状态发生改变，从而引起粒状材料颗粒本身的破碎，这种破碎是影响材料抗剪强度最重要的因素之一。因此，颗粒破碎是影响高台阶排土场散体介质抗剪强度特性的一个非常重要的因素。基于以上分析可知，粒径级配（粗粒含量）和颗粒破碎是影响高台阶排土场散体介质抗剪强度特性的两个主要因素。大型直剪仪所用试样尺寸较大，可以最大程度上保留土样的原始级配、弱化尺寸效应，还具有操作简便、适用范围广等特点。

3.2.2 直剪实验的实验方案

颗粒组成级配是粗粒土重要物性指标之一，又是决定工程性质的基本因素。即使是同一料场相同成因的土料，往往由于级配不同，工程特性差异较大。但因时间和经费限制，往往不能对全部级配的试样进行大型直剪实验，而需利用已有的粒径组成等物性资料，进行综合分析，选择代表性级配；然后，人工配制代表性试样进行力学性质实验，从而达到利用较少数量的实验，确定出能反映实际情况的力学性质指标及其变化范围的目的。现有的代表性级配选择的方法有如下四种：颗粒级配曲线包络图法、颗粒级配的算术平均法、粗料（d>5mm）含量分类统计法、按百分率统计法。

粗料含量分类统计法是将粗料含量相近的归为一类，也就是性质相近者归为一类，既体现了性质因素又包含了所占组数的多少，组数多者代表性强，即为该料场的代表性级配，组数少者代表少数级配。由于粗料含量分类统计法具有以上优点，所以将其作为代表性级配方案选择的方法。此处结合 413m 台阶排土场的粒径筛分情况，并结合研究情况需求，选择了 $P_{>5mm}$为 89.0%、78.0%、63.0%、46.0%、24.0%和 10.0%六组不同粗粒含量的代表性级配。

同时，由于实验仪器所限，实验过程中需要进行超径料的处理。通过大量的实验研究表明：当 $D/d_{max}=4\sim6$ 才可基本消除试样的尺寸效应（D 为剪切盒的尺寸；d_{max}为最大的实验粒径尺寸）。按照以上直剪仪的设计尺寸，该次试样的最大粒径选用 80mm。因此，需要对上面确定的实验方案中超出 80mm 的粒径进行处理。根据国内一些学者对粗粒土的工程特性研究可知，对超粒径颗粒的处理有四种方法：剔除法、等量代替法、相似级配法和混合法。由于等量代替法是将粗粒土中超径料等重量地用最大粒径 d_{max}至 5mm 的粗料部分各粒级含量加权平均代替，代替后的各粒级的含量按下式计算。其优点是代替后的级配仍保持原来的粗料含量，细料含量和性质不变。因此，此方法在我国广泛应用于土石混合料等的力学性质实验。具体实验过程中根据此方法确定的级配方案（颗粒直径分布与含量）

见表 3-1。

表 3-1　直剪实验的级配方案

$P_{>5mm}$	各粒径的筛下百分含量/%										
	<80mm	<60mm	<40mm	<20mm	<10mm	<5mm	<2mm	<1mm	<0.5mm	<0.25mm	<0.074mm
89.0%	100.00	82.00	62.50	40.00	24.00	10.00	6.00	5.27	5.01	3.92	2.31
78.0%	100.00	83.00	68.00	48.00	35.00	24.00	16.00	14.33	12.04	9.40	5.55
63.0%	100.00	87.50	77.50	63.00	53.50	46.00	36.00	30.00	24.91	18.02	6.03
46.0%	100.00	91.00	85.00	75.00	68.00	63.00	54.61	43.93	34.11	24.67	8.26
24.0%	100.00	95.50	92.00	84.50	81.00	78.00	67.62	54.39	42.24	30.55	10.23
10.0%	100.00	97.50	95.50	92.50	90.50	89.00	77.15	62.06	48.19	34.86	11.67

从最终选择的级配方案可以看出，此次选择的实验级配曲线的范围较大，代表性较强，图 3-2 即为选择的不同粗粒含量的粒径级配曲线图。

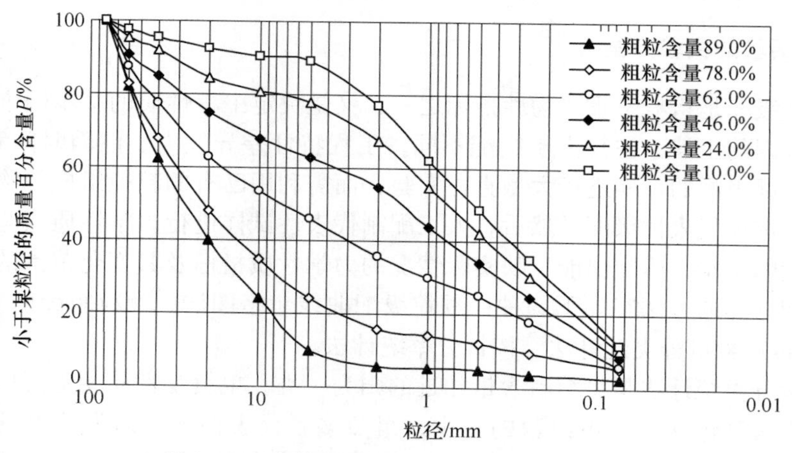

图 3-2　不同粗粒含量 $P_{>5mm}$ 的粒径级配曲线

实验选用试样的干密度为 2.08g/cm³，开展非饱和样（含水量为 4%）、饱和样与浸泡样的直剪实验，从而研究水对粗粒土的颗粒破碎影响。每组实验垂直压力分别为 50kPa、100kPa、200kPa、400kPa、700kPa、1000kPa、1300kPa。此处的浸泡样是指：将按配比称重后的风干土样放入装水的容器中，在无外力的作用下保证土样处于全饱和状态，再封存 1 个月之后的土样。实验之前，将现场取回土样风干后进行筛分，称重并按要求加水拌匀（饱和样需加水至使土样处于全饱和状态），分 3 层装料振实。然后对试样进行人工固结，固结稳定标准控制在 0.0025mm/min，变形稳定后进行直剪实验，实验的水平剪切速率为 1.4mm/min，剪切应变为 20%时停止实验。实验完成后，再次风干土样并筛分，从而研究颗粒破碎情况。图 3-3 为其实验图片。同时，郭庆国认为粗粒含量 $P_{>5mm}$ 为 30%和 70%是影响工程特性变化的特征点。结合该实验成果，选择 $P_{>5mm}=24.0\%$ 和 $P_{>5mm}=78.0\%$ 作为代表性粒径含量研究实验过程的颗粒破碎情况。具体的直剪实验方法如下：

（1）前期准备。将现场运回的土样进行风干并筛分；浸泡样则需将按容重和配比称重后的风干土样放入装水的容器中，在无外力的作用下保证土样处于全饱和状态，封存一个月之后再进行实验。

（2）装样。根据实验方案中确定的容重、级配与含水量，将物料称重，混合搅拌均匀，分层将物料装入剪切盒中，每次装至总盒高的1/3，击实，再装样击实，直至控制高度，整平表面，顺次放置几个铁板，使其与千斤顶相接。

（3）试样剪切。该次实验确定的实验荷载分别为50kPa、100kPa、200kPa、400kPa、700kPa、1000kPa、1300kPa几个等级。在施加预定轴向荷载一段时间，至轴向位移稳定（稳定标准控制在0.0025mm/min），再按固定的水平剪切速率（剪切速率为1.4mm/min）进行直剪实验，同时测定水平位移量表读数与水平压力表读数，直至试样破坏。

（4）试样破坏的判定。当水平应力表读数下降、不再上升或上升很小，变形变化较大时，认为已经剪切破坏。若无上述情况出现，当剪切变形达到剪切盒直径的20%时，停止剪切实验。

（5）颗粒破碎率测定。直剪实验完成后，将卸载后的试样再次进行风干并筛分，绘制实验前后级配曲线，利用此曲线可以求取其面积 B_t 并计算相对颗粒破碎情况。

图 3-3 大型直剪实验图片

a—制备非饱和试样；b—装样；c—正在浸泡的试样；d—饱和样

3.2.3 直剪实验的颗粒破碎分析

3.2.3.1 剪应力与剪切应变的关系特征

一般，粗粒土的剪切破坏面并不是理想的平面。因为粗粒土在贯穿性剪切面完全形成过程中，剪切带内的粗粒土伴有颗粒的翻滚和滑移、破碎、重新排列等现象，所以粗粒土的剪应力-应变曲线表现出硬化型和软化型。不同的粗粒土剪应力-应变关系曲线如图 3-4~图 3-9 所示。

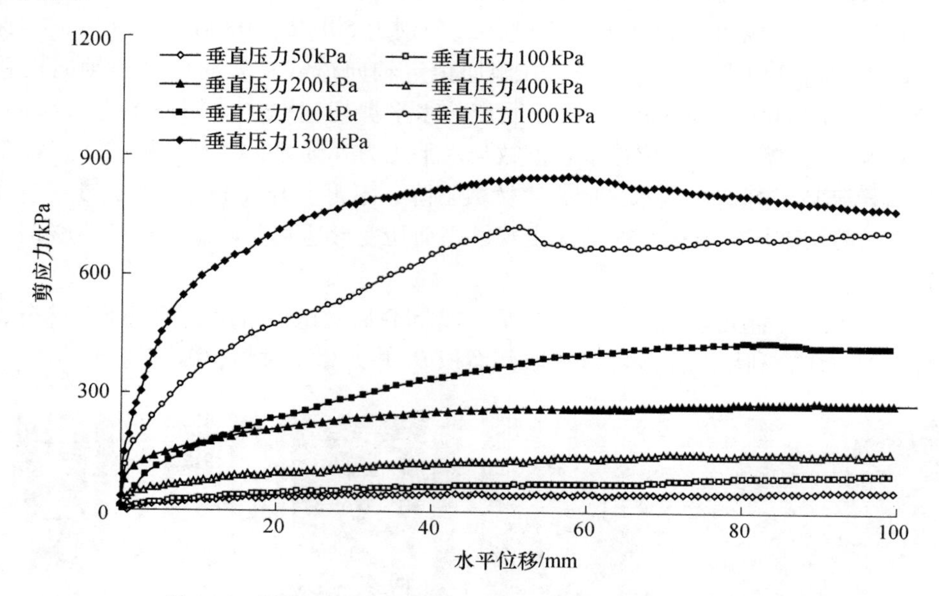

图 3-4 粗粒含量 $P_{>5mm}$ = 10.0%试样剪应力-剪切应变关系

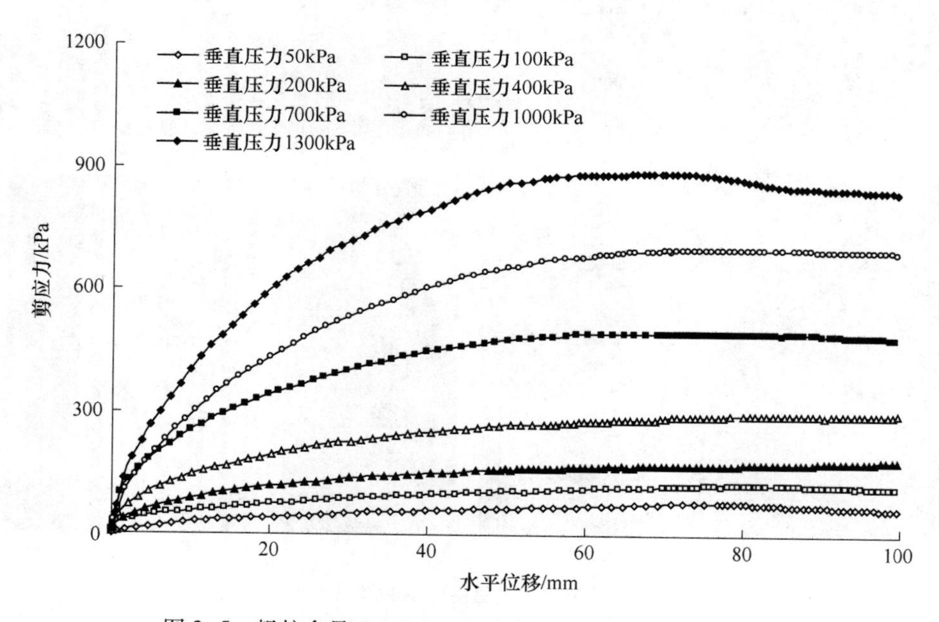

图 3-5 粗粒含量 $P_{>5mm}$ = 24.0%试样剪应力-剪切应变关系

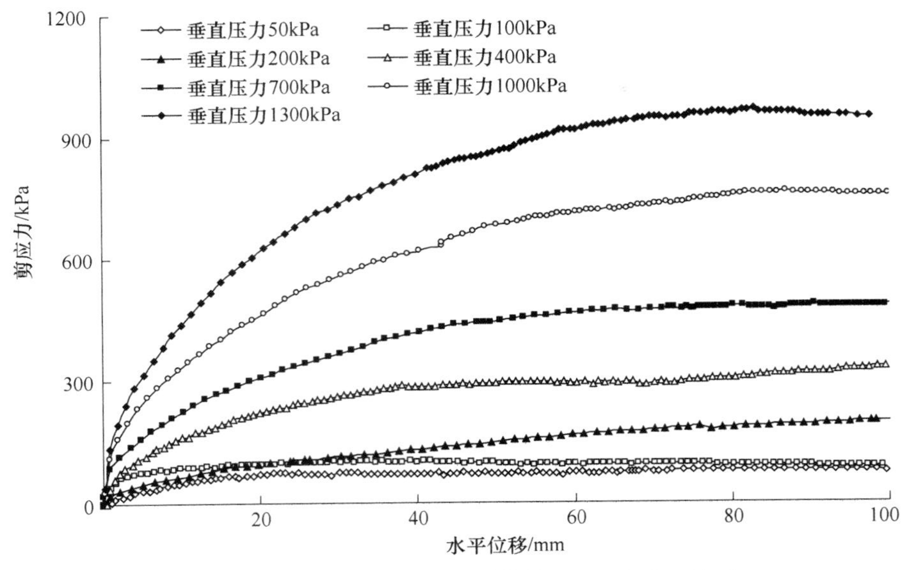

图 3-6 粗粒含量 $P_{>5mm}$=46.0%试样剪应力-剪切应变关系

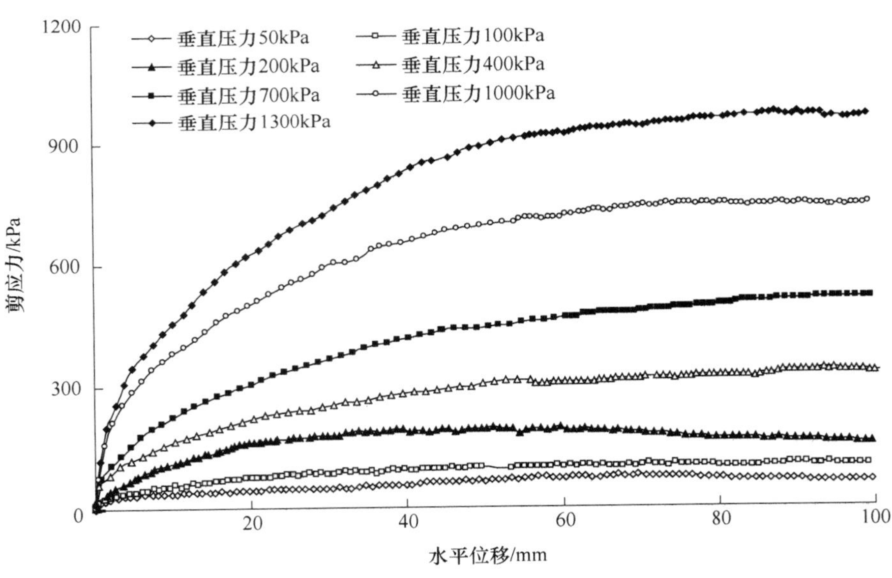

图 3-7 粗粒含量 $P_{>5mm}$=63.0%试样剪应力-剪切应变关系

图 3-4~图 3-6 分别为粗粒含量 $P_{>5mm}$=10.0%、24.0%和 46.0%的剪应力-应变关系，其粗粒含量 $P_{>5mm}$小于或等于 46.0%。从图中可知，尽管此时粗颗粒较少，但粗粒土在低垂直压力下还是能表现出一定的剪胀性。这是由于试样中细颗粒含量较多，颗粒间的孔隙小，大小颗粒得到相互填充，颗粒挤得较紧的缘故。但在不同垂直压力时，剪应力-应变曲线表现出不同的形式：在低垂直压力下，其剪应力-应变曲线呈微软化或微硬化型，在垂直压力较高时，其剪应力-应变曲线呈轻微软化型。这主要是在低垂直压力下，此时曲线没有明显的峰值，剪切面的局部区域不仅存在颗粒的翻滚，而且土颗粒的重排和充

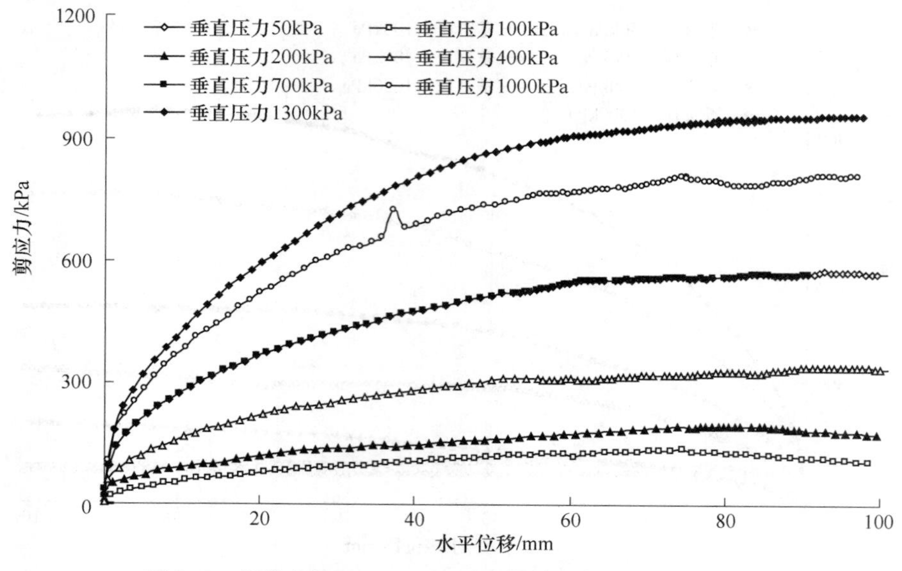

图 3-8 粗粒含量 $P_{>5mm}$ = 78.0%试样剪应力-剪切应变关系

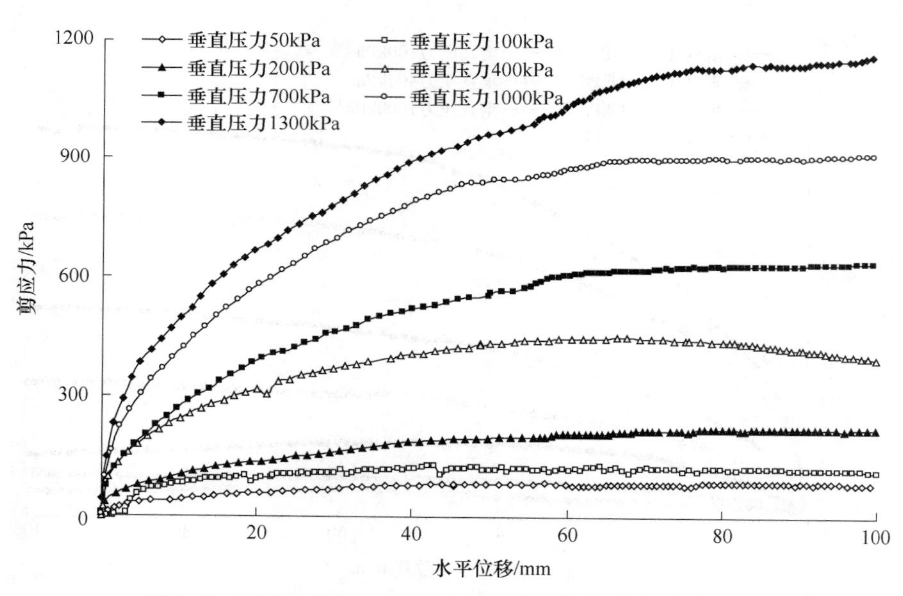

图 3-9 粗粒含量 $P_{>5mm}$ = 89.0%试样剪应力-剪切应变关系

填使孔隙有减少趋势。此时如果颗粒翻滚起主导作用，其剪应力-应变曲线呈现微软化型（如 50kPa）；当土颗粒的充填表现明显时，剪应力-应变曲线呈微硬化型（如 100~400kPa）。在垂直压力较高时，达到峰值后，此时可认为贯穿性剪切破坏面已基本形成，随剪切变形的增加，此时土体的强度也有所降低，从而使剪应力-应变曲线基本呈轻微软化型。

当粗粒含量 $P_{>5mm}$>46.0%时，此时粗颗粒含量较多，粗颗粒土表现出明显的骨架作用，此时粗粒部分相互架空形成较大的孔隙，土体处于相对疏松状态，粗颗粒的咬合作用较明显。但在不同垂直压力时，剪应力-应变曲线也表现出不同的形式。图 3-7～图 3-9为粗粒含量 $P_{>5mm}$ = 63.0%、78.0%和 89.0%的剪应力-应变关系曲线，从图中可以看出，在低垂直压力时，剪应力-应变曲线呈软化型；在较高垂直压力时，其曲线表现出轻微硬化型。这是因为在较低的垂直压力下，由于垂直压力较小，粗粒含量多，其垂直压力不足以限制颗粒翻越，此时剪切带内颗粒表现出明显的颗粒翻滚，从而使剪应力-应变曲线呈软化型。在较高垂直压力时，较高的垂直压力对颗粒翻越有明显的限制作用，所以剪切带内的颗粒主要表现为颗粒重排和填充，另外，此时颗粒破碎也较明显，从而使得较高垂直压力时其剪应力-应变曲线呈轻微硬化型。以上结论尚需进行更多的实验来进一步验证。

3.2.3.2 粗粒含量与颗粒破碎的关系特征

根据 Hardin 定义：相对颗粒破碎率 B_r 是实验前后级配曲线间的面积 B_t 除以初始破碎势 B_p，即 $B_r = B_t / B_p$，相对颗粒破碎率能够反映实验前后试样内各个粒径的变化量，如图 3-10 所示。

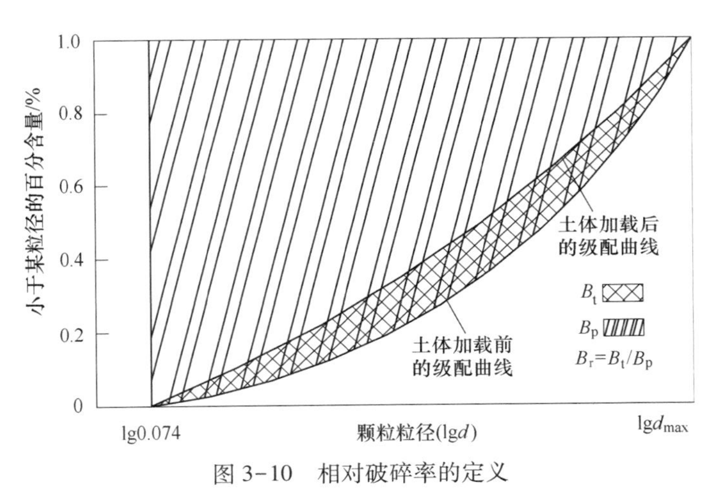

图 3-10 相对破碎率的定义

采用实验剪切后的相对颗粒破碎率分析研究颗粒破碎率 B_r 与垂直压力 σ 和粗粒含量 $P_{>5mm}$之间的关系，其关系见图 3-11。从图中可知颗粒破碎率 B_r 与垂直压力和粗粒含量密切相关。根据实验结果，在不同粗粒含量下，垂直压力小于 400kPa 下粗粒土的颗粒破碎不明显，并且在 50kPa、100kPa、200kPa、400kPa 的破碎率都相差不大。但在垂直压力从 400kPa 增加到 1300kPa 时，同一粗粒含量 $P_{>5mm}$的破碎率明显增大。这是由于在较低垂直压力下，颗粒之间接触力还没有达到大多数颗粒破碎的强度，但随着垂直压力的增加，必定造成接触点的应力加大，一旦应力达到或超过颗粒所能承受的强度时，颗粒就通过颗粒破碎（增加颗粒接触点数或接触面积）来分散应力。一般而言，垂直压力越大，颗粒的接触面积和接触点数会相应地增加。同时，同一粗粒含量 $P_{>5mm}$ 垂直压力从 400kPa 变化到 1300kPa 时，颗粒会发生进一步的破碎，但其颗粒破碎速率有所减缓。这可以解释为颗粒破碎导致小颗粒的增多，使小颗粒不断地填充相对大颗粒间的空隙，从而增加了颗粒间的接触面积，减小了颗粒破碎。这种趋势也表明：当压力增加到一定值时，颗粒破碎率极小。

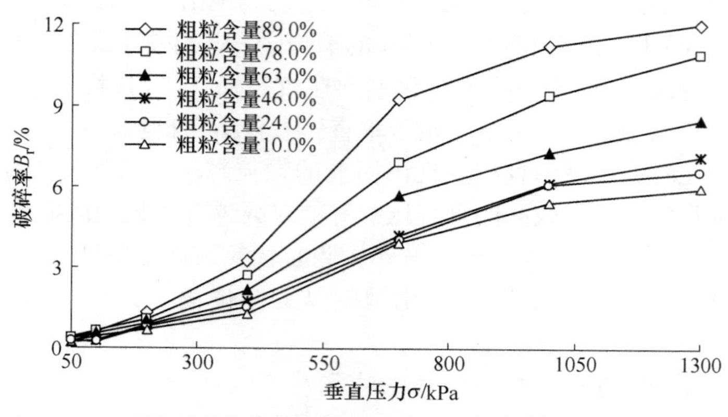

图 3-11 不同粗粒含量下 σ-B_r 关系曲线

另外，根据图 3-11 破碎率随粗粒含量变化可知，在 $P_{>5mm}\leqslant 46.0\%$时，颗粒破碎率基本不随粗粒含量而变化，这是由于此时的细颗粒含量较多，颗粒间细粒能充分填塞孔隙，颗粒能充分接触，所以随压力增加，其粗粒含量对破碎率的变化不是很明显。当 $P_{>5mm}>46.0\%$时，破碎率有明显增大的趋势。说明此时粗颗粒土已形成骨架，随粗粒含量的增加，颗粒间接触点的数量减少，颗粒容易产生应力集中，导致颗粒发生明显的破碎。通过拟合不同粗粒含量下的相对破碎率 B_r 与垂直压力 σ 的关系，相对破碎率与垂直压力可用双曲线式表示：

$$B_r=\frac{\left(\frac{\sigma}{P_a}\right)}{k_0+K_A\left(\frac{\sigma}{P_a}\right)} \tag{3-13}$$

式中 σ——垂直压力；

P_a——大气压力；

k_0——与 $P_{>5mm}$有关的参数，$k_0=1.31-1/(2P_{>5mm})$；

$K_A=-1/50\sim1/50$。此处引入大气压力是为了将坐标化为无因次量。

3.2.3.3 含水量与颗粒破碎关系特征

郭庆国认为粗粒含量 $P_{>5mm}$为 30%和 70%是影响工程特性变化的特征点，结合该实验成果，选择 $P_{>5mm}=24.0\%$和 $P_{>5mm}=78.0\%$作为代表性粒径含量。

在相同实验条件下，此处对比了粗粒土在含水量为 4%、饱和样和浸泡样三种土样直剪后的颗粒破碎情况，结果如图 3-12 所示。从图中可以看出，在同一粗粒含量 $P_{>5mm}$下，饱和样的破碎率相对于非饱和样的破碎率有所增加，但增加不是很明显；粗粒土经过一个月的饱和浸泡后，其颗粒破碎相当明显，比饱和和非饱和情况下土样的破碎率要大很多。在垂直压力为 400kPa 时，浸泡样的破碎率也很明显，说明粗粒土在水的长期浸泡下，土颗粒自身组织结构发生细微变化，其强度降低比较明显。所以从长期来说，水对粗粒土具有软化作用，然而短暂的水流对粗粒土的颗粒破碎并不明显。同时，从图中看出粗粒含量在 78.0%时的相对破碎率要明显大于粗粒含量为 24.0%时的相对破碎率。

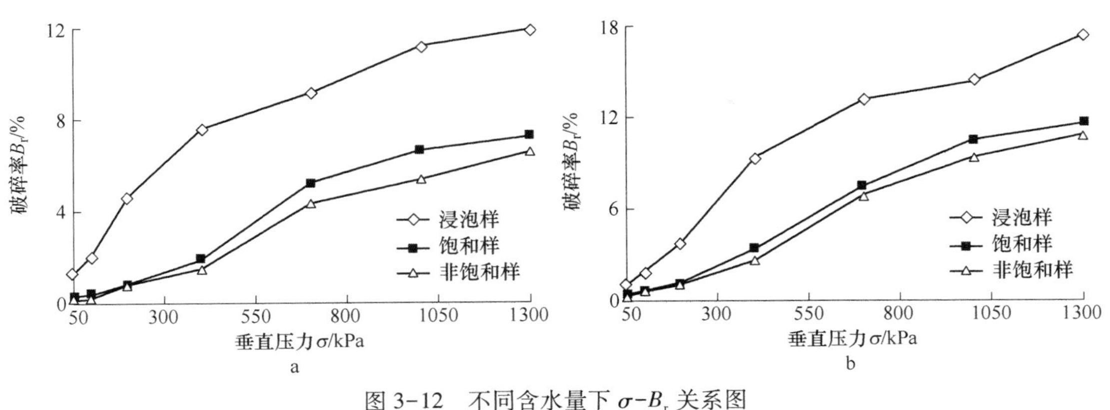

图 3-12 不同含水量下 $\sigma-B_r$ 关系图

a—粗粒含量 $P_{>5mm}=24.0\%$；b—粗粒含量 $P_{>5mm}=78.0\%$

3.2.3.4 粗粒含量和颗粒破碎与内摩擦角的关系特征

根据1910年摩尔提出的表示材料的剪切破坏面的理论可知，其剪切破坏面的函数是一条曲线（即摩尔包线），而并非是直线。此次实验以应变15%（即剪切位移75mm）为剪应力的取值点，在15%之前有峰值的取其峰值。在实验的垂直压力与峰值剪应力拟合过程中，发现在轴向压力为400~1300kPa时，获得的$\sigma-S$拟合曲线斜率比0~400kPa轴向压力获得的抗剪强度曲线斜率有所降低，特别是在粗粒含量$P_{>5mm}$大于46.0%时得更加明显。这说明土样在实验剪切过程中的破碎消耗了一定的能量，导致土体在剪切过程中的强度降低。在实验应力范围内，强度包线呈现出非线性特征，抗剪强度包线向下弯曲。其原因是在剪切过程中发生了明显的颗粒破碎。颗粒破碎导致颗粒间接触压力重新调整，接触压力均匀化，阻碍了剪胀效应的发挥，从而使土体在剪切过程中的强度降低。同时，根据前文对颗粒破碎的研究可知，当粗粒含量大于46.0%后颗粒破碎明显。这也说明颗粒破碎是剪切特性呈现明显非线性的主要原因。图3-13为拟合示意图。

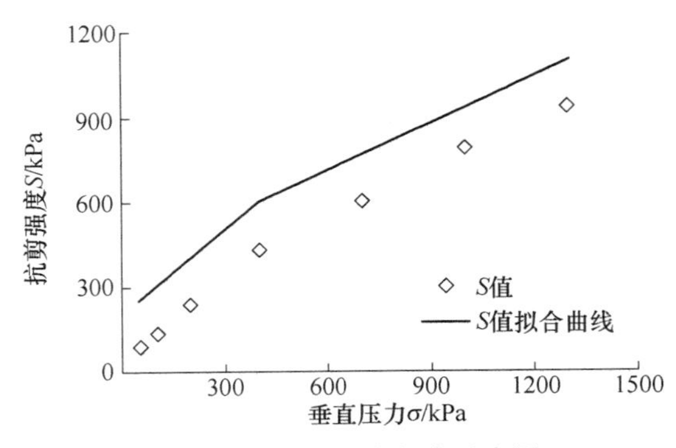

图 3-13 抗剪强度拟合示意图

在垂直压力小于400kPa和垂直压力大于400kPa获得的内摩擦角ϕ与粗粒含量$P_{>5mm}$的关系见图3-14。从图中可以看出，内摩擦角ϕ与粗粒含量$P_{>5mm}$呈增函数关系。这是因为粗粒土的内摩擦角值主要受粗粒含量的影响。当$P_{>5mm}$较小时，粒间孔隙被细颗粒完全充填，此时的粗颗粒不能充分接触咬合，因此ϕ值较小；但随着$P_{>5mm}$的增加，粗颗粒形成骨架，其粗粒部分得到充分的接触咬合，使得内摩擦角值不断增大。同时，从图3-14

中还可看出，当粗粒含量小于46.0%时，此时的破碎率不大，所以颗粒的破碎并不引起峰值内摩擦角显著降低，但当粗粒含量大于46.0%时，此时随粗粒含量的增加颗粒破碎率明显增大，导致内摩擦值有明显的降低。这说明当相对颗粒破碎率达到一定值后，颗粒的继续破碎将引起峰值内摩擦角明显降低。Vesic 和 Clough 认为：这是因为粗粒土等散体粒状材料存在一个破碎值，超过此破碎值，初始孔隙比和剪胀效应对强度的影响将明显减弱，颗粒破碎将逐渐成为影响强度的主导因素。

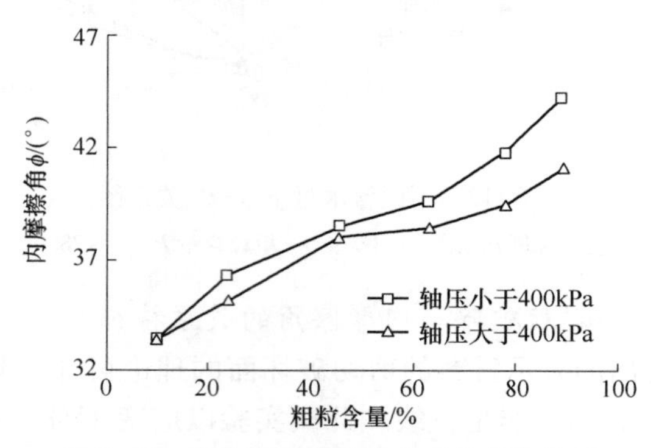

图 3-14　内摩擦角随粗粒含量的变化关系

3.3　矿岩散体粗粒土三轴剪切试验

3.3.1　矿岩散体三轴实验试样制备

3.3.1.1　试样直径

试样直径的计算公式：

$$D_0 = 0.25(D_{上} + 2D_{中} + D_{下}) - 2t \tag{3-14}$$

式中　D_0——试样直径，cm；

$D_{上}$——量测试样的上部直径，cm；

$D_{中}$——量测试样的中部直径，cm；

$D_{下}$——量测试样的下部直径，cm；

t——乳胶膜的厚度，cm。

3.3.1.2　试样饱和

排土场散体矿岩试样的饱和包括抽气饱和、水头饱和、二氧化碳饱和及反压力饱和四种，其中每种粗粒土三轴饱和的步骤见表3-2。

表 3-2　散体粗粒土三轴试样饱和

饱和方式	试样饱和的实验步骤
抽气饱和	当试样安装完成后，打开周围压力阀，施加约30kPa的周围压力，测记进水量管水位读数；然后打开抽气泵从试样顶部抽气，在试样内形成负压，打开进水量管阀门，水在负压作用下从下而上地进入试样孔隙。当试样顶部出水后，关抽气泵，再将进水量管水位抬高，持续约20min，测记进水量管水位读数。继续向试样充水，至出水量管水位读数为零，关进水阀。最后计算进入试样的水量和试样饱和度

续表3-2

饱和方式	试样饱和的实验步骤
水头饱和	当试样安装完成后，打开周围压力阀，施加约30kPa的周围压力；然后将与试样底部连接的量水管逐渐提高至高于试样顶面约2~3m，测记进水量管水位读数。打开进水量管阀门、试样顶部排气阀门，在水位差的作用下试样顶部排气，水由试样底部进入试样；待试样顶部出水后，测记进水量管水位读数。继续向试样充水，至出水量管水位读数为零，关进水阀；最后计算进入试样的水量和试样饱和度
二氧化碳饱和	当试样安装完成后，打开周围压力阀，施加约30kPa的周围压力，测记进水量管水位读数；然后开试样顶部排气阀，使二氧化碳由试样底部进入，由下而上置换试样孔隙中的空气，二氧化碳的压力宜为2~10kPa；待水气瓶水面冒气泡约2~5min后再关阀门，停止对试样充气；并打开进水阀进行水头饱和，量水管水位高于试样顶面约2~3m。待试样顶部有水流出后，测记进水量管水位读数。继续向试样充水，至出水量管水位读数为零，关进水阀；最后计算进入试样的水量和试样饱和度
反压力饱和	当试样安装完成后，打开周围压力阀，施加约30kPa的周围压力，测记体变管水位、孔隙压力读数；然后打开反压力阀，同时施加周围压力和反压力。施加过程中，始终保持周围压力比反压力大30kPa，每级增量宜为50kPa，每增加一级周围压力和反压力后，测记稳定后的孔隙压力、反压力、周围压力、体变管水位一次，直至孔隙压力的增量与周围压力的增量之比不小于0.95为止

当饱和度不小于95%或孔隙压力系数不小于0.95时，则视为试样饱和。无黏性粗粒土宜采用抽气饱和或水头饱和，当达不到饱和要求时，应采用二氧化碳饱和；黏性粗粒土宜采用抽气饱和，当达不到饱和要求时，应采用反压力饱和。

3.3.1.3 试样固结

排土场散体粗粒土试样饱和步骤：

（1）在试样饱和后，将量水管水位置于试样中部，并始终满足饱和度要求；测记量水管水位、孔隙压力计、轴向位移计读数。

（2）打开孔隙压力阀、周围压力阀，施加周围压力至预定值；测记孔隙压力稳定后的读数，该孔隙压力值即周围压力作用下的孔隙压力值。

（3）打开排水阀，试样进行排水固结，并在固结过程中保持周围压力值不变，量水管水位所置的高度不变。

（4）无黏性粗粒土每隔0.5~1.0min测记量水管、孔隙压力、轴向位移计读数各一次，并根据试样性质和排水量大小调整读数间隔时间。试验同时，应绘制固结排水量与时间关系曲线，当曲线下段趋于水平，即认为固结完成。

（5）黏性粗粒土开始按每隔5~10min测记量水管、孔隙压力、轴向位移计读数各一次，1h后每隔0.5~1.0h读数各一次，并根据试样性质、排水量大小和孔隙水压力变化随时调整读数间隔时间。试验同时，应绘制固结排水量或孔隙水压力与时间关系曲线，当固结时间超过主固结点后，即认为固结完成。

（6）当试样采用反压力饱和时，饱和后仍保持反压力不变，关闭反压力阀，增大周围压力，使周围压力与反压力差值为预定周围压力。测记稳定后体变管水位、孔隙压力、轴向位移计读数。开反压力阀，按上述步骤（5）通过体变管进行排水固结。固结过程中应保持周围压力和反压力不变。

（7）固结完成后，关排水阀，测记量水管或体变管水位和孔隙压力读数。开压力机，待活塞再次与试样接触，关压力机，测轴向位移计读数，计算固结下沉量。

排土场散体粗粒土常规三轴实验包括不固结不排水剪（UU）试验、固结不排水剪（CU）试验、固结不排水剪测孔隙压力（$\overline{CU}$）试验及固结排水剪（CD）试验，排土场散体粗粒料的三轴实验步骤见表3-3。

表3-3　散体矿岩的三轴实验

常规三轴实验	排土场散体粗粒料的三轴实验步骤
不固结不排水剪（UU）	试样饱和后，关闭试样进水阀、排水阀，开周围压力阀，施加周围压力至预定压力，并在剪切过程中始终保持恒定值，测记轴向位移计读数。当采用非饱和试样时，在试样制备和安装完成后即可进行试验。无黏性粗粒土以每分钟轴向应变为0.5%~1%的速率施加轴向压力；黏性粗粒土以每分钟轴向应变为0.05%~0.5%的速率施加轴向压力。当试样每产生0.1%~0.4%的轴向应变时，测记一次测力计、轴向位移计读数，也可根据试样变形情况或试验要求调整读数次数。当测力计出现峰值时，应剪切至轴向应变再增加3%~5%为止；若测力计无峰值出现时，应剪切至轴向应变达到15%~20%为止。试验结束后，先卸去轴向压力，再卸去周围压力。开压力室排气孔、排水阀，排除压力室内的水后，拆卸压力室罩，揩干乳胶膜周围余水，去乳胶膜，拆除试样。对剪切后试样进行描述，必要时测定剪切面试样含水率及颗粒破碎情况
固结不排水（CU或$\overline{CU}$）	当固结完成，关闭量水管或体变管阀，开孔隙压力阀，开轴向压力机，施加轴向压力进行剪切，CU剪时可不测孔隙压力。无黏性粗粒土以每分钟轴向应变0.5%~1.0%的速率施加轴向压力；黏性粗粒土以每分钟轴向应变0.05%~0.1%的速率施加轴向压力。当试样每产生0.1%~0.4%轴向应变时，测记一次测力计、轴向位移计、孔隙压力计读数，也可根据试样变形情况或试验要求调整读数次数。当测力计出现峰值时，应剪切至轴向应变再增加3%~5%为止；当测力计无峰值出现时，应剪切至轴向应变达到15%~20%为止。试验结束后，关孔隙压力阀，先卸去轴向压力，再卸去周围压力。开压力室排气孔、排水阀，排除压力室内水后，拆卸压力室罩，揩干乳胶膜周围余水，去乳胶膜，拆除试样。对剪切后试样进行描述，必要时测定剪切面试样含水率和颗粒破碎情况
固结排水剪（CD）	试样固结后，关孔隙压力阀，打开试样两端量水管阀或体变管阀，开轴向压力机，施加轴向压力进行剪切。测记测力计、轴向位移计、量水管或体变管水位读数，无黏性粗粒土以每分钟轴向应变为0.1%~0.5%的速率施加轴向压力；黏性粗粒土以每分钟轴向应变为0.003%~0.012%的速率施加轴向压力。当试样每产生0.1%~0.4%轴向应变时，测记一次测力计、轴向位移计、孔隙压力计读数，也可根据试样变形情况或试验要求调整读数次数。当测力计出现峰值时，应剪切至轴向应变再增加3%~5%为止；当测力计无峰值出现时，应剪切至轴向应变达到15%~20%为止。试验结束后，关孔隙压力阀，先卸去轴向压力，再卸去周围压力。开压力室排气孔、排水阀，排除压力室内水后，拆卸压力室罩，揩干乳胶膜周围余水，去乳胶膜，拆除试样。对剪切后试样进行描述，必要时测定剪切面试样含水率和颗粒破碎情况

3.3.2　矿岩散体的三轴实验

处于复杂应力状态下的排土场松散材料，按其本身的特性可视作非线性弹性体，三轴试验的试样是在一定围压下，逐渐受轴向压力作用而破坏的，它与排土场散体物料受力情况相似，是研究排土场稳定性的一种主要手段。该试验采用排土场直剪实验的级配方案，开展了饱和与非饱和三轴压缩试验（图 3-15）。三轴试验是在 YLSZ30-3 型应力式大型三轴试验机上进行。该仪器由压力控制系统、变形应力测量系统、CT 实时扫描可视化系统等组成。试样规格为 ϕ300mm×600mm，最大轴向应力为 21MPa，最大围压 3.0MPa，最大垂直荷载 1500kN，最大轴向行程为 300mm。

图 3-15　粗粒土的三轴试验

郭庆国指出：粗料含量 $P_{>5mm}$ 对工程特性的影响非常敏感。因此，为了使数值模拟试验结果有普适性，其室内三轴试验的粒径级配与数值模拟试验相同。室内三轴试验将粗粒土分为砾石（5~60mm）、砂（0.1~5mm）、泥（小于 0.1mm）三种材料，其粒径组成为砾石:砂:泥＝15%:25%:60%。

三轴试验采用的侧压力分别为 200kPa、400kPa、800kPa、1600kPa 共 4 个等级，试验的最大粒径为 60mm。剪切速率采用 0.03mm/min。采用的围压为 200kPa、400kPa、800kPa、1600kPa。轴向应变达到 15%终止试验。试验试样的密度取为 2.08g/cm^3。具体的试验方法如下：

（1）为防止粗细颗粒分离，按设计容重分三层装填试料。

（2）打开量水管和孔隙压力阀门，使试样底座充水至气泡溢出时关闭阀门。

（3）在压力室底座上扎好橡皮膜，安装成形筒，使橡皮膜顺直；然后逐层装料并捣实，最后整平试件表面，安放透水石，扎紧橡皮膜，从试样顶端抽气，使试样直立，最后去掉成形筒。

（4）量取试样尺寸，安装压力室，开排气阀，向压力室内注满水，然后关排气阀，开油压机加轴向压力，当量力环表指针微动即停机，调整量力环表指针为零。向试样施加少许围压，使试样在停止制气后能直立，打开阀门，清除负压。

（5）剪切试样：施加预定的围压进行固结，并保持恒定围压，采用剪切速率 0.03mm/min 不断增加轴压，并分别测记量力环读数、轴向变形和体变管读数，直至试样破坏为止。

（6）试样破坏的判别标准：散体的破坏通常表现为塑性破坏，在临近破坏时，变形迅速增加，而轴向压力几乎稳定不住，此时说明散体的强度已超过屈服极限，试样已破坏，如果轴向压力没有出现峰值，则轴向应变达到 15%时，即终止试验。

图 3-16 为试验的应力-应变曲线。室内实验结果也表明，在受法向荷载作用后，散体岩石会有较大的压缩变形，反映至现实排土过程中表现为排土场内散体材料在长时间的自荷载作用下会产生沉降，同时材料的力学强度参数会发生一定的改变。在排土过程中，堆积到同一规定的排土高程可经过不同的排土工艺（即堆积顺序）来实现，当工艺不同时，沉降过程及稳定性表现不同，从而影响排土场的整体稳定性。

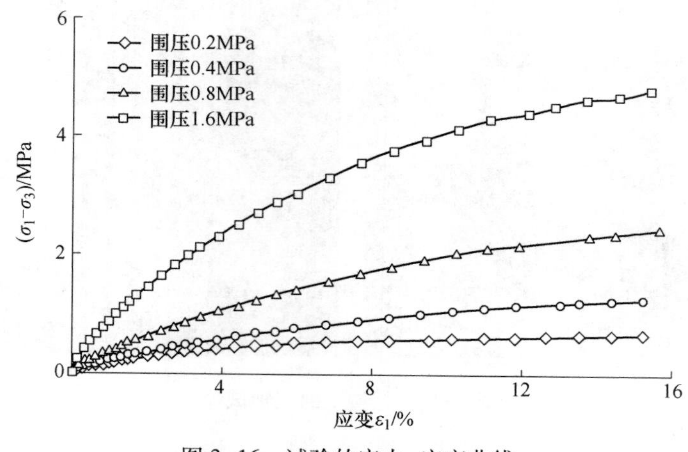

图 3-16　试验的应力-应变曲线

3.4　矿岩散体的三轴实验数值模拟

3.4.1　高台阶排土场粒径随机分布的数值模拟

影响高台阶排土场边坡工程性质和状态的因素繁多，但对于高台阶排土场来说，排土场粗粒料“合理的强度参数选取”一直是岩土工程界一个难题。究其原因，主要是由于粗粒料的随机分布，使得其室内和现场试验的强度参数均有高度的不确定性，即随机性和模糊性。此处且先不论取样、试验仪器和方法引入的不确定性，单就一种粗粒料而言，也会因组成、结构和构造的差异，构成一个空间随机场，如粗粒料的“试样颗粒初始架构”就是室内试验过程中人为无法控制因素。因此从理论上讲，任何一个测定的强度值也只不过是一个即时样本。所以其中一个因素的一种性质的变化，都可能引起整个边坡工程的性态变化。另外，由于粗粒料的组成呈全级配状，即粒度细至泥，粗至直径 1m 以上的巨砾、砾石含量变化范围大，砾石在粗粒料中随机分布，因此，对原型级配缩尺处理后的粗粒土抗剪强度试验和有限尺寸的原位试验的代表性无法保证。基于以上分析，可知室内试验和现场试验所得的抗剪强度具有高变异特性，而且抗剪强度的这种特性还无法量化，使得其试验结果的可信度也大打折扣。所以粗粒料的“合理的强度参数”难以单靠室内试验或原位试验直接获得，也无法正确评价高排土场边坡的工程状态。

随着电子计算机的飞速发展，计算机仿真技术已普遍用于岩土工程，使得解决这一问题成为可能，在近 20 多年来，复杂性科学（complexity science）得到飞速发展，成为当前科学界引人瞩目的前沿领域。“元胞自动机”致力于抽象出复杂现象的基本动力学原理，通过元胞之间相同的相互作用实现整个系统的同步更新，为研究系统的复杂行为特性提供了一个崭新的思路、一个虚拟的模拟平台、一个有力的形式化方法框架和试验手段，能够在粗粒化程度上研究再现符合一般性规则的物理现象。Wolfram 教授明确指出："元胞自动机"将成为未来智能发展的中心和关键方向。

元胞自动机是一个与计算机紧密联系的模型。它的构造十分简单，但其在演化过程中的行为千变万化，完全不可预测。元胞自动机着眼于局部作用理论，按照一定的局部迭代达到自组织平衡状态，故有其独特的优势和特点。一般来说，元胞自动机具有以下几个较为明显的特征：

（1）空间离散特征。即元胞分布在按照一定规则划分的离散的元胞空间上。

（2）时间离散特征。系统的演化是按照等间隔时间分步进行的。

（3）状态离散特征。元胞自动机的状态只能取有限个离散值。

（4）同步计算（并行性）特征。各个元胞在时刻 $t+1$ 的状态变化是独立的行为，互相没有任何影响。

（5）简单性特征。通过元胞的初始状态和元胞的邻居状态就可以决定元胞的下一时刻的状态，不需要构建复杂的微分或偏微分方程。

因此，基于元胞自动机的离散特征，试图通过元胞自动机来模拟高台阶排土场散体介质的随机分布特征，为解决高台阶排土场的两大科学问题提供了一种崭新的研究方法。

3.4.1.1　元胞自动机

元胞自动机是定义在一个由具有离散、有限状态的元胞组成的元胞空间上，并按照一定的局部规则，在离散的时间维上演化的动力学系统。具体讲，构成元胞自动机的部件被称为"元胞"，每个元胞具有一个状态，这个状态只能取某个有限状态集中的一个，例如或"生"或"死"或者是 256 中颜色中的一种，等等；这些元胞规则地排列在被称为"元胞空间"的空间格网上；它们各自的状态随着时间变化而根据一个局部规则来进行更新，也就是说，一个元胞在某时刻的状态取决于，而且仅仅取决于上一时刻该元胞的状态以及该元胞的所有邻居元胞的状态；元胞空间内的元胞依照这样的同步规则进行同步的状态更新，整个元胞空间则表现为在离散的时间维上的变化。

3.4.1.2　元胞自动机的构成

元胞自动机最基本的组成是元胞、元胞空间、邻居及规则四部分，如图 3-17 所示。简单地讲，元胞自动机可以视为由一个元胞空间和定义于该空间的变换函数组成。

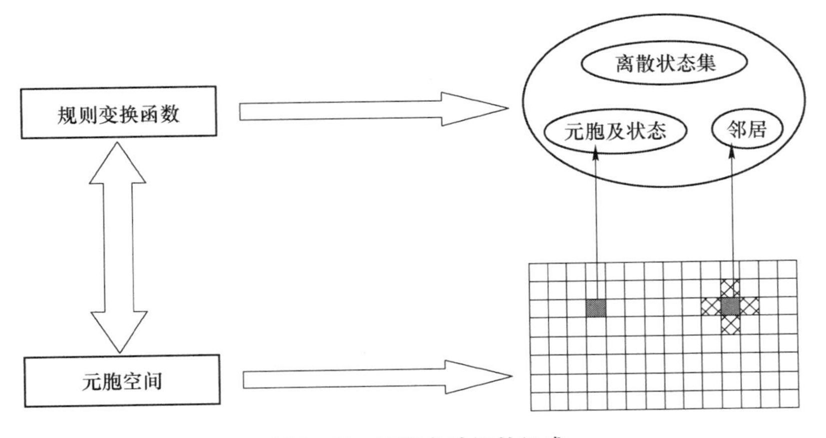

图 3-17　元胞自动机的组成

A 元胞及其状态

元胞又可称为单元，或基元，是元胞自动机的最基本的组成部分。元胞分布在离散的一维、二维或多维欧几里得空间的晶格点上。

元胞的状态可以是 {0，1} 的二进制形式，或是 $\{s_0, s_1, s_2, s_3, \cdots, s_i, \cdots s_k\}$ 整数形式的离散集。严格意义上，元胞自动机的元胞只能有一个状态变量，但在实际应用中，往往将其进行了扩展，例如每个元胞可以拥有多个状态变量。

B 元胞空间

元胞分布在空间网点的集合就是元胞空间。

a 元胞空间的几何划分

对于一维元胞自动机，元胞空间的划分只有一种；而高维的元胞自动机，元胞空间的划分则可能有多种形式。对于最为常见的二维元胞自动机，二维元胞空间通常可按三角、四方或六边形三种网格排列，如图 3-18 所示。

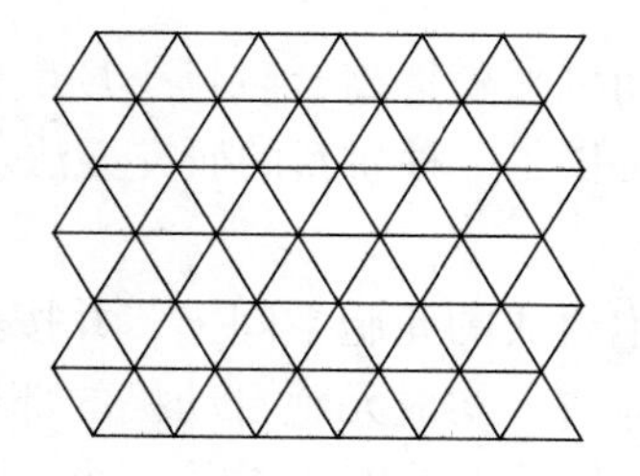

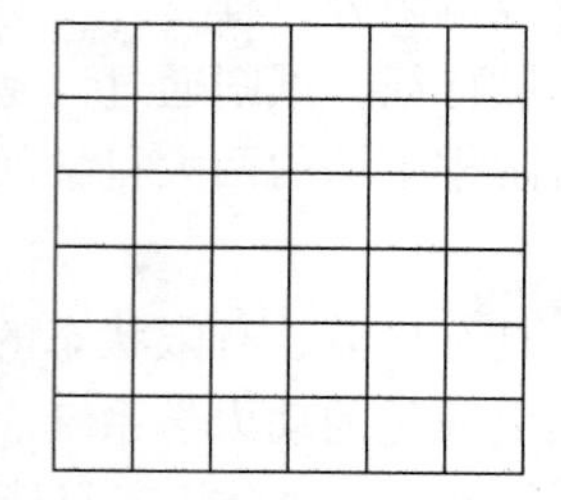

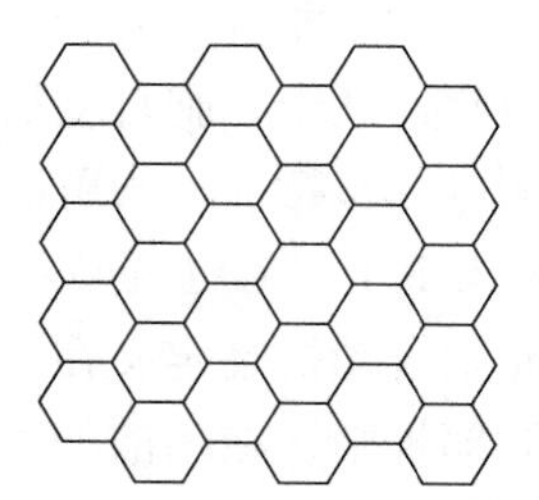

图 3-18 三种元胞空间

这三种规则的元胞空间划分在构模时各有优缺点。

b 边界条件

在理论上，元胞空间通常是在各维上是无限延展的，这有利于在理论上的推理和研究。但是在实际应用过程中，我们无法在计算机上实现这一理想条件，因此，我们需要定义不同的边界条件。

归纳起来，边界条件主要有三种类型：周期型、反射型和定值型。有时，在应用中，为更加客观、自然地模拟实际现象，还有可能采用随机型，即在边界实时产生随机值。

周期型是指相对边界连接起来的元胞空间。对于一维空间，元胞空间表现为一个首尾相接的“圈”，如图 3-19 所示。对于二维空间，上下相接，左右相接，而形成一个拓扑圆环面，形似车胎或甜点圈。周期型空间与无限空间最为接近，因而在理论探讨时，常以此类空间型作为试验。

图 3-19 周期边界

反射型指在边界外邻居的元胞状态是以边界为轴的镜面反射。例如在一维空间中，当 $r=1$ 时的边界情形，如图 3-20 所示。

定值型指所有边界外元胞均取某一固定常量，如图 3-21 所示。

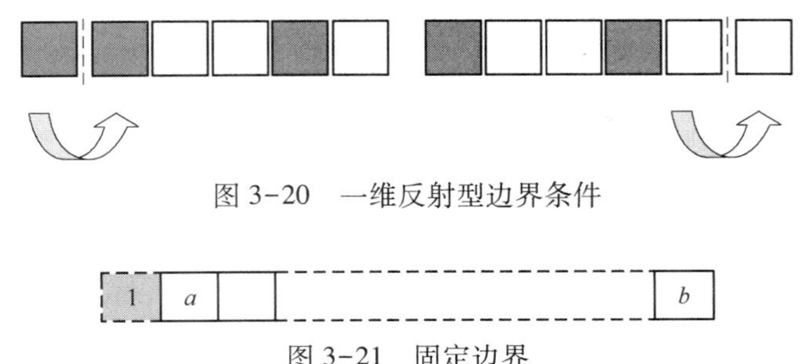

图 3-20　一维反射型边界条件

图 3-21　固定边界

c　构形

构形是在某个时刻，在元胞空间上所有元胞状态的空间分布组合。通常，在数学上，它可以表示为一个多维的整数矩阵。

C　邻居

以上的元胞及元胞空间只表示了系统的静态成分，为将“动态”引入系统，必须加入演化规则。在元胞自动机中，这些规则是定义在空间局部范围内的，即一个元胞下一时刻的状态取决于本身状态和它的邻居元胞的状态。因而，在指定规则之前，必须定义一定的邻居规则，明确哪些元胞属于该元胞的邻居。在一维元胞自动机中，通常以半径 r 来确定邻居，距离一个元胞 r 内的所有元胞均被认为是该元胞的邻居。二维元胞自动机的邻居定义较为复杂，但通常有以下几种形式（我们以最常用的规则四方网格划分为例），如图 3-22 所示，黑色元胞为中心元胞，灰色元胞为其邻居，通过它们的状态一起来计算中心元胞在下一时刻的状态。

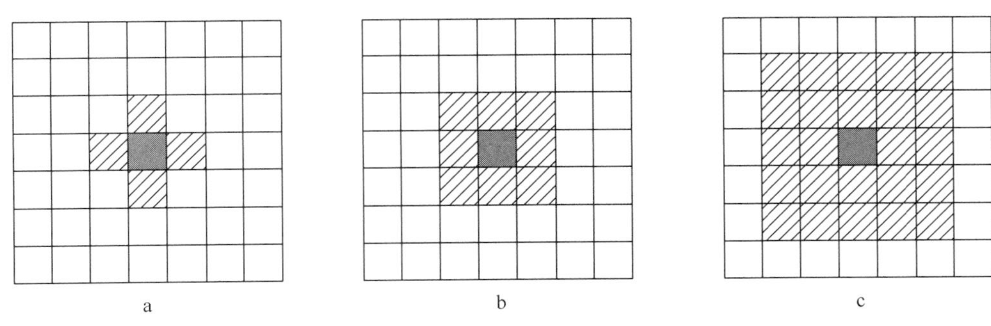

图 3-22　三种元胞邻居

a—冯-诺依曼型；b—摩尔型；c—扩展的摩尔型

（1）冯-诺依曼型。一个元胞的上、下、左、右相邻四个元胞为该元胞的邻居。这里，邻居半径 r 为 1，相当于图像处理中的四邻域、四方向，如图 3-22a 所示。

（2）摩尔型。一个元胞的上、下、左、右、左上、右上、右下、左下相邻八个元胞为该元胞的邻居。邻居半径 r 同样为 1，相当于图像处理中的八邻域、八方向，如图 3-22b 所示。

（3）扩展的摩尔型。将以上的邻居半径 r 扩展为 2 或者更大，即得到所谓扩展的摩尔型邻居，如图 3-22c 所示。

（4）Margolus 型。Margolus 型是一种与上述模型具有本质差别的模型。它不是考虑单个元胞，而是将相邻的 2×2 元胞作为一个元胞块进行统一处理，如图 3-23 所示。这种邻居模型由于在著名的格子气自动机中的成功应用而被人们关注。

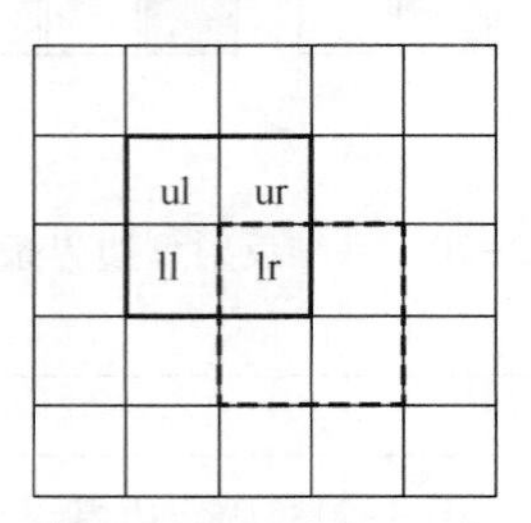

图 3-23　Margolus 型

D　规则

规则就是根据元胞当前状态及其邻居状况确定下一时刻该元胞状态的动力学函数。它可以记为 $f: s_i^{t+1}=f(s_i^t, s_N^t)$，$s_N^t$ 为 t 时刻的邻居状态组合。

3.4.1.3　模型的开发

根据排土场散体介质和粗粒土的分类和命名，可以把模拟材料大致看成三种物质，即粗颗粒材料、中等颗粒材料和细颗粒材料。如郭庆国就认为将粗粒土分为三种不同粒径的颗粒材料（粒径较粗的砾石、中等颗粒的砂和细颗粒的泥）就足以表述其的工程性质。因此，可采用三种元胞状态来模拟 3 种不同粒径范围的颗粒粒径。基于元胞自动机开发的模型取名为非均质混杂复合材料（heterogeneous hybrid composites）模型，简称为 HHC-CA 模型。

A　元胞、元胞空间及邻居

将二维空间用等间隔的横线和竖线划分为由正方形组成的元胞空间，每个正方形即元胞。元胞空间为 50×100 的空间网格。采用 8 邻居 Moore 模型，如图 3-24 所示，当黑色元胞为中心元胞时，周围 8 个斜线表示的元胞即为它的邻居。

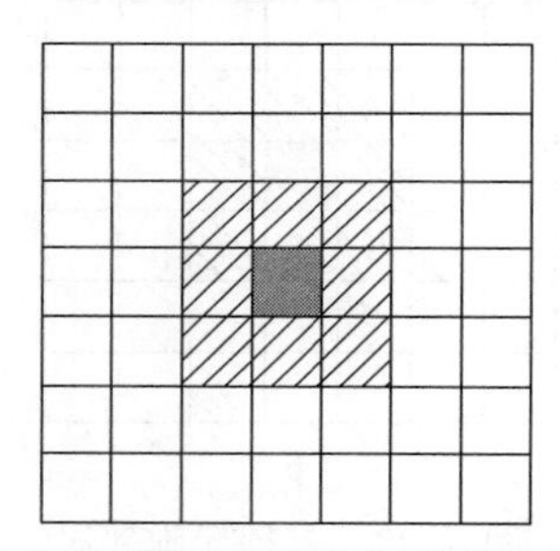

图 3-24　元胞、元胞空间及邻居示意图

B　元胞状态及边界条件

$$S = \{0, 1, 2\} \tag{3-15}$$

式中　S——元胞状态集。

元胞状态有 3 种，分别代表 3 种不同的材料，2 为主要材料；1 为嵌含在主要材料中的物质；0 为嵌含在主要材料中的物质。在后面的程序中，使用不同颜色来表示不同状态的元胞。边界条件采取周期边界条件，图 3-25 所示。

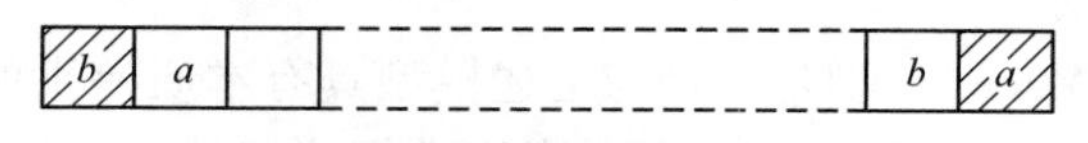

图 3-25　周期边界条件示意图

C　演化规则及其部分程序

CA 具有在时间和空间上都离散的特点，并可同步计算，元胞状态随时间和空间变化而变化。在元胞空间中，先随机产生数个晶核点，在晶核点周围逐步按照概率生长元胞，周围邻居中的元胞越多，生长的概率就越大，当周围没有元胞的时候生长概率为零，周围全部是同一种元胞的时候，生长概率为 100%，一直演化到满足物质含量的百分比要求，其演化规则如下：

（1）当元胞状态不为 0 时，元胞保持原有状态不变。

（2）当元胞状态为 0 时，计算邻居元胞同类状态总数，Num_1 代表邻居元胞状态为 1 的元胞总数，Num_2 代表邻居元胞状态为 2 的元胞总数。一般情况下，Num_1 和 Num_2 中总有一个为 0，即元胞的邻居中只有一种状态的元胞。只有演化到两种元胞接近的时候才会出现 Num_1 和 Num_2 不同时为 0 的情况。

（3）判断 Num_1 和 Num_2 的大小，中心元胞向数值大那类元胞演化，演化概率为 Max(Num_1，Num_2)×0.125。其元胞规则的数学表达式见式（3-16）。

$$\begin{cases} S_i^t = 1:\ S_i^{t+1} = 1; \qquad S_i^t = 2:\ S_i^{t+1} = 2;\ S_i^t = 0: \\ P(S_i^{t+1} = 2) = N\_2 \times 0.125 \qquad (N\_1 < N\_2) \\ P(S_i^{t+1} = 1) = N\_1 \times 0.125 \qquad (N\_1 > N\_2) \end{cases} \tag{3-16}$$

式中　N_1——Num_2；

　　　N_2——Num_2。

对元胞空间中的元胞，不是同时演化，而是进行遍历演化。与以往元胞自动机不同的是，元胞的演化不仅仅依靠邻居元胞上一步的状态，还依靠已经演化了的邻居元胞这一步的状态，即：

$$S_i^{t+1} = f(S_{i-1,\ j-1}^{t+1},\ S_{i,\ j-1}^{t+1},\ S_{i+1,\ j-1}^{t+1},\ S_{i-1,\ j}^{t+1},\ S_{i,\ j}^{t},\ S_{i+1,\ j}^{t},\ S_{i-1,\ j+1}^{t},\ S_{i,\ j+1}^{t},\ S_{i+1,\ j+1}^{t}) \tag{3-17}$$

元胞演化流程图如图 3-26 所示。

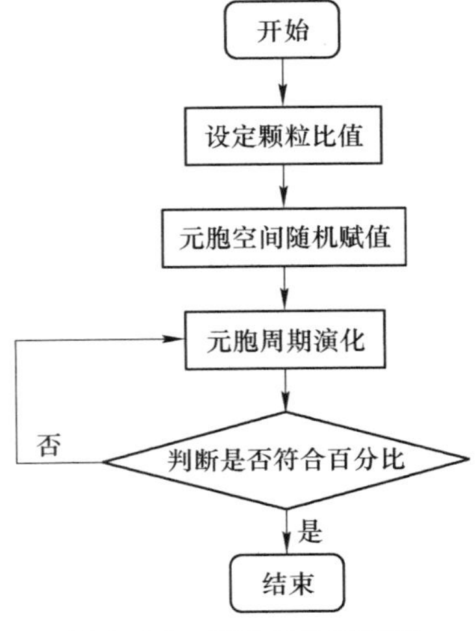

图 3-26　元胞演化流程图

3.4.1.4　模拟界面

针对 3 种元胞状态，利用元胞自动机开发的 HHC-CA 模型（包括中文版和英文版）。

从图 3-27 中模拟的结果可以看出，HHC-CA 模型随机生成的试样能完全表征三种元胞状态“0”、“1”和“2”分布的不均匀性和随机性。此模型不仅能定义三种不同物质的百分含量，而且能随机生成同一百分比下的不同元胞状态的分布，从而制备所需要的样本。此模型界面不仅具有易操作性、而且能从直观的角度观察三种元胞状态在试样中的分布情况，其三种元胞状态“0”、“1”和“2”可用不同的颜色来表示，图 3-27 为模拟生成三种元胞状态“0”、“1”和“2”的百分比分别为 60%、25%和 15%的某一随机分布图。

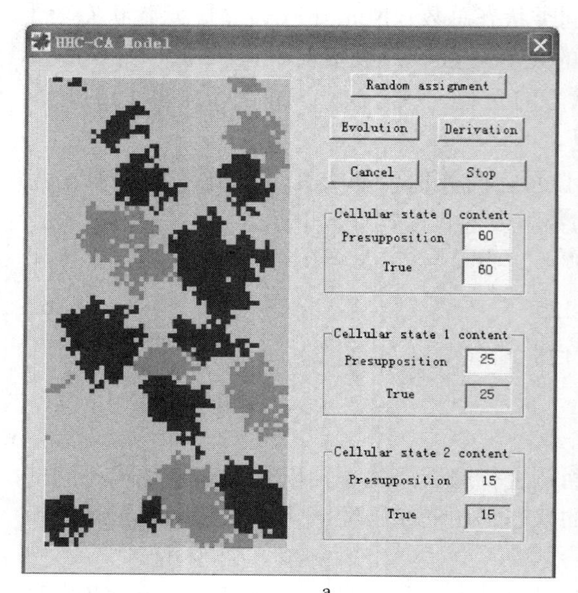

a

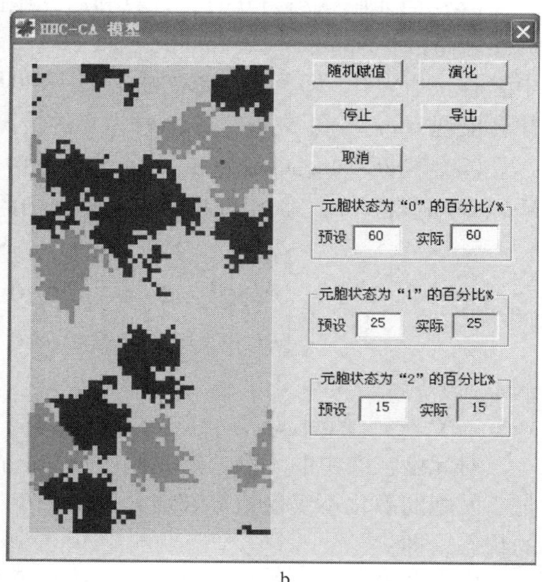

b

图 3-27 HHC-CA 模型界面

■ 元胞状态“0”；■ 元胞状态“1”；■ 元胞状态“2”

元胞网格的大小默认为宽×高=50×100。其具体的模拟过程如下：首先在 预设 0 或 Presupposition 0 中输入三种元胞状态“0”、“1”和“2”的百分含量（%），当各种元胞状态的含量设置好后，点击 随机赋值 或 Random assignment 进行随机赋值，然后通过 演化 或 Evolution 按钮进行三种元胞状态的演化，当满足终止条件时，程序终止运行，给出最终结果。 导出 或 Derivation 是将生成的三种元胞状态数据导成一个文件，默认为 . txt 文件，其中包含的信息为三种元胞状态的 ID 号。

另外，此 HHC-CA 模型可以重新定义三种元胞状态“0”、“1”和“2”所代表的材料或工程意义，且其三种元胞状态的颜色也可以任意设置。

3.4.2 排土场矿岩散体的三轴数值模拟试验

地质岩、土体形成和演变历史的漫长与多变，导致岩土工程材料物质组成和空间分布的复杂性和多样性，因而呈现出不同的物理和力学性质。任何一类岩土工程材料都可以看作天然材料或者由天然材料组成的非均质复合材料，也即非均质性是岩土工程材料的一种固有特性。

散体粗粒土的强度参数是高台阶排土场稳定性的至关重要因素，也是研究高台阶排土场边坡稳定性分析及评价的一个瓶颈，因为目前通过现有方法还不能制备代表性试样和取得可信的试验结果。究其原因，主要由高台阶排土场散体介质自身组成和结构特点决定的。尽管散体粗粒土强度参数对工程岩土边坡稳定性计算分析十分重要，但其合理取值一直困扰着岩土工程界的学者。影响抗剪强度的影响因素（图 3-28）大致可分为两类：一类是可人为控制的因素，如试验场所、加载方式、试样尺寸、周围压力、应变速率、排水条件和与材料特性有关的因素等；另一类是难以人为控制的因素，如试样颗粒初始架构、实验误差等。

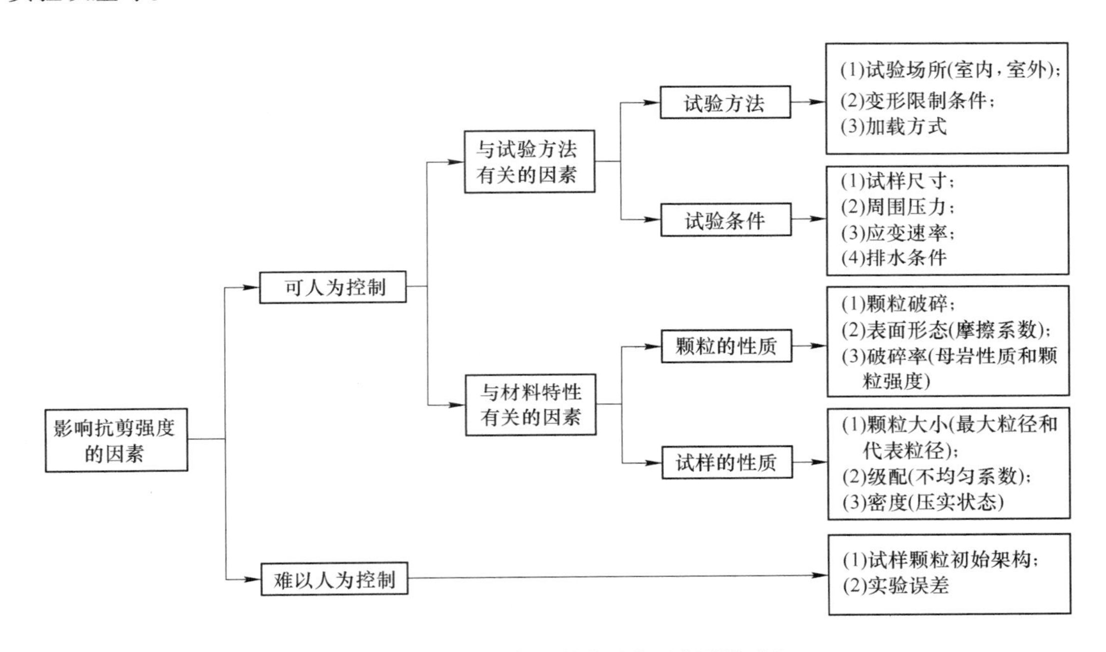

图 3-28 抗剪强度的影响因素（据郦能惠）

借助传统的室内试验方法，人们深入研究了可人为控制因素（如加载方式、周围压力、应变速率等）对粗粒土强度的影响。但是，粗粒土的“试样颗粒初始架构”是人为无法控制的，再加上粗粒土的室内试验既耗时、又费财，所以到目前为止，少有人在这方面进行研究。另外，“不同粒径的土颗粒材料在空间中无分选地、随机地分布”是粗粒土试样的一个明显特征。作为一种散体材料，土颗粒间相互位置排列和粒间作用力对于散体粗粒土的力学性质有重要的影响，许多问题都涉及粗粒土组构问题。尽管如此，为了使试验的土样相对均匀，土工试验规程规定粗粒土的装样一般分 3~5 层装样，因此一般认为此组试验的粗粒土各粒组的分布是均匀的，实际上，由于粗粒土各粒组在试验过程中的随机分布，就算同一试验人员在同一试验仪器，采用同样的试验方法进行试验，由于试料的最大粒径相对于试样体积来说是比较小的，即使试验的级配与试样的密度相同，其试样内颗粒的初始架构也可能完全不同。因此，以一组试样的试验结果作为相同参数粗粒土的强度参数取值是不合理的，这样的一组试样所得的力学参数也不具备代表性。因此，这就需要在传统试验工作的基础上，引入其他分析手段，弥补室内和现场试验方面的不足。

当前，随着计算技术的飞速发展，可以凭借计算机的强大计算功能，在较短时间内高效实现粗粒土试样的数值模拟试验；不仅如此，采用计算机模拟试验还可以消除试样制备、试验条件（环境、试验机性能和测试手段等）和人为因素等对试验结果的影响。同时，数值模拟可以较好地实现应力-应变全过程曲线和变形局部化剪切带的模拟，从而获得一些规律性的认识，不仅有助于认识粗粒土破坏的本质及其演化规律，而且对工程实际也有一定的参考和应用价值。因此，借助元胞自动机的时空离散特征和复杂系统演化动态模拟的特点开发了 HHC 模型，此模型可以制备不同“试样颗粒初始架构”的粗粒土试样，进而借助 FLAC^{3D}完成粗粒土的三轴数值模拟试验。

3.4.2.1 HHC-Soil 模型制备的粗粒土试样

HHC-Soil 模型的元胞空间、边界条件和演化规则等均同于 HHC-CA 模型，唯一不同的是其演化后的元胞状态“0”、“1”和“2”表示了不同的物质，其中“0”在此代表泥（Soil），“1”表示砂（Sand），“2”表示砾石（Gravel），其模型界面（英文界面和中文界面）及其随机生成的粗粒土试样如图 3-29 所示。

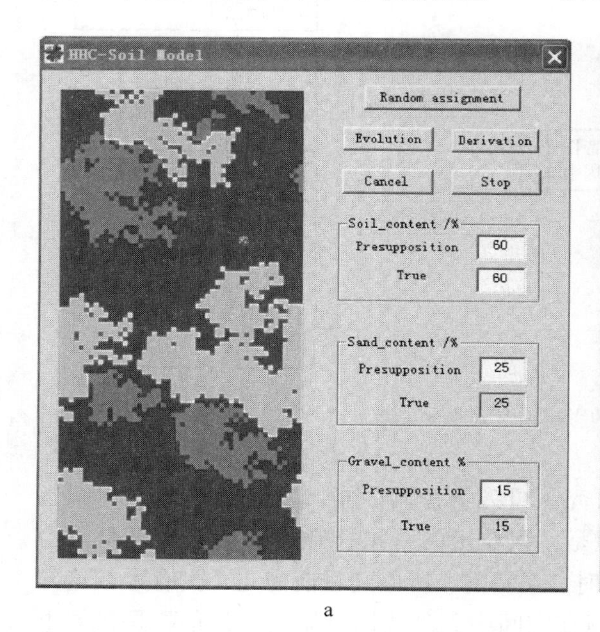

a

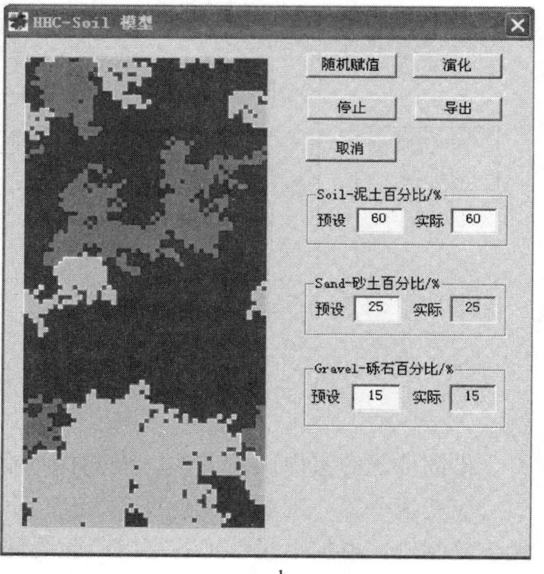

b

图 3-29 HHC-Soil 模型界面及其生成的粗粒土试样

■ 泥（Soil）；■ 砂（Sand）；■ 砾石（Gravel）

HHC-Soil 模型所输出的信息是包含砾石、砂和泥（即编号为“2”、“1”和“0”）的 ID 号信息文件，这些 ID 号是用阿拉伯数字表示的，其形式输出比较简单。尽管如此，输出文件却包含了粗粒土随机演化生成结果全部信息。且在软件开发的过程中，考虑了与 FLAC^{3D}的对接，HHC-Soil 模型的单元数与 FLAC^{3D}的单元数完全一致。其 HHC-Soil 模型模拟生成的粗粒土试样导入 FLAC^{3D}的流程图如图 3-30 所示。

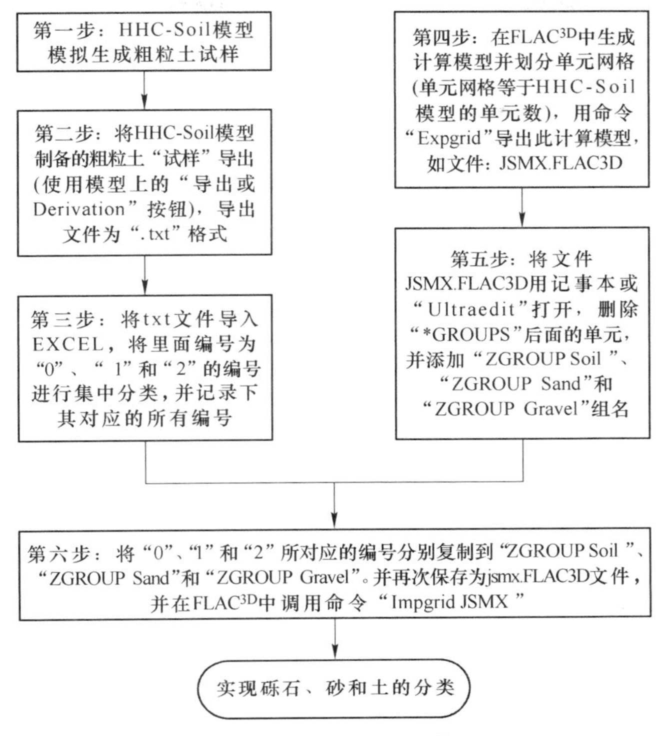

图 3-30 模拟试样导入 FLAC^{3D}的流程图

图 3-31 为 HHC-Soil 模型中模拟的粗粒土试样导入 FLAC^{3D}后生成的粗粒土试样。对比图 3-31a 和图 3-31b 可以看出，两幅图的各粒组分布完全一致。

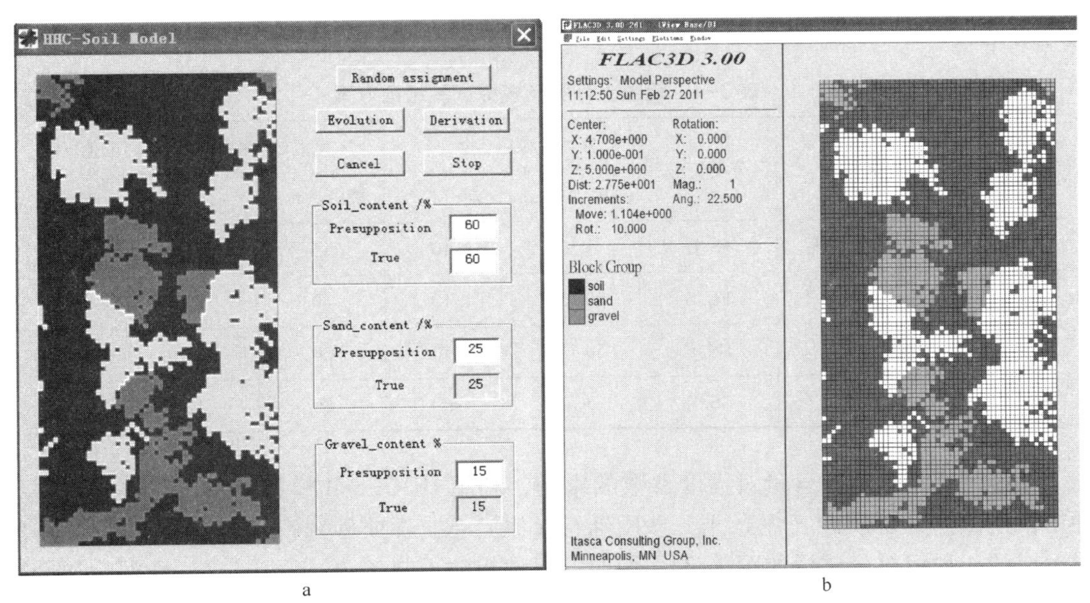

图 3-31 模拟的粗粒土试样及其导入 FLAC^{3D}后的效果图

a—HHC-Soil 模型生成的粗粒土试样；b—导入 FLAC^{3D}的效果图

■ 泥（Soil）；■ 砂（Sand）；■ 砾石（Gravel）

3.4.2.2 粗粒土三轴数值模拟验

粗粒土三轴数值计算模型如图 3-32 所示。试件长 50cm、宽 1cm、高 100cm。在 $x=0$ 和 $x=50$cm 的两平面施加围压；在 $y=0$ 和 $y=1$cm 的两平面施加围压；在 $z=0$ 端面固定，$z=100$cm 的端面施加加载速率。

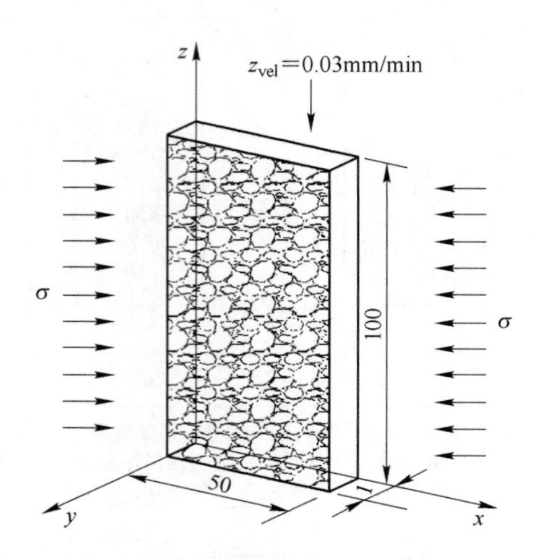

图 3-32 粗粒土三轴数值模拟试验的计算模型（单位：cm）

由于粗粒土颗粒分布范围宽，粒径较大，所以颗粒组成是决定工程特性的主要因素，且粗料含量对工程特性的影响非常敏感。即粗料含量为 30%和 70%是影响工程特性变化的两个特征点。所以根据粗粒含量 $P_{>5mm}$ 的不同，把粗粒土大致分为 4 类：即砾质砂（泥）土（FS. G）、砂质砾石（泥）土（FG. S）、泥质砂砾石（GS. F）和卵质砂砾石（GS. R），其分类见表 3-4。

表 3-4 粗粒土分类及模拟试验级配方案

试验方案	工程名称	分类符号	分类各粒组含量/%		模拟试验的各粒组实际取值/%		
			砾（G）	泥（F）	砾石（G）	砂（S）	泥（F）
1	砾质砂（泥）土	FS. G	<30	>10	15	25	60
2	砂质砾石（泥）土	FG. S	30~50	>10	40	20	40
3	泥质砂砾石	GS. F	50~70	>10	60	25	15
4	卵质砂砾石	GS. R	>70	<5	80	16	4

为了研究不同粗粒含量对强度参数的影响，利用 HHC-Soil 模型制备了表 3-4 中的 4 种粗粒土试样（砾质砂（泥）土、砂质砾石（泥）土、泥质砂砾石和卵质砂砾石），其模拟生成的 4 种粗粒土试样如图 3-33。同时，每种粗粒土制备 30 组不同“试样颗粒初始架构”试体进行三轴模拟试验。每组试样在 200kPa、400kPa、800kPa 和 1600kPa 四种法向应力下进行模拟三轴试验，然后在 Autocad 中绘制应力-位移关系曲线上的屈服点对应的主应力摩尔圆，从而获得不同初始架构试样的抗剪强度参数 φ 值。

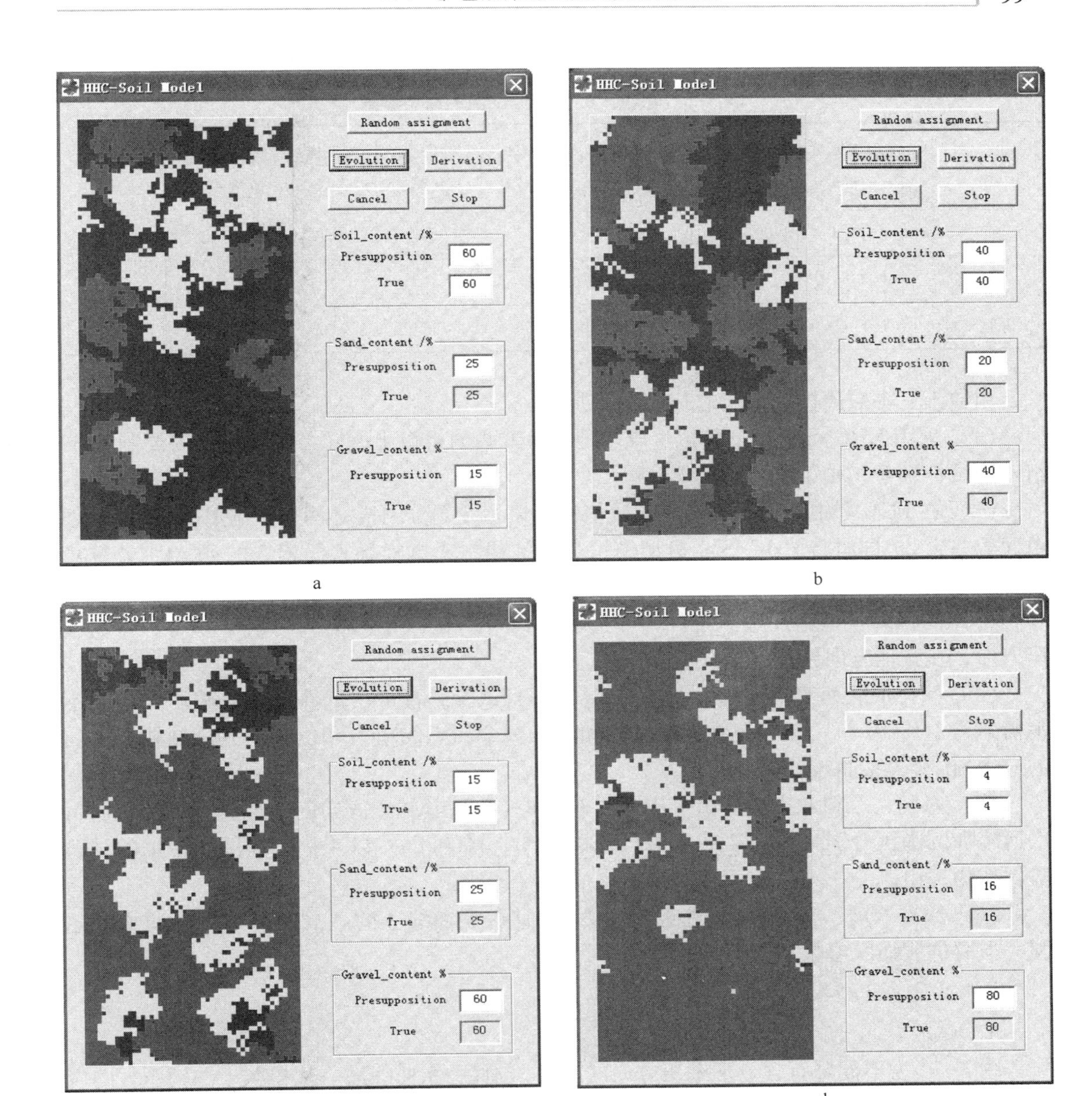

图 3-33 HHC-Soil 模型中生成的粗粒土试样

a—砾质砂（泥）土（FS. G）；b—砂质砾石（泥）土（FG. S）；

c—泥质砂砾石（GS. F）；d—卵质砂砾石（GS. R）

■ 泥（Soil）；■ 砂（Sand）；■ 砾石（Gravel）

为了使计算模拟试验条件尽可能与室内试验条件保持一致。该模拟试验以室内粗粒土的三轴试验为参考：第 1 组试验方案的级配选用砾石:砂:泥 = 15%:25%:60%；模拟的加载速率取 0.03mm/min；每组的法向应力 σ 采用 200kPa、400kPa、800kPa 和 1600kPa；该三轴数值模拟试验采用经典的本构模型：Mohr-Coulomb 模型；模拟试验的材料参数以室内试验材料参数为准，并参考郦能惠总结的粗粒料材料参数，此模拟试验的材料参数取值见

表3-5。

表3-5 粗粒土数值模拟试验的材料参数

名称	粒组范围/mm	密度/kg·m^{-3}	黏聚力 c/kPa	内摩擦角/(°)	剪胀角/(°)	弹性体积模量 K/GPa	弹性切变模量 G/GPa	抗拉强度/MPa
泥（F）	<0.1	2150	61	27	8	0.07	0.03	0.05
砂（S）	0.1~5.0	2300	75	32	10	2.5	1	0.35
砾石（G）	5.0~60.0	2600	132	46	13	23	10	1

粗粒土三轴数值模拟试验的基本步骤如下：

（1）采用HHC-Soil模型模拟生成四种试验方案的粗粒土试样，并且每组需要制备30组不同试样颗粒初始架构的粗粒土试样。

（2）在FLAC^{3D}中建立粗粒土三轴数值计算模型并划分网格（网格数与HHC-Soil模型单元数一致），同时将HHC-Soil模型模拟生成的粗料土试样导入已建立的FLAC^{3D}计算模型，从而实现砾石、砂和泥土的分类。

（3）为计算模型施加边界条件，并选取“试件”的一个方向（一般 z 方向）作为轴压方向，在其他方向施加围压。

（4）保持加载速率不变（0.03mm/min）进行试验，直至“试件”屈服破坏（最大不平衡力为 1.0×10^{-5}），然后记录轴压方向和侧压多个测点的应力和位移值并绘制轴压方向的应力-位移关系曲线。

（5）对同一个粗粒土试样重复步骤（3）和（4），其轴压方向的加载速率不变，而每次所施加的围压分别为200kPa、400kPa、800kPa、1600kPa；以4种不同围压模拟的试验数据作为一组。

（6）数据处理：在Autocad中绘制应力-位移关系曲线上的“屈服点”的主应力莫尔圆，求取抗剪强度参数。

3.4.2.3 三轴数值模拟试验结果

A 试验应力-应变曲线

图3-34为不同砾石含量下轴压方向的应力-位移关系曲线图。从粗粒土的轴压方向应力-位移关系曲线图可以看出，随着砾石含量和增加，其轴压方向的应力是增大的。

图3-35为砾质砂（泥）土（砾石:砂:泥=15%:25%:60%）的室内试验和三轴数值模拟试验的应力-应变曲线关系比较图。从图中可以看出，数值模拟的曲线呈波浪形，而室内试验表现不明显，这是因为当试验中破坏面遇到强度较高的粗颗粒土时，模拟试验中剪切带主要通过绕行粗颗粒，同时也伴有少许的粗颗粒移位，直到贯通性破坏面形成，此过程模拟曲线可能经历很多次的爬坡，致使曲线呈一波浪上升趋势线。而室内三轴试验主要是依靠颗粒重排或移位来完成，所以其曲线基本表现为光滑的曲线。但总体来说，模拟的应力-应变曲线与室内三轴试验的应力-应变曲线基本相吻合，这说明HHC-Soil模型与FLAC^{3D}相结合而进行的三轴数值模拟试验是可行的。

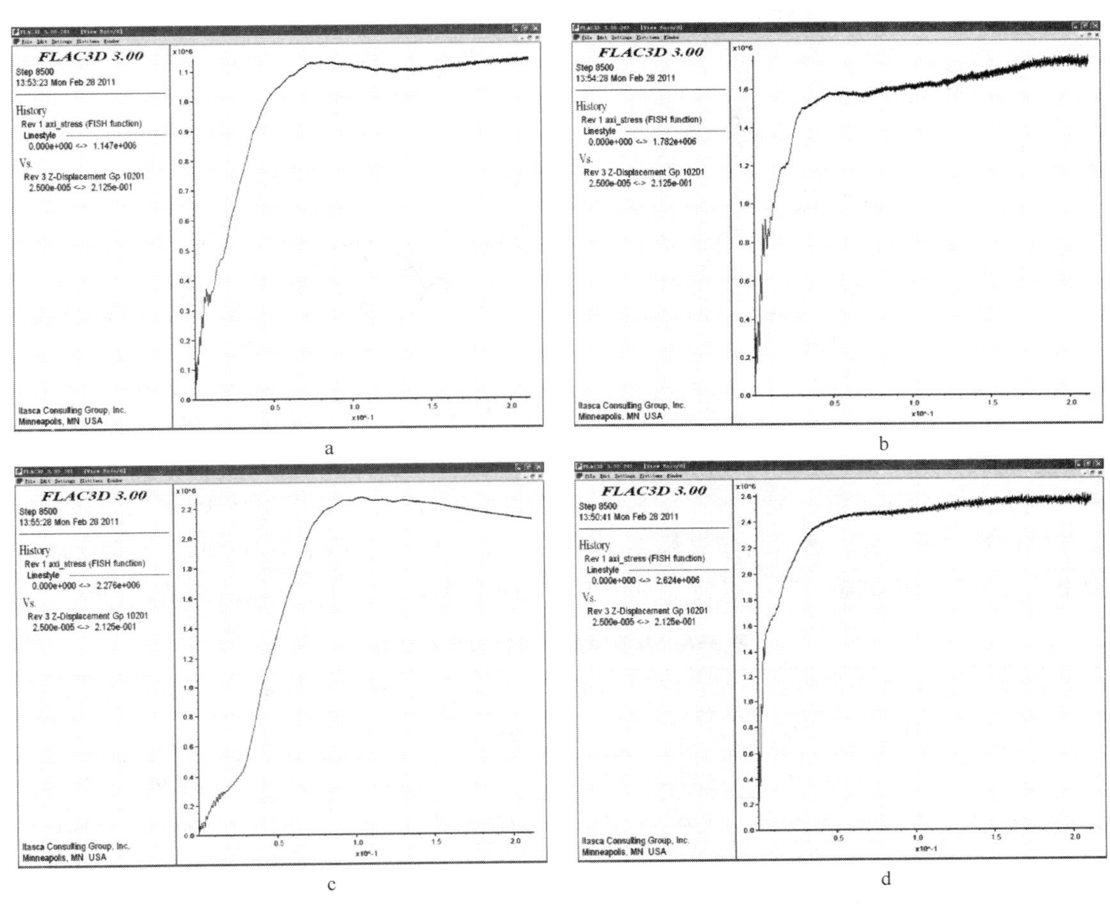

图 3-34 轴压方向应力-位移关系曲线图（围压=200kPa）

a—砾质砂（泥）土（FS. G）；b—砂质砾石（泥）土（FG. S）；c—泥质砂砾石（GS. F）；d—卵质砂砾石（GS. R）

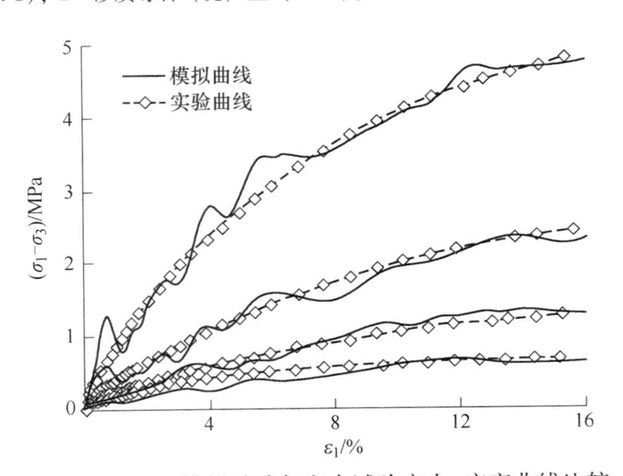

图 3-35 FS. G 模拟试验与室内试验应力-应变曲线比较

B 数值模拟试验结果

在 Autocad 中绘制应力-位移关系曲线上“屈服点”的主应力莫尔圆，求取抗剪强度参数。图 3-36 所示为砾质砂（泥）土某两组的抗剪强度参数的求取图。

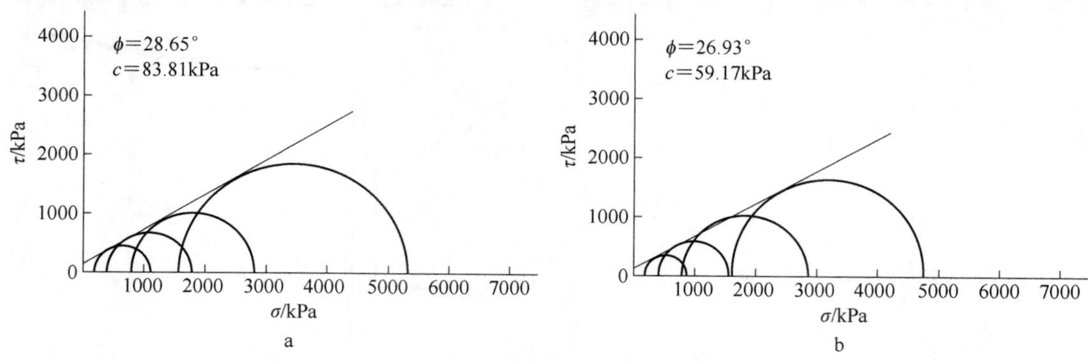

图 3-36　抗剪强度参数的求取

该次试验采用 HHC-Soil 模型随机模拟生成粗粒土“试样”，每种试验方案（即砾质砂（泥）土、砂质砾石（泥）土、泥质砂砾石和卵质砂砾石）分别制备 30 组不同颗粒初始架构的粗粒土试样，然后每组试样在 200kPa、400kPa、800kPa 和 1600kPa 四种法向应力下进行模拟三轴试验，共计进行了 480 次三轴模拟试验，其力学参数结果见表 3-6。

表 3-6　数值模拟试验抗剪强度参数

土质类型	试样编号	c/kPa	ϕ/(°)	试样编号	c/kPa	ϕ/(°)	试样编号	c/kPa	ϕ/(°)
砾质砂（泥）土（FS. G）	A1	59.78	25.02	A11	55.39	25.71	A21	91.41	25.96
	A2	71.66	24.97	A12	37.37	29.52	A22	20.03	29.45
	A3	61.16	25.05	A13	87.95	24.99	A23	38.44	30.65
	A4	47.72	29.27	A14	12.91	29.2	A24	82.2	25.48
	A5	38.73	29.78	A15	42.52	27.83	A25	45.33	27.49
	A6	73.53	26.49	A16	25.45	30.94	A26	79.12	25.37
	A7	32	30.21	A17	91.07	25.04	A27	26.56	29.18
	A8	68.89	26.58	A18	59.17	26.93	A28	42.98	28.36
	A9	35.36	28.98	A19	12.25	30.45	A29	63.71	25.59
	A10	22.24	30.96	A20	83.81	28.65	A30	65.23	27.36
砂质砾石（泥）土（FG. S）	B1	57.53	33.64	B11	49.53	34.28	B21	88.19	30.67
	B2	91.5	31.12	B12	40.18	35.66	B22	58.82	33.88
	B3	95.43	30.34	B13	68.39	31.63	B23	73.62	33.66
	B4	43.68	35.98	B14	127.65	29.75	B24	34.08	35.88
	B5	112.51	29.73	B15	51.76	34.62	B25	83.91	32.72
	B6	39.53	34.85	B16	67.59	32.99	B26	67.19	33.74
	B7	86.37	32.17	B17	71.21	31.08	B27	108.26	30.13
	B8	44.35	34.68	B18	26.83	35.31	B28	38.27	35.94
	B9	35.29	35.83	B19	41.67	35.87	B29	95.18	31.21
	B10	79.26	32.55	B20	62.37	34.06	B30	58.47	33.11

续表3-6

土质类型	试样编号	c/kPa	ϕ/(°)	试样编号	c/kPa	ϕ/(°)	试样编号	c/kPa	ϕ/(°)
泥质砂砾石（GS. F）	C1	85. 3	37. 2	C11	44. 38	39. 26	C21	87. 29	36. 39
	C2	67. 25	38. 43	C12	51. 09	39. 18	C22	51. 36	39. 14
	C3	99. 16	35. 86	C13	96. 38	35. 4	C23	62. 19	38. 74
	C4	54. 76	36. 48	C14	55. 1	39. 22	C24	87. 15	36. 57
	C5	83. 69	35. 01	C15	88. 34	35. 87	C25	55. 12	39. 11
	C6	49. 03	39. 9	C16	78. 52	36. 21	C26	132. 16	34. 73
	C7	108. 12	35. 98	C17	75. 16	36. 67	C27	83. 57	36. 02
	C8	120. 46	34. 9	C18	83. 25	35. 26	C28	48. 6	39. 19
	C9	73. 18	35. 94	C19	106. 38	34. 59	C29	73. 84	37. 67
	C10	64. 28	37. 32	C20	61. 84	38. 04	C30	65. 07	37. 88
卵质砂砾石（GS. R）	D1	123. 67	40. 07	D11	106. 47	40. 43	D21	133. 62	39. 38
	D2	58. 32	42. 26	D12	66. 8	42. 08	D22	60. 08	42. 07
	D3	141. 28	39. 56	D13	57. 29	42. 17	D23	73. 25	41. 98
	D4	71. 95	41. 85	D14	117. 34	39. 54	D24	79. 16	41. 99
	D5	63. 78	42. 45	D15	74. 09	41. 46	D25	123. 54	39. 64
	D6	114. 21	39. 79	D16	97. 16	39. 9	D26	107. 22	40. 22
	D7	81. 62	41. 25	D17	78. 51	41. 53	D27	62. 81	42. 18
	D8	77. 18	41. 36	D18	88. 17	40. 97	D28	131. 28	39. 61
	D9	98. 06	40. 08	D19	68. 27	41. 19	D29	83. 42	41. 2
	D10	125. 38	39. 23	20	102. 36	40. 03	D30	117. 34	39. 82

3.4.2.4 三轴数值模拟试验结果分析

A 剪切带剪切应变率云图

图3-37所示为砾质砂（泥）土（FS. G）的试样颗粒初始架构图，图3-38为其相对应的剪切带应变率云图。结合图3-37和图3-38可以看出，图3-37a中的砾石主要位于试样剪切带附近，其内摩擦角为29.45°，图3-37b中砂在剪切带位置占的比重较大，其内摩擦角略低一些。而图3-37c中的内摩擦角为25.71°，此时位于剪切带内的泥占多数。对砾质砂（泥）土分析可以看出，当剪切带内的砾石含量较多时，其内摩擦角值较高，而当剪切带附近主要为泥土时，其强度相对较低，从而可知，试样抗剪强度与剪切带附近的颗粒分布有关。

从图3-38中可以看出，其剪切破坏面并非规则的剪切直线，其剪切应变率云图是一些曲线。这是由于粗粒土由不同的粒组构成，粗颗粒对其影响的结果。但从曲线的趋势可以看出，其剪切带曲线基本呈“单一型剪切带”或“X交叉型剪切带”。因此，为了量化剪切带内粗颗粒对剪切强度的影响，采用“X”交叉型来分析研究剪切带内的砾石含量对试样抗剪强度的影响。

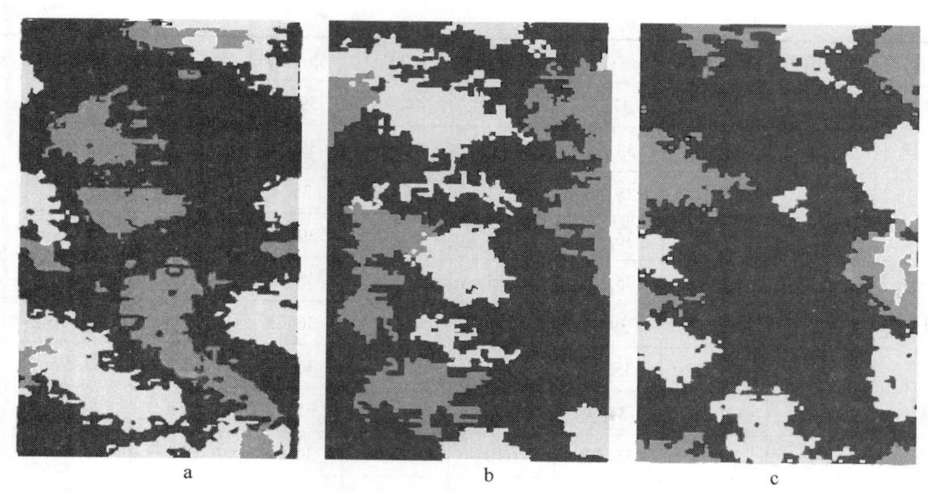

图 3-37 HHC-Soil 模型生成的 FS. G 不同颗粒初始架构图

a—ϕ=29.45°；b—ϕ=28.36°；c—ϕ=25.71°

■ 泥（Soil）；■ 砂（Sand）；■ 砾石（Gravel）

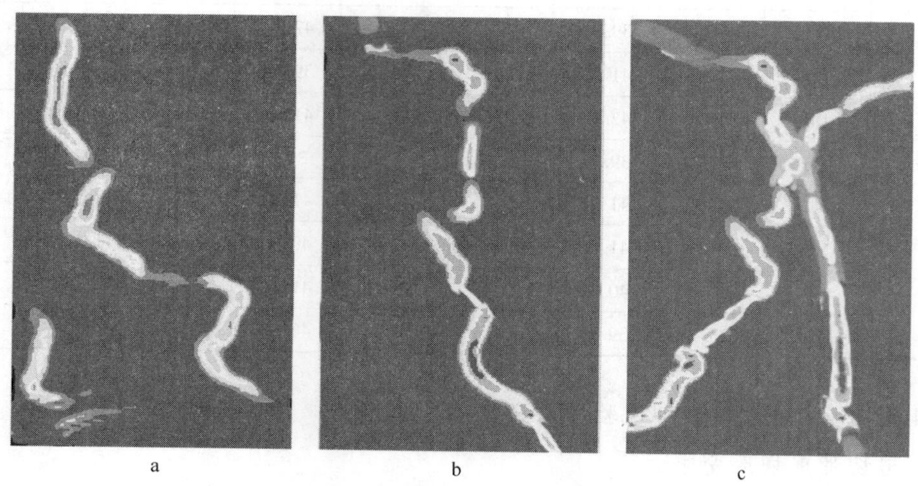

图 3-38 FS. G 不同初始架构的剪切带剪切应变率云图

a—ϕ=29.45°；b—ϕ=28.36°；c—ϕ=25.71°

B 剪切带与剪切倾角

摩尔-库仑理论的剪切带倾角为65°；同时与剪切带的倾角相比，已有的剪切带试验研究表明，剪切带均具有一定的厚度。根据 Han 和 Finno 认为砂土的剪切带厚度大约是平均颗粒粒径的 8~25 倍。为了获得剪切带内的砾石含量，此处首先在 $FLAC^{3D}$ 中生成三轴模拟试验的总单元 N（即 HHC-Soil 模型的单元数），并显示网格中的 ID 编号，然后将输出的网格图片导入 Autocad 中并设置剪切带，记录下剪切带内的所有 ID 编号，其示意图如图 3-39 所示。然后与 HHC-Soil 模型导出的单元编号进行比较，从而获得剪切带内的砾石的单元数 n，以此计算剪切带内的砾石含量：

$$P_1 = \frac{n_3}{N_0} \times 100\% \tag{3-18}$$

式中 P_1——剪切带内的砾石含量；

n_3——剪切带内的砾石的单元数；

N_0——试样中的总单元数。

191	192	193	194	195	196	197	198	199	200
181	182	183	184	185	186	187	188	189	190
171	172	173	174	175	176	177	178	179	180
161	162	163	164	165	166	167	168	169	170
151	152	153	154	155	156	157	158	159	160
141	142	143	144	145	146	147	148	149	150
131	132	133	134	135	136	137	138	139	140
121	122	123	124	125	126	127	128	129	130
111	112	113	114	115	116	117	118	119	120
101	102	103	104	105	106	107	108	109	110
91	92	93	94	95	96	97	98	99	100
81	82	83	84	85	86	87	88	89	90
71	72	73	74	75	76	77	78	79	80
61	62	63	64	65	66	67	68	69	70
51	52	53	54	55	56	57	58	59	60
41	42	43	44	45	46	47	48	49	50
31	32	33	34	35	36	37	38	39	40
21	22	23	24	25	26	27	28	29	30
11	12	13	14	15	16	17	18	19	20
1	2	3	4	5	6	7	8	9	10

剪 剪 切 带 带 D D ψ ψ

图 3-39 剪切带示意图

此处，砾质砂（泥）土的剪切带倾角和厚度分别取为 65°和 4.5cm，从而获得砾质砂（泥）土在不同试样初始架构（30 组）时的“剪切带内的砾石含量”。砾质砂（泥）土“剪切带内的砾石含量”与内摩擦角的关系如图 3-40 所示。

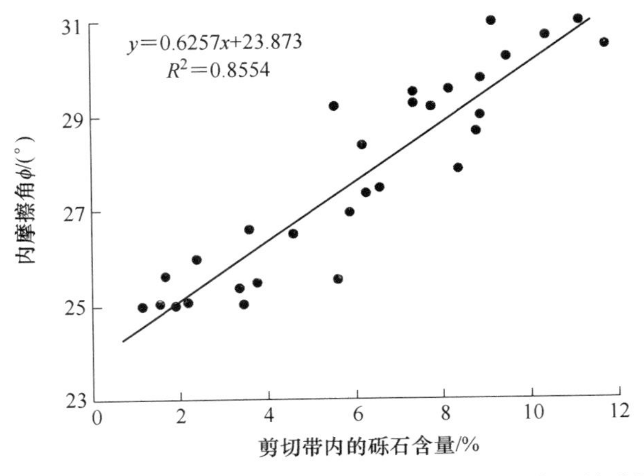

图 3-40 FS. G 剪切带内的砾石含量与内摩擦角值的关系图

图 3-40 表明，随“剪切带内的砾石含量”的增加，其内摩擦角是增大的，且其关系曲线基本呈线性关系。这说明“剪切带内的砾石含量”是影响砾质砂（泥）土抗剪强度的一个主要因素。

图 3-41 为砾质砂（泥）土、砂质砾石（泥）土、泥质砂砾石和卵质砂砾石试验模拟的内摩擦角范围值。从图中可以看出，并非“试样砾石含量”越大，其内摩擦角值就一定会增大。如图 3-41 中所示，“试样砾石含量”为 40%时的内摩擦角低值反而小于砾石含量为 15%时的内摩擦角高值，同理，“试样砾石含量”为 40%时的较高内摩擦角值是大于“试样砾石含量”为 60%时的较低内摩擦角值的。实际上，在室内试验中，也会出现高“试样砾石含量”的内摩擦角值小于低“试样砾石含量”的内摩擦角值的情况。这是由于试样颗粒初始架构的不同造成的，尽管试样本身的砾石含量较高，但由于试样中“剪切带内的砾石含量”较低，从而导致内摩擦角值可能降低。这说明影响粗粒土试样强度参数的不完全是“试样砾石含量”的多少，而主要取决于试样“剪切带内的砾石含量”。

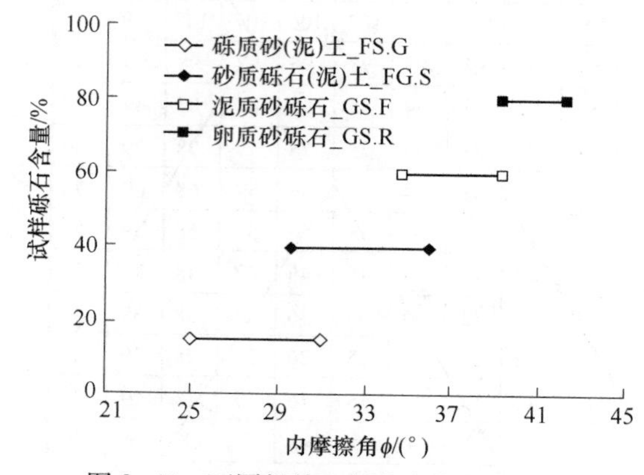

图 3-41　不同粗粒土的内摩擦角范围值

图 3-42 为砾质砂（泥）土、砂质砾石（泥）土、泥质砂砾石和卵质砂砾石试验模拟的内摩擦角均值$\overline{\phi}$与“试样砾石含量”的关系图。从图 3-42 可以看出，尽管有时会出现较高“试样砾石含量”的内摩擦角值小于较低“试样砾石含量”的$\overline{\phi}$值，但其不同砾石含量的内摩擦角均值$\overline{\phi}$是随“试样砾石含量”的增大而明显增加的，且其关系可用指数关系表示。

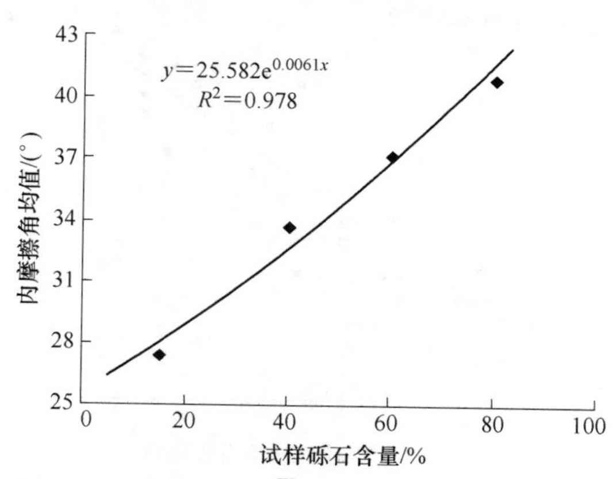

图 3-42　不同粗粒土$\overline{\phi}$与试样砾石含量的关系图

4 排土场边坡稳定性与滑坡防治措施

排土场又称废石场，是指矿山采矿排弃物集中排放的场所。排土场是矿山采掘业的一个主要场地，矿山采掘期间排土量大，我国大型企业的渣场一般可满足25年的容量，中小型企业可满足15年的容量，因此排土场需占用大量土地。在自然排土堆积过程中，边缘地区会形成边坡体，长期堆积后会产生各种裂缝、滑坡等不良地质现象，进而影响排土场的稳定性，对周围的环境产生一定的灾害危险。

边坡稳定性分析是边坡工程研究的核心问题，一直是岩土工程研究的一个热点问题。同时，边坡中广泛存在着非连续、非线性、不确定性等因素，使得边坡稳定性分析是最早试图解决但至今仍未圆满解决的难题。为了反映这些特性，解决工程问题，人们在边坡分析中采用了许多新方法和新理论。同时，随着计算机技术和数值分析方法的飞速发展，使得边坡稳定性研究理论及计算方法取得了前所未有的进步。目前边坡稳定性分析方法很多，主要包括极限平衡分析法、数值分析法等。

露天矿生产剥离的以矿山开采废石为主的松散颗粒体经汽车、铁路或胶带机运输，通过推土机或排岩机倾倒堆积在沟谷或坡地上形成排土场。由于生产力水平及价值观念的差异，欧美国家基于环境保护和覆土造田出发，通过限定排土场坡度和高度来保证排土场稳定性满足要求；而我国矿山将经济因素放在首位，设计上追求“最少征地，最大容量，尽可能离露天采场近”，形成了目前排土场高度大、坡度陡的局面。导致了部分排土场稳定性不够，滑坡事故日益严重。从海南铁矿6号土场滑坡（1973年，30万立方米）、永平铜矿（1978年，10万立方米）、兰尖铁矿（1979年，200万立方米；1988年，100万立方米）、云浮流铁矿、德兴铜矿、泸沽铁矿、安太堡矿、朱家包包铁矿、尖山铁矿（2008年，寺沟排七场109万立方米滑坡，45人死亡，直接损失3080万元）、四川攀枝花米易地区排土场（2011年滑坡，6人死亡）等事故来看，排土场失稳、滑坡和泥石流灾害发生多起，已构成矿山和周边设施的重大危险源，严重威胁矿山安全生产。排土场运行过程的安全性管理，尤其是基于历史分析和预测滑坡孕育演化机制，进而提出普适性的调控措施，是矿山可持续发展的关键科学问题。

4.1 排土场边坡稳定性

排土场边坡稳定性分析应在排土场区水文地质、工程地质分析基础上，分析判断场地适宜性、环境特征与灾害可能性；并综合排弃物料物理力学性质和排土场堆置要素选取典型代表剖面开展排土场工程地质勘探，从而获取典型计算剖面的各种参数，然后结合建立的典型计算剖面进行排土场稳定性计算分析，并提出相关安全对策措施。排土场工程地质勘探采用钻探和探槽为主、地质踏勘及地质测绘为辅，结合室内和现场实验等手段，完成包括排土场地质剖面、排土物料及地基的物理力学性质试验等内容。对既有排土场，应综合采用钻探、物探手段掌握排土散体分层性质、地基岩土性质和地基地形。对新设计的矿山排土场，排弃物料物理力学性质可采用工程类比方法进行确定。类比项目主要根据物料岩性相似性、破碎方式（爆破堆料、二次破碎）相似性确定其颗粒级配，并根据排土方式（单台阶、多台阶覆盖式、多台阶压坡脚式等）相似性，结合规划年末图、堆置要素等，确定排土场模型的分层性。必要时，宜从相邻矿山采取物料进行排弃物料颗粒级配筛分及物理力学性质试验。

排土场向前推进和形成的过程，也是其模型和参数在时间和空间上的演化过程。形成排土场过程的动态变化特征决定了排土场堆置要素的不确定性和变化性。因此，安全稳定性论证应该在稳定性分析基础上增加排土场堆排和堆置要素的论证，保证生产过程的安全可靠。同时还应增加现场的检测及分析，重点是安全距离、最终境界和底层材料、平台形状、安全车挡、排水设施、变形特征（主要包括坡顶裂缝、斜坡面和坡脚隆起）、眉线和段高等关键参数的检测及分析。并依托检测及分析数据反演分析模型，确保分析结果能有效解释现场相关变形和破坏特征。

4.1.1 排土场工程地质勘探

排土场勘察的目的在于查明地形和地貌特征、散土体的分布、下卧土层或基岩的埋藏条件；查明散土废石的组成、均匀性及其在水平方向和垂直方向上的变化规律；调查含水层的埋藏条件，地下水类型，补给排泄条件，各层地下水位，调查其变化幅度；对缺乏常年地下水位监测资料的地区，宜设置长期观测孔，对有关层位的地下水进行长期观测。

岩土的工程地质勘察中，需要借助各种勘探设备工具，通过工程地质勘探工作查明地下岩土的分布。工程地质勘探包括井探、槽探、钻探、触探、物探等。当用钻探方法难以准确查明地下情况时，可采用探井、探槽进行勘探。在坝址、地下工程、大型边坡等勘察中，当需详细查明深部岩层性质、构造特征时，可采用竖井或平洞。

4.1.1.1 排土场工程地质钻探

在工程中，钻探是目前最常用、最广泛、最有效的一种勘探手段。它利用钻探设备的工具，从钻孔中取出岩土试样，以测定散体的分布物理力学性质，鉴别和划分地层。钻探就是利用机械动力联动设备使钻具回转（冲击），破碎孔底岩土，并将岩土带出地面，如此不断加深孔深，到达预计深度为止，在钻探过程中要记录变层深度，以便分析垂直方向的粒径分布情况。常用的钻探方法有冲击法、回转法。冲击法是靠重力对孔底进行反复的冲击，使得孔底岩土全部被破碎，这也称全面钻进，这种方法不适合分析粒径分布。而回转法利用圆环形回转钻头，借助轴向压力和回转力的作用，使其不断地得到推进，这种方法对土样的破碎要小很多。钻探方法可根据岩土类别和勘察要求按表 4-1 选用。

表 4-1 钻探方法的适用范围

钻探方法		钻进岩层					勘察要求	
		黏性土	粉土	砂土	碎石土	岩石	直观鉴别	
							采取不扰动试样	采取扰动试样
回转	螺旋钻探	√√	√	√	○	○	√√	√√
	无岩芯钻探	√√	√√	√√	√	√√	○	○
	岩芯钻探	√√	√√	√√	√	√√	√√	√√

续表4-1

钻探方法		钻进岩层					勘察要求	
		黏性土	粉土	砂土	碎石土	岩石	直观鉴别	
							采取不扰动试样	采取扰动试样
冲击	冲击钻探	○	○	√√	√√	○	√	○
	锤击钻探	√√	√√	√√	√	○	√√	√√
振动钻探		√√	√√	√√	√	○	√	√
冲洗钻探		√	√√	√√	○	○	○	○

注："√√" — "适用"；"√" — "部分适用"；"○" — "不适用"。

在钻探过程中，应注意对孔壁的加固。由于排土场是由散体材料组成的，在钻孔中难免需要对孔壁进行加固。钻探时钻孔部位将留一个孔穴，会破坏原来地层的平衡条件。因此，为了防止孔壁坍塌、隔离含水层及防止冲洗液漏失等，在钻孔过程中应采用专用泥浆做冲洗液和下金属套管到孔内的方法，保证孔壁的安全。

4.1.1.2 排土场岩土试样的采取

根据工程经验，排土场矿岩散体试样应根据试验目的按表4-2分为四个等级。

表4-2 土试样质量等级

级别	扰动程度	试验内容	级别	扰动程度	试验内容
Ⅰ	不扰动	土类定名、含水量、密度、强度试验、固结试验	Ⅲ	显著扰动	土类定名、含水量
Ⅱ	轻微扰动	土类定名、含水量、密度	Ⅳ	完全扰动	土类定名

注：1. 不扰动是指原位应力状态虽已改变，但土的结构、密度和含水量变化很小，能满足室内试验各项要求；
2. 除地基基础设计等级为甲级的工程外，在工程技术要求允许的情况下可用Ⅱ级土试样进行强度和固结试验，但宜先对土试样受扰动程度作抽样鉴定，判定用于试验的适宜性，并综合地区经验使用试验成果。

在钻孔过程中，为了获得所需要的散体材料的粒径分布资料，必须在不同的深度取样，试样采取的工具和具体方法见表4-3。取样方法有以下几种：

(1) 所钻岩土附在钻具上与钻头一起提出。这种方法适宜在浅孔钻深中钻进黏性土或砂土时，将试样随着勺形或螺旋钻头一起提出地表。

(2) 用抽筒（捞砂筒）将岩粉或砂取出。这种方法适宜在冲击钻探中钻进砂土或岩石时使用，是把岩粉或砂粒用泥浆混成稠浆状，然后用抽筒汲至地表。

(3) 岩芯或土样随岩芯管取芯器或取土器提出孔外。

表4-3 不同等级土试样的取样工具和方法

土样等级	取样工具和方法		适用土类										
			黏性土					粉土	砂土				砾石、碎石土、软岩
			流塑	软塑	可塑	硬塑	坚硬		粉砂	细砂	中砂	粗砂	
Ⅰ	薄壁取土器	固定活塞	√√	√√	√	○	○	√	√	○	○	○	○
		水压固定活塞	√√	√√	√	○	○	√	√	○	○	○	○
		自由活塞	○	√	√√	○	○	√	√	○	○	○	○
		敞口	√	√	√	○	○	√	√	○	○	○	○
	回转取土器	单动三重管	○	√	√√	√√	√√	√√	√√	√√	○	○	○
		双动三重管	○	○	○	√	√√	○	○	○	√√	√√	√
	探井（槽）中取块状土样		√√	√√	√√	√√	√√	√√	√√	√√	√√	√√	√√

续表4-3

土样等级	取样工具和方法		适用土类										
			黏性土					粉土	砂土				砾石、碎石土、软岩
			流塑	软塑	可塑	硬塑	坚硬		粉砂	细砂	中砂	粗砂	
Ⅱ	薄壁取土器	水压固定活塞	√√	√√	√	○	○	√	√	○	○	○	○
		自由活塞	√	√√	√√	○	○	√	√	○	○	○	○
		敞口	√√	√√	√√	○	○	√	√	○	○	○	○
	回转取土器	单动三重管	○	√	√√	√√	√	√√	√√	√√	○	○	○
		双动三重管	○	○	○	√	√√	○	○	○	√√	√√	√√
	厚壁敞口取土器		√	√√	√√	√√	√√	√	√	√	√	√	○
Ⅲ	厚壁敞口取土器		√√	√√	√√	√√	√√	√√	√√	√√	√√	√	○
	标准贯入器		√√	√√	√√	√√	√√	√√	√√	√√	√√	√√	○
	螺纹钻头		√√	√√	√√	√√	√√	√	○	○	○	○	○
	岩芯钻头		√√	√√	√√	√√	√√	√√	√	√	√	√	√
Ⅳ	标准贯入器		√√	√√	√√	√√	√√	√√	√√	√√	√√	√√	○
	螺纹钻头		√√	√√	√√	√√	√√	√	○	○	○	○	○
	岩芯钻头		√√	√√	√√	√√	√√	√√	√√	√√	√√	√√	√√

注：1. 采取砂土试样应有防止试样失落的补充措施；有经验时可用束节式取土器代替薄壁取土器。
2. √√—适用；“√” — “部分适用”；“○” — “不适用”。

4.1.1.3 排土场勘察点间距和钻孔深度

排土场勘探线勘探点间距可按表 4-4 确定，局部异常地段应予加密。

表 4-4 勘察勘探线、勘探点间距 (m)

地基复杂程度等级	勘探线间距	勘探点间距
一级（复杂）	50~100	30~50
二级（中等复杂）	75~150	40~100
三级（简单）	150~300	75~200

注：控制性勘探点宜占勘探点总数的 1/5~1/3，且每个地貌单元均应有控制性勘探点。

排土场勘探孔深度可按表 4-5 确定。当遇下列情形之一时，应适当增减勘探孔深度。当勘探孔的地面标高与预计整平地面标高相差较大时，应按其差值调整勘探孔深度；在预定深度内遇基岩时，除控制性勘探孔仍应钻入基岩适当深度外，其他勘探孔达到确认的基岩后即可终止钻进；在预定深度内有厚度较大，且分布均匀的坚实土层（如碎石土、密实砂、老沉积土等）时，除控制性勘探孔应达到规定深度外，一般性勘探孔的深度可适当减小；当预定深度内有软弱土层时，勘探孔深度应适当增加，部分控制性勘探孔应穿透软弱土层或达到预计控制深度；对重型工业建筑应根据结构特点和荷载条件适当增加勘探孔深度。

表 4-5 勘探孔深度

工程重要性等级	一般性勘探孔/m	控制性勘探孔/m
一级（重要工程）	≥15	≥30
二级（一般工程）	10~15	15~30
三级（次要工程）	6~10	10~20

注：1. 勘探孔包括钻孔、探井和原位测试孔等。
2. 特殊用途的钻孔除外。

4.1.2 排土场稳定性计算方法

露天矿生产剥离的松散颗粒体经汽车、铁路或胶带机运输、通过推土机、装载挖掘机或排岩机倾倒堆积在沟谷或坡地上形成排土场，属于边坡工程范畴。稳定性分析中，基本模型的概化和力学参数的选择必须建立在现场地质调查形成的初步判断上。即使摒除了参数取值上的经验和主观因素，极限平衡分析所获取的安全系数也难以刻画滑体变形破坏过程、滑带流变性和非刚性特征（这恰恰也是排土场管理过程中最直观的现象）。同时，由于引入了最小安全的搜索过程，其最终结果往往是小于真实解的、留有余地的安全系数。因此评价结果要真正服务和指导工程实践，还应构架以安全系数为核心，以失效概率（评价的确定性问题）和变形破坏机理（起动和形式、终止条件）为基本点的全面的评价系统。应采用允许变形和部分破坏的设计理念，关联安全等级与控制标准，考虑降雨及地震工况组合，建立以安全系数为主，综合应力场、位移场、塑性区分布特征的综合评价方法，稳定性计算分析采用工程地质勘查、室内外试验、工程类比现场检测，并通过以极限平衡计算为主要手段的稳定状态评价（安全系数和破坏概率）和机理预测分析（起动机理、变形与破坏形式）。排土工艺决定了排土场在废石颗粒的分层特征，堆置形状要素确定了整体几何形态。因此计算方法应根据排土工艺、堆置形状要素和潜在的破坏方式选取稳定性计算方法。

由于模型和参数的不确定性是岩土工程的固有特征，因此分析中宜采用定性分析和定量计算相结合，基于定性分析初步判断模型代表性和参数的合理性，并确保定量计算结果和现状拟合。当采用工程地质类比法时，应结合类似排土场破坏机理、主要影响因素等判别破坏方式，基于不同排土场台阶即排弃点的既有滑坡的特性特征，遵循类似性、系统性、选择性、目标控制、可比度等工程类比条件，对工程条件（排土工艺、土场规模及堆置尺寸效应）和地质条件（地基及排土料物理力学性质，坡高、坡比和坡型，降雨和地震或爆破震动诱发）进行类比，获取潜在的破坏机制。

通过对国内外露天矿排土场的综合调查分析表明，排土场潜在失稳模式有三种：沿排土体-原始山体表面接触带滑坡、排土本体（内部）近程滑动、排土场基础滑坡。沿排土场堆置的基底表面-原始山体表面接触带产生的滑坡，主要控制因素是基底表面倾角及其与排弃物之间的强度指标差异。由于排土场形成初期全部排弃土，强度低、结构疏松，大气降雨后必然形成排弃物与基底表土层的渗透差异，水易沿着基底表面滞流，浸润后容易软化，强度降低，当排土体和地基接触带抗剪强度小于排土场物料本身的抗剪强度，则构成边坡滑体的滑动面，产生沿基底表层的顺坡向破坏。因此，当破坏模式为沿表土-基岩界面或排土体-地基界面折线破坏时，可采用传递系数法、Janbu 法或者强度折减法；当破坏模式为沿表土-基岩或排土体-地基的单一平面破坏时，可采用 Bishop 法、强度折减法或瑞典条分法。

排土场（内部）近程本体滑动是指地基岩层相对稳定，而散体岩石力学性质相对较差，排土堆高到一定程度后，外荷载作用（如继续堆载或排土设备加载）下，地基沉陷，诱使排弃物压密变形增大，处于极限平衡后，排土场后部一定范围内，由于自重先期压实沉陷而形成的主动楔形区，在其他外力及降雨等因素的诱发下，下部阻挡被动楔难以支撑，导致排弃物料内部滑坡。最常见的排土场内部滑坡引发因素有两个：一个是内因，主要受物料特性自身影响，如排土料中黏土或细颗粒含量较高时，由于压实沉降，在边坡内部的孔隙压力增高，应力集中，降低了潜在滑动面的摩阻力；或者由于岩土混排，在排土场内形成软弱层，在雨水作用下，同样降低了潜在滑动面的摩阻力而形成滑坡；二是外因，主要受堆高、水浸润或爆破震动影响，排土场台阶高度超过散体岩石堆积极限高度，下部阻挡被动楔难以支撑滑坡，水浸润或爆破震动诱发和降低排土体自身性质。排土场内部滑坡一般为圆弧形画面，滑坡面穿过边坡内部而出露于坡面。这种滑坡一般距离不远，一次滑动后随即稳定，若继续排土，则再一次发生滑动。排土过程中一般都会发生。这类滑坡模式的第二潜在滑面一般平行于或略大于排弃物料的自然安息角，这个潜在滑面也就是排弃物料内部弱面。形成这种弱面的原因在于：

（1）排土场堆置方式不当所造成的弱面，诸如在排土场由坚硬岩石组成的坡面上排放大面积薄薄一层黏土而形成的人工弱面。

（2）气候造成的弱面。当冬季寒冷时，坡面上存有较厚的冰雪层，若在其上面排弃土岩，则形成冰雪夹层，当春天骤暖时，冰雪融化，可能沿冰雪夹层和表面浸润的土岩形成气候弱面。排土场基础滑坡指排土场地基较为软弱，或地基含软弱层或正断层时，加上水、过载或边坡过陡等因素的影响。在上部土场作用下产生滑移和底鼓，进而牵引上部土场滑坡。在排土场形成过程中，随着排弃高度的不断增加，排弃物料的重力加大，基底土持力层厚度亦随之加深，当排弃物达到一定水平时，基底持力层遇有连续性好的、强度低的黏土软弱带或软塑带，软弱带被挤压产生塑性流动挤出，下部基底隆起剪切而产生破坏。

排土本体（内部）近程滑动及排土场沿基础滑坡的滑动面基本为圆弧状。因此，当这种破坏模式为圆弧破坏时，可以采用 Morgenstern-Price 法、Bishop 法、Spencer 法或强度折减法。当破坏模式为沿土体-地基的单一平面破坏时，可采用传递系数法、强度折减法。

工程实践中，为减少征地，最大限度增加容量，往往利用凹型山谷的夹持效应形成凸型排土场边坡，这是不可回避的现实。通过凹型地基转移承受排土体下部的水平力，阻止散体指向坡面的水平位移（最大值点也是潜在滑动面的出露点），有利于排土场的稳定性。大量的工程实例表明，上宽下窄山谷型排土场自然安息角往往高于平地型或坡面堆积型，其根本原因正是由于排土场空间效应使然。级配、岩性、粗粒含量相同的排土散体，即使自然安息角一致，设计的排土场边坡角也会存在较大差异。分析中，必须根据地基形状，兼顾排土工艺（关键是推进方式）分别对待。仅用二维的分析，必然导致较大的误差，甚至形成错误判断，无益于工程实践，其结果是安全性和经济性完全不能统一。因此排土场稳定性论证应采取极限平衡法与有限元、有限差分、离散元等数值计算法综合进行分析。同时，排土场堆置为空间谷堆型或曲率半径小于 2 倍的堆置高度时，应采用三维模型计算。计算方法可采取严格三维极限平衡方法或三维强度折减方法。

4.1.3　排土场稳定性计算模型与参数

计算模型及剖面的典型代表性是保证分析成果的可靠性和可信性的关键。露天矿排土场用地约占矿上用地的 30%~50%，由于场址的不可选择性或征地难，只能采取加高覆盖的排弃方案，空间效应越来越突出，从平面上的单一凸型（垂直于排土方向）逐渐演化成“高谷堆型”，稳定性评价面临非三维模型不能解决的困境。过程安全性将日益彰显。岩土工程特点决定了排土场工程计算模型同样应综合地形地貌、地基特征、水文地质特征、物料特征、排土场堆置要素、堆积过程等确定。

由于排岩作业分阶段、分区域进行，因此地基和排土场堆排物料散体空间组合不断改变。排土场堆排物料散体结构特征（粒径、颗粒级配、密度、均匀性）决定了系统的力学行为是具有不同尺寸、性状的碎块石在变化的排岩荷载下协调变形、相互作用的结果。从坡脚到排土平台坡顶，排土场堆积散体以固定的自然安息角存在，基底承受平行于排土场坡面的荷载，表现为沿坡顶到坡脚处逐渐减小，其结果是，排土层自身各部位固结应力基本线性增长，导致颗粒相互滑移、充填、粗大颗粒棱角或者颗粒破碎和重排，物理性质上主要表现为表观密度、密实度和孔隙率空间的差异，以及其力学特性呈现分层性。研究表明排土散体主要表现为非线性力学特性。

（1）空间变异性。一方面，初期剥岩时，表土散体透水性差、黏土矿物含量高、摩擦强度低、风化严重；而后期则相反。另一方面，松散岩石自坡顶排弃，由于分选作用，大块岩石滚至排土场坡底，而小块岩石则大部分停在排土场上部，筛分试验表明，粒度组成符合 Rosin-Ramuler、Gaudin-Schuhmann、Gibrat 函数或分形特征。

（2）时间相关性。针对在排和终排取样进行室内大三轴试验表明，不同时间段，因颗粒重排、充填、压缩、固结作用，同一分区在不同阶段具有迥异的强度和变形特征。

（3）有条件转化性。在不同阶段，颗粒破碎和湿化作用对剪胀性和抗剪强度指标产生明显影响，导致排土场边坡表现出稳定性有条件转化。

（4）相互作用性。不同于其他地基，排土场地基表土一般未清除。滚落至坡脚的大块废石撞、挤、压、推、剪、切入地基，废石料-表土相互作用，呈蜂窝状离散嵌在表土中。受表土性质与厚度影响，形成新组构及力学特征的极薄、薄、厚接触界面。

目前在排土场论证中很多未考虑排土料自身工程特征，将岩、土或尾矿料与排土料混淆，选取了不符合工程实际特征的力学参数，导致计算结果错误。因此，排土场散体排弃物料的力学指标宜根据室外初步筛分试验和室内重组样大三轴试验成果确定。对新建矿山排土场没有条件进行试验的，可基于岩土特征和开采工艺、排土工艺，根据物料岩性相似性、破碎方式相似性确定其颗粒级配，结合堆置要素等通过工程类比方法，确定排弃物料的力学指标。如无类似项目，宜从相邻矿山采取母岩相近粗粒料基于破碎方式进行排弃物料颗粒级配筛分及物理力学性质试验。同时考虑数值模拟技术的发展，也可通过颗粒流或元胞自动机等数值分析方法进行虚拟试验选取。

排土场的稳定性取决于其本身的地质结构、地基及堆积物料的力学性质以及地下水渗流场的分布、动力荷载的大小等多方面的因素。因此排土场稳定性计算工况应根据散土体自重、降雨及地下水、地震或爆破震动影响确定，一般包括自然工况、降雨及地下水工况、地震或爆破震动工况（地震烈度大于或等于 7 度时考虑）三种，当排土场影响范围内存在重要设施时，荷载也应考虑在内。

4.1.4 排土场稳定性标准

以破坏强度为根据，将抗滑力（矩）和滑动力（矩）比值定义为安全系数 F_s，作为稳定与否的评价指标已广为工程界所熟悉。$F_s=1$，极限平衡；$F_s>1$ 时，稳定；$F_s<1$ 时，处于失稳状态。此准则并不反映不同工程边坡不同稳定性的要求；同时，不同性质的工程安全性评价标准也不同。此处考虑排土场地基坡度、基础力学性质、排土料岩性、混合体坡高和坡脚线距离比等因素，结合区分作业台阶安全和整体稳定性标准，确定排土场等级与计算工况。主要考虑如下因素：

（1）排土场安全主要以整体安全为主，依据排土场等级划分制定标准。研究表明：无论是地基还是排土物料，其参数具有变异性。按照岩土强度取概率分布曲线的 0.25、0.20、0.10 分位值，假定变异系数为 0.33，得到安全系数为 1.25 时，按岩土体强度平均值得到的安全系数将为 1.4~1.5，其年破坏概率为 10~4 级。因此，对一级排土场，将整体安全标准限制为 1.25~1.30，体现了安全性与经济性的统一。

（2）考虑排土场空间效应，从地形上将山谷划分为敞口式（发散效应）和收口式（夹持效应）；根据国内外大量调查统计资料表明，当排土场基底地面自然坡小于 24°，排土场不会发生沿界面的整体下滑，其稳定性良好。我国铁（公）路路基设计时，同常把地面横坡限制在 1:2.5 以下，作为区分陡坡路基进行个别设计的范围。这个坡度大体上也是在 20°~24°，这说明以地面坡度不超过 24°作为评判土工构筑物（含排土场）是否可能发生整体下滑的界限是符合设计现状的。排土料的自然安息角范围为 30°~38°，当地面坡度超过 24°时，极易发生整体沿接触面滑坡，需在坡脚处采取防护工程措施；当地面坡度再陡甚至超过 45°时，除在坡脚处具有逆向地形易形成天然稳定基础外，将难以保持排土场整体稳定。因此将地面坡度阈值设定在 24°和 38°（坡脚具有逆向地形除外）。

（3）坡高增加导致排土场坡脚应力集中进而底鼓，在坡高大于 150m 时，失稳概率增高，因为高排土场自身固结变形过大（沉降 20%，达到 30m，不利于上部排土作业）。

（4）将经济损失（或人员死亡）概化为有影响和无影响，体现了工程科学的以人为本和可持续发展的要求。

（5）基于排土场滑坡历史统计分析表明，对坡脚地基较好的排土场，发生滑坡的距离为 60%~100%的坡高；将坡脚线距离和坡高直接关联规划排土场等级，并基于排土场等级设定安全准则，体现了安全和经济的兼顾。

（6）降雨及地震耦合作用属于小概率事件（概率极值问题），对冶金矿山排土场工程不考虑，主要基于废石料岩性中黏粒含量较低（小于 0.05mm 的黏颗粒含量不超过 15%）。迥异于煤矿工程和尾矿库工程，排土本体基本不会发生流滑灾害问题。

（7）排土场下游是指主沟（坡）内废石堆积区潜在滑坡的影响区域。从国内外滑坡距离的调研数据表明，金属矿山排土场，滑坡距离最小为 70%的堆积高度，最大可达到 7 倍，主要受失稳规模（高度和体积）、场址气候特征、废石堆积体下伏地基覆盖层（坡度及岩性）共同作用。其确定可基于工程类比，采用等效摩擦系数方法或数值分析确定。

所以，根据其排土场的运行工况，其不同等级排土场对应的安全系数见表 4-6。其中，排土场的等级划分见表 1-8 和表 1-9。

表 4-6 排土场等级划分

排土场等级	安全标准		
	自然工况条件	降雨工况条件	地震工况条件
一等排土场	1.25~1.30	1.20~1.25	可在自然工况条件的基础上降低 0.05~0.10，但最低安全系数不得低于 1.10
二等排土场	1.20~1.25	1.15~1.20	
三等排土场	1.15~1.20	1.10~1.15	
四等排土场	>1.15	>1.10	

注：1. 自然工况条件——重力、稳定地下水位、正常施工荷载的组合。

2. 排土场下游存在村庄、居民区、工业场地等设施时，相应区域排土场安全标准应取上限值。

排土场降雨工况对应的降雨强度，对一、二级排土场不应小于50年一遇；三、四级排土场不应小于20年一遇。场地设计基本地震加速度取值如下：当地震烈度为6度取水平加速度0.05g，地震烈度为7度时取水平加速度0.10g或0.15g，地震烈度为8度时取水平加速度0.20g或0.30g，地震烈度为9度时取水平加速度0.40g。

对于在用的排土场，其坡面稳定性基本处于极限平衡状态。经过一定时间的自重固结和密实作用，其稳定性得以提高。因此排土台阶的过程稳定性控制关键是排弃过程中，应根据物料特性（主要是颗粒级配特征及其分选、偏析特征）、地基条件（主要是废石-地基接触界面坡度和抗剪强度）、单位时间和单位排土线长度的废石流量的控制来保证。对应于终了状态，可采用自重固结后的物理力学参数计算其稳定性。

4.2 基于极限平衡的排土场稳定性分析

4.2.1 排土场安全等级

排土场工程设计的理念是“少废、安全、低耗、环保”。

（1）少废。按照“3R”原则，即减量化（reduce），再使用（reuse），再循环（recycle），最大限度地减少废石产出。采用优化技术确定露天矿境界，尽可能降低剥采比；将废石用作筑路、筑坝等石料有效利用；循环利用排土场废水或从中提取有价金属。

（2）安全。保持排土后场地稳定，防止滑坡、泥石流等地质灾害的发生。

（3）低耗。缩短运距，减少运营费用；少占或不占耕地，降低投入。

（4）环保。有利于资源的综合利用与土地复垦、环境修复，减少粉尘影响和危害。

因此，排土场安全度分类，主要根据排土场的高度、排土场地形、排土场地基软弱层厚度和排土场稳定性确定。安全度分为危险级、病级和正常级，见表4-7。

表4-7 排土场安全等级

安全等级	判别条件	采取的措施
危险级（满足其中之一的定为危险）	（1）在坡度大于25°的地基上顺坡排土、在软弱层厚度大于10cm的地基上排土时，未采取安全措施，不能确保排土安全的； （2）排土场出现大面积非均匀沉降、开裂，坡面鼓出或地基鼓起等滑动迹象的； （3）排土场排土平台为顺坡的； （4）汽车排土场未建安全车挡，排土机排土安全平台宽度不够的； （5）山坡汇水面积大而未修排水沟或排水沟被严重堵塞的； （6）经验算，余推力法安全系数小于1.0的	企业必须停产整治，并采取以下措施： （1）处理不良地基； （2）处理滑坡，将各排土参数修复到设计范围内； （3）疏通、加固或修复排水沟； （4）对“危险”级排土场检查每周不少于1次
病级（满足其中之一的定为危险）	（1）排土场地基条件不好，但平时对排土场的安全影响不大的； （2）由于排土场段高而在台阶上出现较大沉降的； （3）排土场排土平台未反坡的； （4）经验算，余推力法安全系数大于1.00小于设计规范规定值的； （5）汽车排土场安全路堤达不到设计规范的要求的	企业应采取以下措施限期消除隐患： （1）采取措施控制排土沉降； （2）将各排土参数修复到设计范围内； （3）对“病级”排土场检查每月不少于1次

续表4-7

安全等级	判别条件	采取的措施
正常级（同时满足时定为正常）	（1）排土场基础较好或不良地基经过有效处理的； （2）排土场各项参数符合设计要求，余推力法安全系数大于1.15，生产正常的； （3）排水沟及泥石流拦挡设施符合设计要求	

对于建在陡坡场地的排土场应根据边坡类型和可能的破坏形式分析确定分别采用圆弧滑动法、平面滑动法、折线滑动法等方法进行稳定性验算。当被保护对象为失事后使村镇或集中居民区遭受严重害时，K_s 宜取 1.15~1.30，并应根据被保护对象的等级而定，其排土场稳定性验算的边坡稳定系数取值见表 4-8。

表 4-8　排土场边坡稳定性验算系数

保护对象失事后的受灾程度	边坡稳定验算系数 K_s
当被保护对象为失事后使村镇或集中居民区遭受严重灾害时	$K_s=1.30$
当被保护对象为失事后不致造成人员伤亡或者造成经济损失不大的次要建构筑物时	$K_s=1.20$
当被保护对象为失事后损失轻微时	$K_s=1.15$

其中主要构筑物是指失事后使村镇主要工业场地遭受严重灾害或主要交通干线运输中断的构筑物，如整治滑坡、泥石流的主体构筑物；次要构筑物是指失事后不致造成人员伤害或经济损失不大的构筑物，如护坡、谷坊、地表排水设施；临时构筑物是指防洪工程施工期使用的构筑物。

4.2.2　排土场现场调查

江西某铜矿排土场排放废石料时，部分是在 413m 高程处往下直接堆积于 300m 平台，部分堆积于300m 高程靠近选矿厂处。在300m 高程平台区出现有大量的裂缝出现，在靠近大山选矿厂附近的平台上，部分地区出现明显的滑移台阶（图 4-1），表明在这些地区已经出现不稳定，部分堆积的废石散体向尾矿库内滑落。在靠近 413m 平台底部的 300m 平台上也出现一些裂缝，部分延伸有 25m，表明这些地方也开始出现不稳定现象，且这些裂缝内有酸性水雾出现，在雨天或雾天尤为明显，显示这些裂缝向下伸展一定深度。

图 4-1　排土场顶部平台裂缝分布

现场调查发现，在排土场的堆积平台无明显的积水现象，在雨天形成的水坑在雨过后一两天内能较快地渗入地下，排至尾矿库中，表明排土场散体材料渗透性能较好，排渗通道畅通，能够在较短时间内排掉排土场内部的雨水。

根据现场调查可知，此排土场的堆积散体材料的渗透系数较大，水补给主要依靠降雨，由于其下部是尾矿库，因此排土场内部的浸润线主要与尾矿库的水位相关。在排土场内部部分地方的浸润线与底部的地形分布有较大的关系。具体的浸润线分布情况见后面的计算分析。

根据现场测量的裂缝分布，其裂缝分布主要有以下几个主要的特征：

（1）裂缝在平面上不完全是直线状，部分地区发生弯曲，局部地区的裂缝发生交叉，形成网状裂缝分布，在测量时只能选择其中主要的伸展方向进行测量，在平面图上显示裂缝在中部发生弯折。

（2）在300m高程上，裂缝主要在靠近尾矿库附近大量发育，距离尾矿库越近，裂缝越发育，其宽度越大，裂缝两侧的高差也越大。裂缝相互之间近似平行分布，分布方位与边坡靠近尾矿库的边缘处大致接近。

（3）裂缝的发育与距尾矿库的距离有较大关系。在几个地方，靠近尾矿库位置处，两条裂缝之间的间距较小，有些地方间距不到1m，离尾矿库距离越远，裂缝间的间距逐渐增大，大致在4~8m左右变化；最远一条裂缝距尾矿库的距离约50m。

（4）裂缝宽度与两侧的高差和堆积时间有较大关系。在堆积时间较长的地方，裂缝错开明显，靠近尾矿库位置处，裂缝最大张开约有0.5m，两侧的高差最大约有1.5~2m，整个平台处呈明显的台阶状，可以看出存在明显的滑移现象（图4-2）；照片显示，越靠近尾矿库，临空面变形越大，排土场在此位置处产生滑移的可能性越大。当排土位置底部为山体时，由于山体对排放的散体材料具有限制作用，裂缝在靠近山体时发育截止或者很少发育。

图4-2 排土场现场调查

（5）在413m平台上，由于堆积时间相对较短，平台大而平整，因此裂缝发育相对较新，裂缝宽度较小，除了一条裂缝外其他均小于10cm，整体比300m平台小；裂缝延伸较长，最长的可达55m。

排土场的散体材料在沿平台边缘向下倾倒自然滚落过程中，由于密度与重量的差异，会形成一个自然堆积的斜坡，大的块石由于重量大会堆积于底部，小粒径的颗粒由于重量轻不易发生滚动，而是在坡面上产生滑移，主要分布于中上部；在此坡面上散体材料保持一种极限平衡状态，当没有外力作用时整个坡面的颗粒保持稳定，不会发生滑动；当再有新的废料倾倒时，原有的平衡产生破坏，在局部地区的颗粒会再产生滑动，形成新的平衡；在此过程中，形成的自然堆积的坡角基本保持不变，测量此角度可以为排土场的剖面建立提供基础。

在现场，通过两种方法对此自然堆积的坡角进行测量，分别为图像法与直接测量法。图像法的测量是指从远处对形成的自然堆积边坡进行拍照，通过测量垂线与边坡的边界线之间的夹角来计算边坡的自然堆积边坡角。直接测量法则是在斜坡上的不同位置利用罗盘直接测量边坡角，再取其均值作为边坡角。对排土场形成的自然堆积坡角分别用两种方法进行了测量。

从两种测量方法得出的结果可以看出：

（1）排土场散体材料在自然滚落后形成的自然边坡角由边坡上面向下部，角度由大变小，不完全相同，此结果由直接测量法可以反映出，图像法由于测量时将整个边坡的边界作为一条线处理，只有一个结果。

（2）用图像法测量得到的边坡角在35°~38°之间变化，其均值在37°附近；用直接测量法得到的边坡角在36°~39°之间变化，均值在38°附近。直接测量法得到的结果比用图像法得到的结果偏大，其原因在于越靠近边坡上部，角度变大，导致整个结果的平均值变大。

4.2.3 排土场现场勘察

为更好地了解排土场内部情况，在300m平台上选择合适的位置布置了钻孔，进行现场地质钻探工作，图4-3为现场钻探图。

图4-3 排土场平台现场钻探照片

钻探过程中每隔 3~4m 进行现场取样，在深部则为 5m 左右取一次样，在现场对试样进行初步分析，再进行室内颗分试验，从而确定出在不同深度处散体材料的粒径分布规律，验证现场调查规律。

图 4-4 所示为现场钻井柱状图。

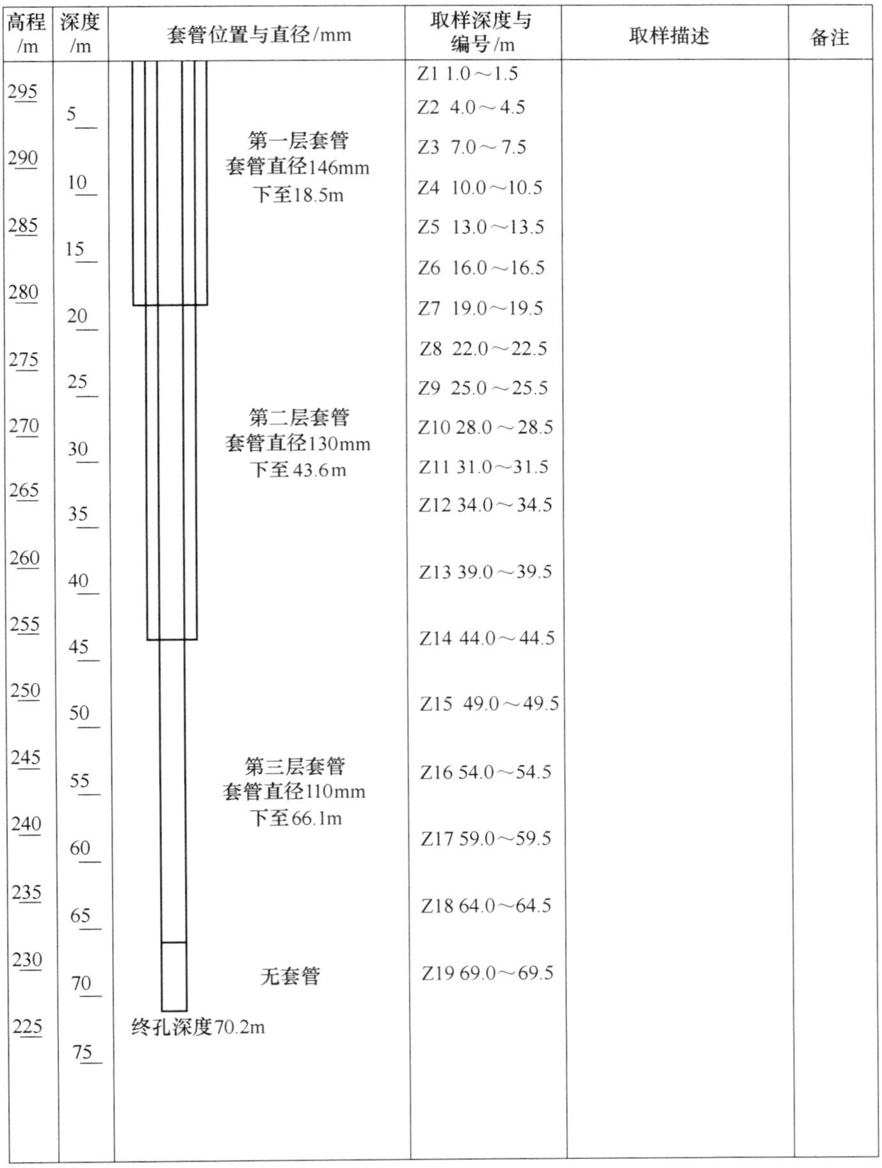

高程/m	深度/m	套管位置与直径/mm	取样深度与编号/m	取样描述	备注
295	5		Z1 1.0～1.5 Z2 4.0～4.5		
290	10	第一层套管 套管直径146mm 下至18.5m	Z3 7.0～7.5 Z4 10.0～10.5		
285	15		Z5 13.0～13.5		
280	20		Z6 16.0～16.5 Z7 19.0～19.5		
275	25		Z8 22.0～22.5 Z9 25.0～25.5		
270	30	第二层套管 套管直径130mm 下至43.6m	Z10 28.0～28.5		
265	35		Z11 31.0～31.5 Z12 34.0～34.5		
260	40		Z13 39.0～39.5		
255	45		Z14 44.0～44.5		
250	50		Z15 49.0～49.5		
245	55	第三层套管 套管直径110mm 下至66.1m	Z16 54.0～54.5		
240	60		Z17 59.0～59.5		
235	65		Z18 64.0～64.5		
230	70	无套管	Z19 69.0～69.5		
225	75	终孔深度70.2m			

图 4-4　排土场现场钻探柱状图

4.2.4　排土场计算剖面

进行计算时考虑以下几个方面因素的影响：

（1）排土过程中粒径分布规律，及其与岩土材料物理力学参数之间的关系。根据现场地质调查的颗分结果可知，散体材料在沿台阶倾倒堆积时，不同高度位置处的颗粒粒径不同，在同一高度不同的空间位置处，可以认为其粒径分布规律相同，即在同一水平面上的粒径相近，在二维剖面中则表现为同一水平线上材料的粒径与力学性质相同。

（2）排土场底部地基土的厚度分布规律。根据收集的资料与现场勘探结果可知，地基土主要分布于山脚地区，在山坡上分布较薄，反映至剖面图中则显示为坡面上约厚 0.5~1.5m 左右，在山脚地带厚度较大，约有 2~4m。

（3）实验过程中选取的两种材料，在从坡顶向下自然排放滚落过程中，相互之间混杂堆积，同时，滚落过程中的粒径分布规律相同，力学性质差异不大，因此在计算过程中两者作为一种材料处理，力学强度指标参考两种材料进行取值。

（4）剖面根据台阶位置不同，将两个相邻台阶之间的材料，自上向下划分出三层，每一层材料进行参数取值时需要根据其在排土高度对应的位置进行确定。

（5）排土场内部渗流场的变化，在进行稳定性计算之前，需要对选定的剖面进行渗流场的计算，了解堆积体内部的浸润线变化规律。

（6）排土过程中，通过建立不同剖面来体现排土规划与工艺对边坡稳定性的影响。

根据现场调查结果，同时参考已有研究的资料，在排土场现状图中确定 1 条代表性剖面，相应的计算剖面见图 4-5。

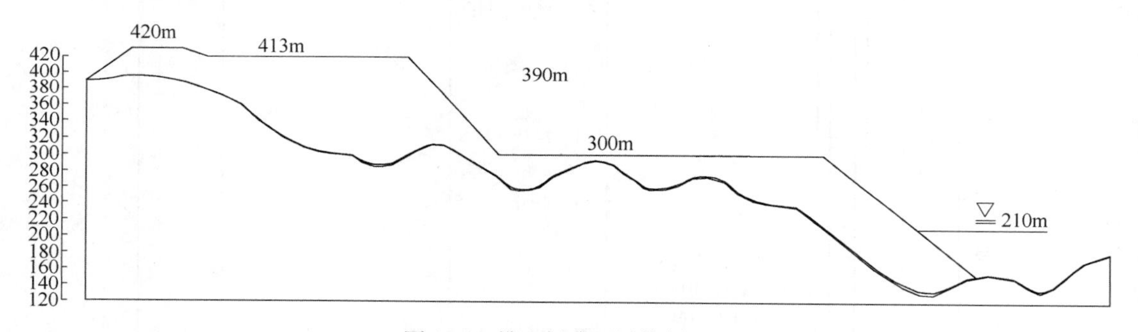

图 4-5　排土场典型计算剖面图

4.2.5　排土场渗流场分析

常规的边坡稳定性分析中，地下水渗流会对稳定性产生很大的影响，主要表现为静水作用与动水作用。静水作用表现为水与边坡中的岩土体相互作用，改变其力学强度，同时水会产生浮力作用，对边坡稳定性产生影响；动水作用主要体现在降雨过程及之后水的下渗、冲刷作用对边坡稳定性的影响。因此稳定性分析之前，需要了解排土场内渗流场的分布规律。

在二维稳定流场计算中，设水流运动符合达西定律：

$$v_x = -K_x \frac{\partial H_5}{\partial x} \tag{4-1}$$

$$v_y = -K_y \frac{\partial H_5}{\partial y} \tag{4-2}$$

式中　v_x，v_y——在 x、y 方向上的渗透速度；

K_x，K_y——在 x、y 方向上的渗透系数；

H_5——水头值函数：

$$H_5 = Z + P/\gamma_w \tag{4-3}$$

Z——所讨论点相对于基准线的高度；

P——该处水压力；

γ_w——水的重度。

根据稳定条件可得到关于水头值的准调和微分方程式：

$$\frac{\partial}{\partial x}\left(K_x \frac{\partial H_5}{\partial x}\right) + \frac{\partial}{\partial y}\left(K_y \frac{\partial H_5}{\partial y}\right) + Q = 0 \tag{4-4}$$

式中　Q——产冰速率。

根据水头 H_5 的边界条件有：

$$H_5(x,\ y)\mid_{B_1} = H_{5'}(x,\ y) \tag{4-5}$$

$$K_{n_4} \frac{\partial H_{水头}}{\partial n}\mid_{B_2} = q(x,\ y) \tag{4-6}$$

式中　n_4——边界的法线方向。

根据已知的水文地质边界条件，利用 Geoslope 软件中的渗流场分析模型进行排土场的渗透场计算分析，得到剖面中的浸润线位置。根据排土场现场勘测及实验研究可知，排土场的渗透系数较大，降雨后的入渗地下水与地表径流能很快地排入下游的尾矿库中，降雨过程对浸润线的影响较小。因此此次渗流计算过程中未考虑降雨过程影响。排土场矿岩散体的渗透系数取为 3.2×10^{-2}cm/s，计算在 210m 水位时的渗透场分布与浸润线位置。图 4-6 为计算剖面的网格划分图，图 4-7 为计算结果图。

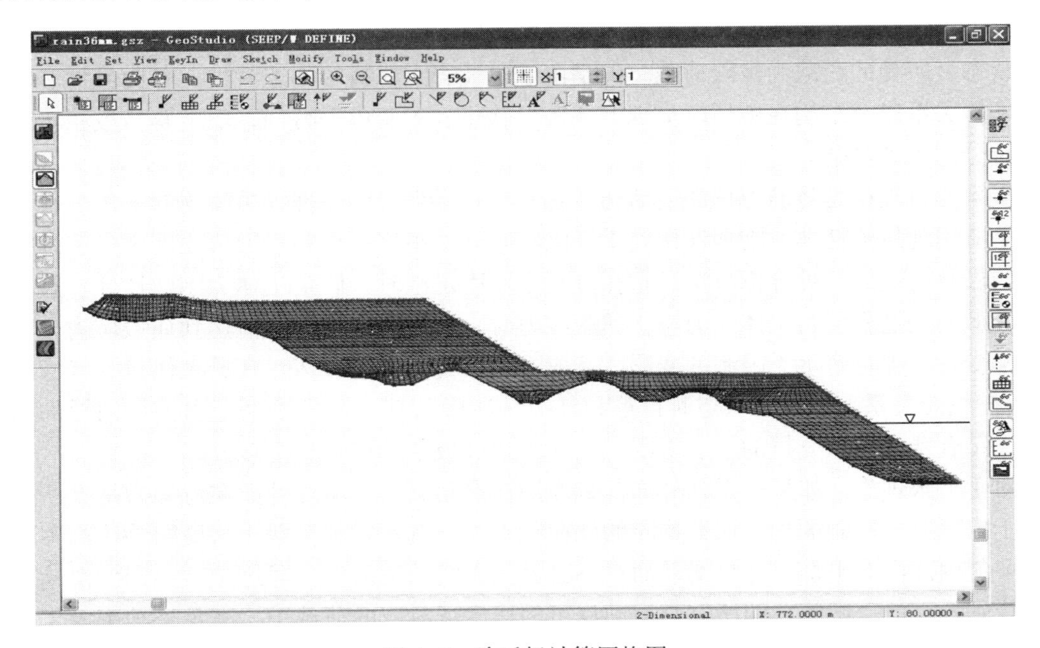

图 4-6　渗透场计算网格图

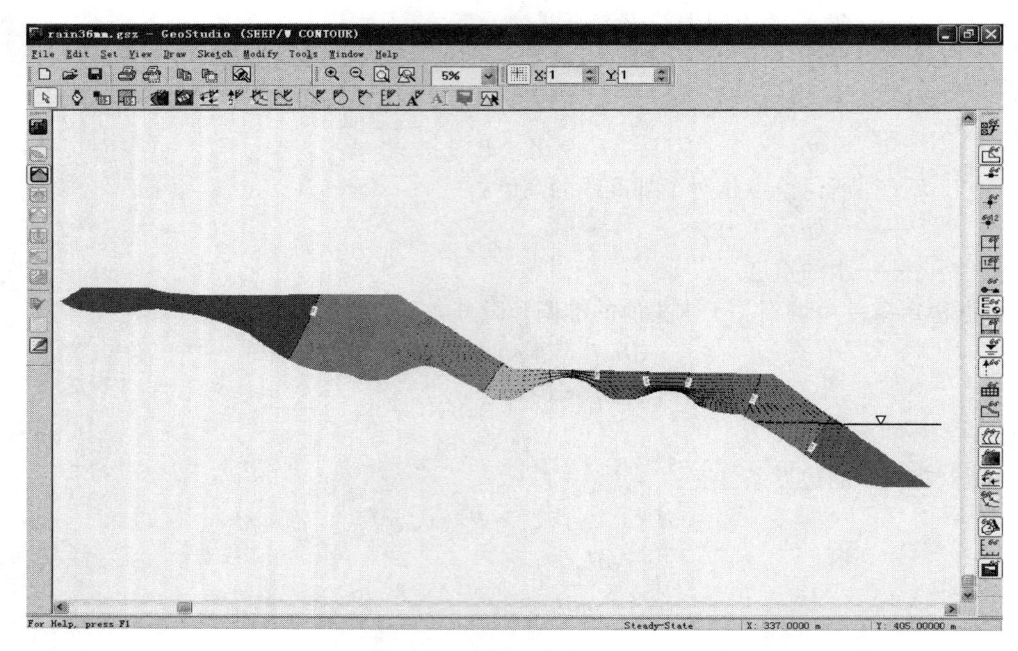

图 4-7 渗透场计算结果图

从计算结果可以看出，排土场内的浸润线位置与尾矿库的水位有较大的关系。剖面内部的浸润线为 218m，也即剖面内的浸润线仅比水位高几米。

4.2.6 边坡极限平衡分析法

极限分析方法将土体看作服从流动法则的理想塑性材料，基于这种理想土体材料性质，当外力达到某一定值时，可在外力不变的情况下发生塑性流动，此时边坡岩土体处于极限状态，所受的荷载为极限荷载。但是由于边坡岩土材料的不连续性、各向异性和非线性的本构关系以及结构在破坏时呈现的体胀、软化、大变形等特性，使求解边坡稳定问题变得十分困难和复杂。

极限分析理论是将静力场和运动场结合起来并提出极值原理以后建立起来的。极限分析法是应用理想塑性体或刚塑性体处于极限状态的极小值原理和极大值原理来求解理想塑性体的极限荷载的一种分析方法。它在分析土坡稳定性时，假定土体为刚塑性体，且不必了解变形的全过程，当土体应力小于屈服应力时，它不产生变形，但达到屈服应力，即使应力不变，土体将产生无限制的变形，造成土坡失稳而发生破坏。其最大优点是考虑了材料应力-应变关系，以极限状态时自重和外荷载所做的功等于滑裂面上阻力所消耗的功为条件，结合塑性极限分析的上、下限定理求得边坡极限荷载与安全系数。

对于上限理论，如果一系列外部荷载作用在滑动面上，而且外力在位移增量上所做的功等于内部应力所做的功，那么这时的外荷载不小于真实屈服荷载。这说明外荷载不一定必须要与内部应力平衡，并且滑动面也不必就是真实的滑动面。通过考察不同的滑动面就可以找到最小的上限解，即所有与运动许可的速度场对应的荷载中，满足外功率等于边坡在塑性变形中的能量耗散的荷载最小。

下限定理表明了如果能找到与应力边界上的外荷载平衡的整个土体内均等分布的应力，并且在土体内处处服从材料的屈服准则，那么这个外荷载不大于真实的外荷载。通过检验不同的许可应力状态，就可以找到最大的下限解，即在所有与静力许可应力场相对应的荷载中，满足屈服条件的荷载为最大。

上下限极限分析理论十分有用。一旦上下限被计算出来，那么真实的破坏荷载就包括在上下限解之间。这个特性在一些不能求出真实解的问题，如边坡稳定问题中十分有用，因为它可以提供检验近似破坏荷载的内在误差。

在工程实践中，可根据边坡破坏滑动面的形态来选择相应的极限平衡法。目前常用的极限平衡法有瑞典条分法、Bishop 法、Janbu 法、Spencer 法、Sarma 法、Morgenstern-Price 法和不平衡推力法等。极限平衡分析方法很多，在处理上，各种条分法在以下几个方面引入简化条件：

（1）对滑裂面的形状作出假定，如假定滑裂面形状为折线、圆弧、对数螺旋线等。

（2）放松静力平衡要求，求解过程中仅满足部分力和力矩的平衡要求。

（3）对多余未知数的数值和分布形状做假定，其每种方法的简化条件见表 4-9 所示。

表 4-9 常见条分法及其引入的简化条件

极限平衡条分法	对多余变量的简化假定
Ordinary/Fellenius（瑞典条分法）	条块间无作用力，力矩平衡
Bishop Simplidied（简化毕肖普法）	条块间只有水平力，力矩平衡
Gle/Mogenstern-Price（摩根斯坦-普赖斯法）	条间切向力（X）和法向力（E）之比与水平方向坐标之间存在一函数关系：$X/E = \lambda f(x)$
Janbu Simplidied（简化的简布法）	假定了条间作用力作用点的位置
Lowe-Karafiath（罗厄法）	假定条块间作用力为水平方向
Spencer（斯宾塞法）	条块间作用力为常数
传递系数法	假定了条间作用力的方向（等于条块底面倾角）
萨尔玛法	假定条间也满足极限平衡条件，可以任意条分
分块极限平衡法	假定条间也满足极限平衡条件，但需垂直条分

其中，安全系数定义（极限平衡条件）为：

$$c_e = \frac{c}{F_s}, \qquad \tan\phi_e = \frac{\tan\phi}{F_s}, \qquad \tau_f = c_e + \sigma_n \tan\phi_e \tag{4-7}$$

对于条块底部，如图 4-8 所示，满足极限平衡条件时有：

$$T_i = \tau_f l_i = c_e l_i + N_i \tan\phi_e = c_e \Delta x \sec\alpha_i + N_i \tan\phi_e \tag{4-8}$$

而对于每一个条块而言，可以建立的方程有 4 个，其中三个为平衡方程：

$$\begin{aligned} &\sum X_i = 0 \\ &\sum Y_i = 0 \\ &\sum M_{(o)} = 0 \end{aligned} \tag{4-9}$$

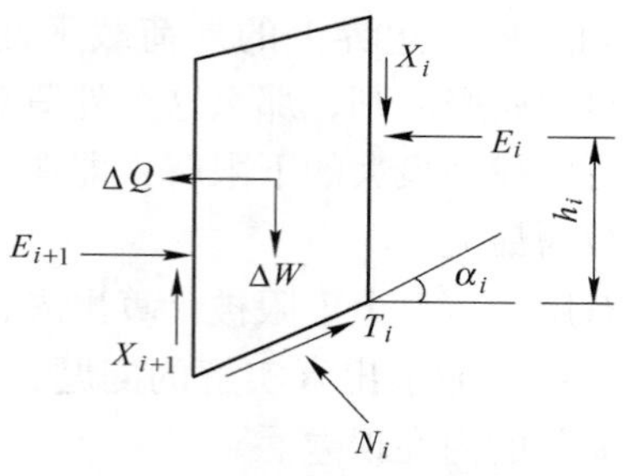

图 4-8　条块受力图

一个为在滑面上满足摩尔-库仑准则的破坏方程：

$$\tau_i = \sigma \frac{\tan\phi_i}{F_s} + \frac{C_i}{F_s}L_i \tag{4-10}$$

4.2.6.1　瑞典条分法

瑞典条分法又称费伦纽斯法（W. Fellenious）。瑞典圆弧法假定滑动面为圆弧且忽略土条两侧的作用力，其圆弧直径为 R，只满足整体力矩平衡。条块滑动面安全系数 F_s 定义为每一条块在滑动面上提供的抗滑力矩之和与外荷载及滑动体本身在滑动面上产生的滑动力矩和之比。图 4-9 为瑞典条分法的受力模型，作用在土条 i 上的作用力有：

（1）土条的自重 ΔW，其大小、作用点位置及方向均已知。

（2）条块底的法向应力 N_i 及切向应力 T_i，假定 N_i、T_i 作用在滑动面 ef 的中点，他们的大小均未知。

（3）ΔQ_i 为水平惯性力（即水平地震力），其作用点与土条底距离为 h_e。

（4）边坡表面垂直荷载 $q\Delta x$。

它主要是针对平面问题，假定滑动面为圆弧面。根据实际观察，对于比较均质的土质边坡，其滑裂面近似为圆弧面，因此瑞典条分法可以较好地解决这类问题。但该法不考虑各土条之间的作用力，将安全系数定义为每一土条在滑面上抗滑力矩之和与滑动力矩之和的比值，一般求出的安全系数偏低 10%~20%。其基本原理如图 4-9 所示。

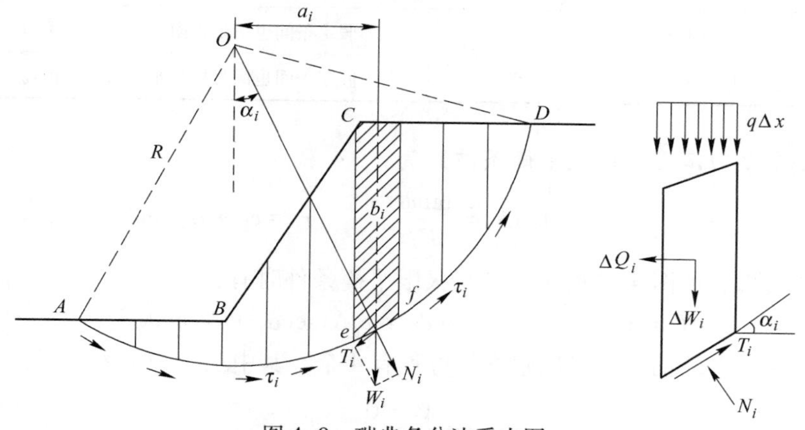

图 4-9　瑞典条分法受力图

可以看出，土条 i 的作用力中有 5 个未知数，但只能建立 3 个平衡条件方程，故为静不定问题。为了求得 N_i、T_i 的值，必须对土条两侧作用力的大小和位置做出适当假定。

瑞典条分法不考虑土条两侧的作用力，也即假设 E_i 和 X_i 的合力等于 E_{i+1} 和 X_{i+1} 的合力，同时它们的作用线重合，因此土条两侧的作用力相互抵消。这时，土条 i 仅有作用力 W_i、N_i 及 T_i，根据平衡条件可得：

径向力平衡：

$$(\Delta W_i + q\Delta x)\cos\alpha_i - \Delta Q_i\sin\alpha_i = N_i \tag{4-11}$$

斜向力平衡：

$$(\Delta W_i + q\Delta x)\sin\alpha_i - \Delta Q_i\cos\alpha_i = T_i \tag{4-12}$$

整体对 O 的力矩：

$$\sum(\Delta W_i + q\Delta x)R\sin\alpha_i + \sum\Delta Q_i(R\cos\alpha_i - h_{ei}) = \sum T_i R \tag{4-13}$$

即：

$$\sum T_i = \sum(\Delta W_i + q\Delta x)\sin\alpha_i + \sum\Delta Q_i\left(\cos\alpha_i - \frac{h_{ei}}{R}\right) \tag{4-14}$$

代入 $c_e=\dfrac{c}{F_s}$，$\tan\phi_e=\dfrac{\tan\phi}{F_s}$得

$$\sum(c_e\Delta x\sec\alpha_i + N_i\tan\phi_e) = \sum(\Delta W_i + q\Delta x)\sin\alpha_i + \sum\Delta Q_i\left(\cos\alpha_i - \frac{h_{ei}}{R}\right) \tag{4-15}$$

所以可以得到：

$$F_s = \frac{\sum(c\Delta x\sec\alpha_i + N_i\tan\phi)}{\sum(\Delta W_i + q\Delta x)\sin\alpha_i + \sum\Delta Q_i\left(\cos\alpha_i - \dfrac{h_{ei}}{R}\right)} = \frac{M_R}{M_S} \tag{4-16}$$

式中 α_i——土条 i 滑动面的法线（亦即圆弧半径）与竖直线的夹角；

c，ϕ——土的黏聚力及内摩擦角。

4.2.6.2 Bishop 法

瑞典条分法作为条分法中的最简单形式在工程中得到了广泛运用，但实践表明，该方法计算出的安全系数偏低。实际上，若不考虑土条间的作用力，则无法满足土条的稳定。随着边坡分析理论与实践的发展，许多学者致力于对条分法的改进。Bishop 假定圆弧滑裂面；条间切向力 $X=0$，建立了简化的 Bishop 方法。取单位长度边坡按平面问题计算，如图 4-10 所示。设可能的滑动圆弧为 AC，圆心为 O，半径为 R。将滑动土体分成若干土条，取其中的任何一条（第 i 条）分析其受力情况。作用在土条 i 上的作用力有：

（1）土条的自重 ΔW_i，其大小、作用点位置及方向均已知。

（2）条块底的法向应力 N_i 及切向应力 T_i，假定 N_i、T_i 作用在滑动面的中点，他们的大小均未知。

（3）土条两侧的法向力 E_i、E_{i+1}，其中 E_i 可由前一个土条的平衡条件求得，而 E_{i+1} 的大小未知，E_i 的作用点也未知。

（4）ΔQ_i 为水平惯性力（即水平地震力），其作用点与土条底距离为 h_e。

（5）边坡表面垂直荷载 $q\Delta x$。

（6）土条 i 滑动面的法线（亦即圆弧半径）与竖直线的夹角 α_i；滑动面上土的黏聚力 c 及内摩擦角 ϕ。

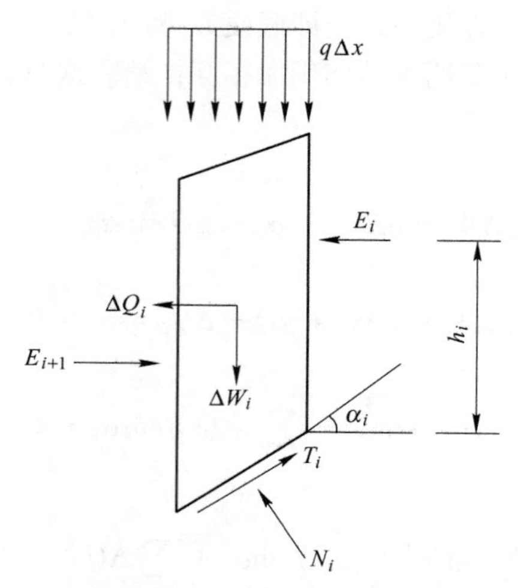

图 4-10 Bishop 法计算简图（土条上的力）

对 i 土条竖向取力的平衡得：

$$\Delta W_i + q\Delta x = N_i\cos\alpha_i + T_i\sin\alpha_i \tag{4-17}$$

由极限平衡条件可得：

$$T_i = c_e\Delta x\sec\alpha_i + N_i\tan\phi_e \tag{4-18}$$

求解式（4-18）得：

$$N_i = \frac{\Delta W_i + q\Delta x - c_e\Delta x\tan\alpha_i}{\cos\alpha_i + \sin\alpha_i\tan\phi_e} \tag{4-19}$$

$$T_i = \frac{(\Delta W_i + q\Delta x)\tan\phi_e + c_e\Delta x}{\cos\alpha_i + \sin\alpha_i\tan\phi_e} \tag{4-20}$$

整体力矩平衡：

$$\sum(\Delta W_i + q\Delta x)R\sin\alpha_i + \sum\Delta Q_i(R\cos\alpha_i - h_{ei}) = \sum T_iR \tag{4-21}$$

$$\sum T_i = \sum(\Delta W_i + q\Delta x)\sin\alpha_i + \sum\Delta Q_i\left(\cos\alpha_i - \frac{h_{ei}}{R}\right) \tag{4-22}$$

$$T_i = \frac{(\Delta W_i + q\Delta x)\tan\phi_e + c_e\Delta x}{\cos\alpha_i + \sin\alpha_i\tan\phi_e} \tag{4-23}$$

所以有：

$$\sum\frac{(\Delta W_i + q\Delta x)\tan\phi_e + c_e\Delta x}{\cos\alpha_i + \sin\alpha_i\tan\phi_e} - \sum(\Delta W_i + q\Delta x)\sin\alpha_i - \sum\Delta Q_i\left(\cos\alpha_i - \frac{h_{ei}}{R}\right) = 0 \tag{4-24}$$

$$c_e = \frac{c}{F_s};\qquad \tan\phi_e = \frac{\tan\phi}{F_s} \tag{4-25}$$

4.2.6.3 Janbu 法

在实际工程中常常会遇到非圆弧滑动面的突破稳定分析，如土坡下面有软弱夹层，或土坡位于倾斜岩层面上，滑动面形状受到夹层或硬层影响而呈现非圆弧形状。此时若采用前述圆弧滑动面法分析就不适应。下面介绍简布（Janbu）提出的非圆弧普通条分法，也称为简布法。

如图 4-11 所示土坡，滑动面任意，划分土条后，假定各土条间推力作用点连线为光滑连续曲线↔“推力作用线”，即假定了条块间力的作用点位置。分析表明，条间力作用点的位置对土坡稳定安全系数影响不大。

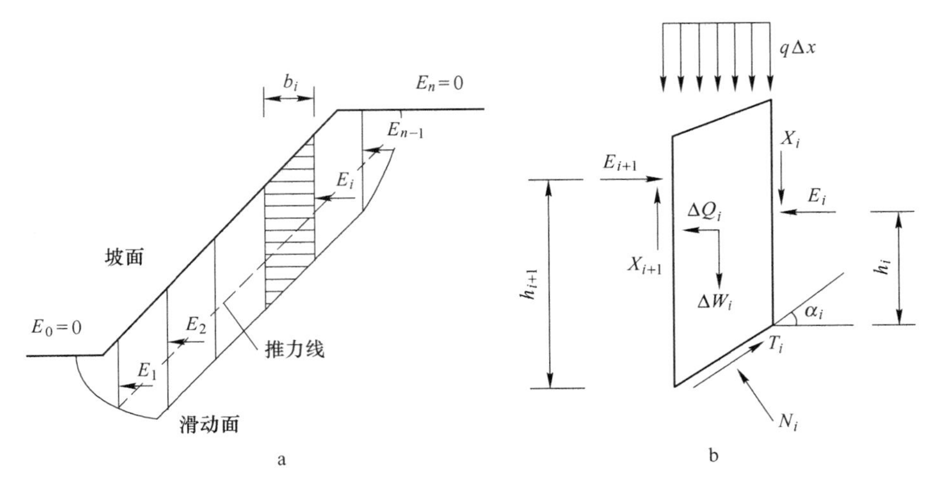

图 4-11　Janbu 条分法的计算简图

a—滑体示意图；b—土条上的力

取任一土条，如图 4-11 所示，作用在土条 i 上的作用力有：

（1）土条的自重 ΔW_i，其大小、作用点位置及方向均已知。

（2）条块底的法向应力 N_i 及切向应力 T_i，假定 N_i、T_i 作用在滑动面的中点，他们的大小均未知。

（3）土条两侧的法向力 E_i、E_{i+1} 及竖向剪切力 X_i、X_{i+1}，其中 E_i 和 X_i 可由前一个土条的平衡条件求得，而 E_{i+1} 和 X_{i+1} 的大小未知，其作用点已知。

（4）ΔQ_i 为水平惯性力（即水平地震力），其作用点与土条底距离为 h_e。

（5）边坡表面垂直荷载 $q\Delta x$。

（6）土条 i 滑动面的法线（亦即圆弧半径）与竖直线的夹角 α_i；滑动面上土的黏聚力 c 及内摩擦角 ϕ。

需求的未知量有：土条底部法向反力 N_i（n 个）；法向条间力之差 ΔE_i（n 个）；切向条间力 X_i（$n-1$ 个）及安全系数 F_s。可通过对每一土条力和力矩平衡建立 $3n$ 个方程求解。

对每一土条取竖向力的平衡，则：

$$\Delta W_i + q\Delta x - \Delta X_i = N_i\cos\alpha_i + T_i\sin\alpha_i \tag{4-26}$$

对每一土条取水平力的平衡，则：

$$\Delta Q_i - \Delta E_i = T_i\cos\alpha_i - N_i\sin\alpha_i \tag{4-27}$$

方程组求解得：

$$N_i = \frac{\Delta W_i + q\Delta x - \Delta X_i - c_e\Delta x\tan\alpha_i}{\cos\alpha_i + \sin\alpha_i\tan\phi_e} \tag{4-28}$$

$$T_i = \frac{(\Delta W_i + q\Delta x - \Delta X_i)\tan\phi_e + c_e\Delta x}{\cos\alpha_i + \sin\alpha_i\tan\phi_e} \tag{4-29}$$

$$\Delta E_i = \Delta Q_i - c_e \Delta x[1 + \tan\alpha_i \tan(\alpha_i - \phi_e)] + (\Delta W_i + q\Delta x - \Delta X_i)\tan(\alpha_i - \phi_e) \quad (4-30)$$

由于：

$$\sum \Delta E_i = 0 \quad (4-31)$$

于是：

$$\sum \{\Delta Q_i - c_e \Delta x[1 + \tan\alpha_i \tan(\alpha_i - \phi_e)] + (\Delta W_i + q\Delta x - \Delta X_i)\tan(\alpha_i - \phi_e)\} = 0 \quad (4-32)$$

式（4-32）可用于迭代求解安全系数 F_s，但尚须先得到 ΔX_i，利用土条力矩平衡条件求 ΔX_i，对土条底部中点取矩：

$$(X_i + \Delta X_i)\frac{\Delta x}{2} + X_i\frac{\Delta x}{2} - \Delta Q_i h_{ei} + E_{i+1}\left(h_{i+1} - \frac{1}{2}\Delta x\tan\alpha_i\right) - E_i\left(h_i + \frac{1}{2}\Delta x\tan\alpha_i\right) = 0 \quad (4-33)$$

$$X_i\Delta x - \Delta Q_i h_{ei} + E_i(h_{i+1} - h_i - \Delta x\tan\alpha_i) + \Delta E_i\left(h_{i+1} - \frac{1}{2}\Delta x\tan\alpha_i\right) = 0 \quad (4-34)$$

式中

$$E_{i+1} = E_i + \Delta E_i; \qquad h_{i+1} - h_i - \Delta x\tan\alpha_i = \Delta h_i; \qquad h_{i+1} - \frac{1}{2}\Delta x\tan\alpha \approx h_i \quad (4-35)$$

代入得：

$$X_i = \Delta Q_i \frac{h_{ei}}{\Delta x} - E_i\frac{\Delta h_i}{\Delta x} - \Delta E_i\frac{h_i}{\Delta x} \quad (4-36)$$

$$\Delta E_i = \Delta Q_i - c_e \Delta x[1 + \tan\alpha_i \tan(\alpha_i - \phi_e)] + (\Delta W_i + q\Delta x - \Delta X_i)\tan(\alpha_i - \phi_e) \quad (4-37)$$

$$\sum \{\Delta Q_i - c_e \Delta x[1 + \tan\alpha_i \tan(\alpha_i - \phi_e)] + (\Delta W_i + q\Delta x - \Delta X_i)\tan(\alpha_i - \phi_e)\} = 0 \quad (4-38)$$

显见，Janbu 法中边坡稳定安全系数的求解仍需采用迭代法。简布条分法可以满足所有的静力平衡条件，但推力线的假定必须符合条间力的合理要求（即满足土条间不产生拉力和剪切破坏）。目前 Janbu 法在国内外应用较广，但在某些情况下，Janbu 法计算的结果可能会出现不收敛现象。

4.2.6.4 Spencer 法

Spencer 法假定土条间的切向力与法向力之比为常数，即$\frac{X_i}{E_i}=\tan\beta=\lambda$，其中 λ 待求。

取任一土条如图 4-12 所示，作用在土条 i 上的作用力有：

（1）土条的自重 ΔW_i，其大小、作用点位置及方向均已知。

（2）条块底的法向应力 N_i 及切向应力 T_i，假定 N_i、T_i 作用在滑动面的中点，他们的大小均未知。

（3）土条两侧的法向力 E_i、E_{i+1}及竖向剪切力 X_i、X_{i+1}的合力为 P_i 和 P_{i+1}，其中合力 P_i 和 P_{i+1}与水平面的夹角为 β。

（4）ΔQ_i 为水平惯性力（即水平地震力），其作用点与土条底距离为 h_e。

（5）边坡表面垂直荷载 $q\Delta x$。

（6）土条 i 滑动面的法线（亦即圆弧半径）与竖直线的夹角 α_i；滑动面上土的黏聚力 c 及内摩擦角 ϕ。

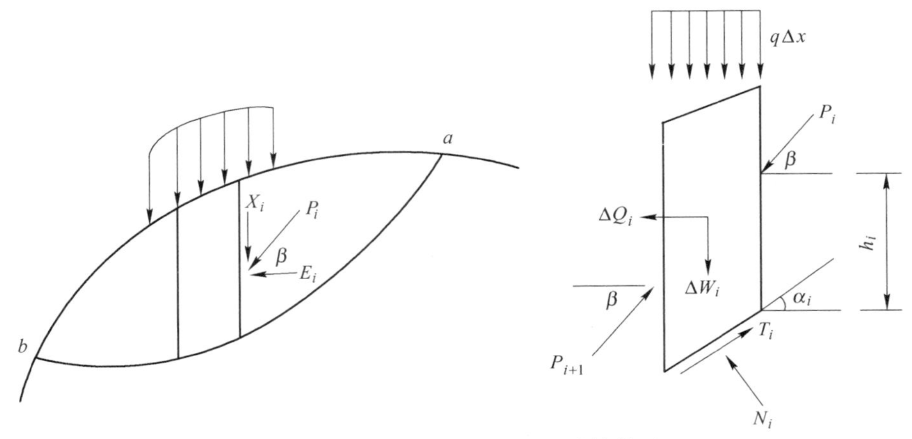

图 4-12 Spencer 法条分法的计算简图

N_i 方向力平衡：

$$N_i - \Delta P_i \sin(\alpha_i - \beta) = \Delta W_i \cos\alpha_i - \Delta Q_i \sin\alpha_i \tag{4-39}$$

T_i 方向力平衡：

$$T_i + \Delta P_i \cos(\alpha_i - \beta) = \Delta W_i \sin\alpha_i + \Delta Q_i \cos\alpha_i \tag{4-40}$$

满足极限平衡条件：

$$T_i = c_e \Delta x \sec\alpha_i + N_i \tan\phi_e \tag{4-41}$$

以上方程组求解，可得 N_i、T_i、ΔP_i。

$$\Delta P_i = \sec(\alpha_i - \beta - \phi_e)[\Delta W_i \sin(\alpha_i - \phi_e) + \Delta Q_i \cos(\alpha_i - \phi_e) - c_e \Delta x \sec\alpha_i \cos\phi_e] \tag{4-42}$$

由于 $\sum \Delta P_i = 0$，因此：

$$\sum \sec(\alpha_i - \beta - \phi_e)[\Delta W_i \sin(\alpha_i - \phi_e) + \Delta Q_i \cos(\alpha_i - \phi_e) - c_e \Delta x \sec\alpha_i \cos\phi_e] = 0 \tag{4-43}$$

根据假定条件，两个未知数 f、β 具有以下关系：

$$\begin{gathered} \tan\beta = f_0(x) + \lambda f_1(x) \\ f_0(x) = 0, \qquad f_1(x) = 1 \end{gathered} \tag{4-44}$$

4.2.6.5 Morgenstern-Price 方法

Morgenstern 与 Price 提出了具有一般性的方法，即假定：$X_i/E_i = \tan\beta = f_0(x) + \lambda f_1(x)$，其中 λ 待求，$f_1(x)$ 为人为假定函数（$f_1(x) = kx + m$，其中 k、m 为常数）。对于 Spencer 方法，$f_1(x) = 1$；而对于 Bishop 方法，$f_1(x) = 0$。

取任一土条，如图 4-13 所示，作用在土条 i 上的作用力有：

（1）土条的自重 ΔW_i，其大小、作用点位置及方向均已知。

（2）条块底的法向应力 N_i 及切向应力 T_i，假定 N_i、T_i 作用在滑动面的中点，他们的大小均未知。

（3）土条两侧的法向力 E_i、$E_i + \Delta E_i$ 及竖向剪切力 X_i、$X_i + \Delta X_i$。

（4）ΔQ_i 为水平惯性力（即水平地震力），其作用点与土条底距离为 h_e。

（5）边坡表面垂直荷载 ΔV_i。

（6）土条 i 滑动面的法线（亦即圆弧半径）与竖直线的夹角 α_i；滑动面上土的黏聚力 c 及内摩擦角 ϕ。

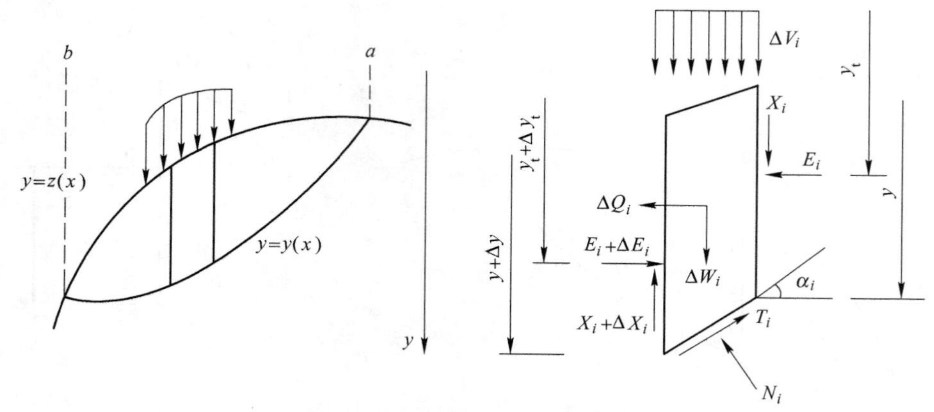

图 4-13 Morgenstern-Price 法条分法的计算简图

水平方向力平衡：

$$T_i\cos\alpha_i - N_i\sin\alpha_i = \Delta Q_i - \Delta E_i \tag{4-45}$$

垂直方向力平衡：

$$T_i\sin\alpha_i + N_i\cos\alpha_i = \Delta W_i + \Delta V_i - \Delta X_i \tag{4-46}$$

满足极限平衡条件：

$$T_i = c_e\Delta x\sec\alpha_i + N_i\tan\phi_e \tag{4-47}$$

消去 T_i、N_i，可得：

$$\begin{aligned}\tan(\phi_e - \alpha_i) &= \frac{\Delta Q_i - \Delta E_i - c_e\Delta x}{\Delta W_i + \Delta V_i - \Delta X_i - c_e\Delta x\tan\alpha_i} - \Delta E_i(1 + \tan\phi_e\tan\alpha_i) + \Delta X_i(\tan\phi_e - \tan\alpha_i)\\ &= c_e\Delta x\sec^2\alpha_i + (\Delta W_i + \Delta V)(\tan\phi_e - \tan\alpha_i) - \Delta Q_i(1 + \tan\phi_e\tan\alpha_i)\end{aligned} \tag{4-48}$$

当 $\Delta x\to 0$

$$\begin{aligned}&-\frac{\mathrm{d}E_i}{\mathrm{d}x}(1 + \tan\phi_e\tan\alpha_i) + \frac{\mathrm{d}X_i}{\mathrm{d}x}(\tan\phi_e - \tan\alpha_i)\\ &= c_e\sec^2\alpha_i + \left(\frac{\mathrm{d}W_i}{\mathrm{d}x} + \frac{\mathrm{d}V_i}{\mathrm{d}x}\right)(\tan\phi_e - \tan\alpha_i) - \frac{\mathrm{d}Q_i}{\mathrm{d}x}(1 + \tan\phi_e\tan\alpha_i)\end{aligned} \tag{4-49}$$

利用土条力矩平衡条件，对土条底部中点取矩：

$$\begin{aligned}&(X_i + \Delta X_i)\frac{\Delta x}{2} + X_i\frac{\Delta x}{2} + (E_i + \Delta E_i)\cdot\\ &\left[y + \Delta y - (y_t + \Delta y_t) - \frac{\Delta y}{2}\right] - E_i\left(y - y_t + \frac{\Delta y}{2}\right) - \Delta Q_i h_{ei} = 0\end{aligned} \tag{4-50}$$

化简得：

$$X_i\Delta x - E_i\Delta y_t + \Delta E_i(y - y_t) - \Delta Q_i h_{ei} = 0 \tag{4-51}$$

或

$$X_i\Delta x + \Delta E_i y - (E_i\Delta y_t + y_t\Delta E_i) - \Delta Q_i h_{ei} = 0 \tag{4-52}$$

当 $\Delta x\to 0$ 时

$$X_i = -y\frac{\mathrm{d}E_i}{\mathrm{d}x} + \frac{\mathrm{d}(y_tE_i)}{\mathrm{d}x} + \frac{\mathrm{d}Q}{\mathrm{d}x}h_{ei} \tag{4-53}$$

4.2.6.6 Sarma 法

萨尔玛法（Sarma）取用了一个在每土条的重心作用的水平地震惯性力系数 K 来判断边坡稳定性的安全系数。Sarma 法假想在每一土条重心作用着一个水平地震惯性力，由于它的作用，使滑裂面恰好达到极限状态，也就是使滑裂面上的稳定安全系数 $F_s=1$，此时水平地震加速度 K 称为临界地震加速度，以 K_c 表示。K_c 作为判断土坡稳定程度的一个标准。当实际的 $K>K_c$ 时，即为 $F_s<1$，反之，$F_s<1$。同时，Sarma 法还在假定沿两相邻土条的垂直分界面，所有平行于土条底面的斜面均处于极限平衡状态这个前提下，推导出切向条间力 X 的分布，从而使超静定问题变成静定的。

4.2.6.7 不平衡推力法

不平衡推力法，又称为剩余推力法或传递系数法，是我国工程技术人员创造的一种实用滑坡稳定分析方法。该法适用于计算折线形滑面及当遇到有软弱夹层问题时，如在半填半挖路基中，填方部分一般顺山势填筑，山坡面即为交接面，山坡剖面通常为折线形。

如图 4-14 所示，边坡的坡面和滑动面均为任意形状，假定条间力的合力作用方向与上一土条的底面相平行，其作用点位于土条相邻分界面的中点。然后根据平行于土条底面和垂直于土条底面两个方向的合力等于零以及最前缘一块的剩余推力为零进行求解，滑动面的破坏服从 Mohr-Coulomb 准则。但分析只满足静力平衡条件，但是不满足力矩平衡条件。

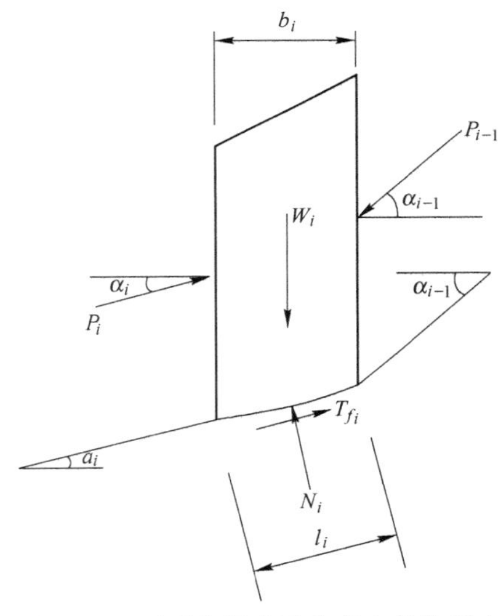

图 4-14 不平衡推力法分条上的作用力

先由垂直于条底方向上力的平衡条件有

$$N_i - W_i\cos\alpha_i - P_{i-1}\sin(\alpha_{i-1} - \alpha_i) = 0 \tag{4-54}$$

再由垂直于条底方向上力的平衡条件有

$$N_i + P_i - W_i\cos\alpha_i - P_{i-1}\cos(\alpha_{i-1} - \alpha_i) = 0 \tag{4-55}$$

又因

$$T_{fi} = \frac{c'_i l_i}{F_s} + (N_i - u_i l_i)\frac{\tan\phi'_i}{F_s} \tag{4-56}$$

由以上式子消去 N_i、T_{fi}，得到满足力极限平衡得方程为

$$P_i = W_i\sin\alpha_i - \left[\frac{c_i'l_i}{F_s} + (W_i\cos\alpha_i - u_il_i)\frac{\tan\phi_i}{F_s}\right] + P_{i-1}\psi_i \tag{4-57}$$

式中　ψ_i——传递系数，$\psi_i=\cos(\alpha_{i-1}-\alpha_i)-\dfrac{\tan\phi_i'}{F_s}\sin(\alpha_{i-1}-\alpha_i)$；

P_i——净剩滑力，i 条以 P_i 作用于（$i+1$）条，推动第（$i+1$）条下滑，P_i 在土条界面上作为滑体内力，总是成对出现的，其方向一般指向界面为正，背向界面为负。

对于上面的计算公式通常有两种解法，即强度储备法和超载法，又称不平衡推力法和简化不平衡推力法，在此只介绍工程上常用的简化法。

$$P_i = F_sW_i\sin\alpha_i - [c_i'l_i + (W_i\cos\alpha_i - u_il_i)\tan\phi_i'] + P_{i-1}\psi_i \tag{4-58}$$

计算中，当 P_i 为负值时，下一条计算时取 $P_{i-1}=0$（因为条间不承受拉力）。计算时，可假设一个 F_s，由上向下逐条计算 P_n，如 $P_n\neq0$，可再假设 F_s，重新计算 P_n，直至 $P_n=0$，得到与其相应的 F_s。不平衡推力法没有考虑力矩平衡，且 P_i 的方向是硬性规定的，当滑动面坡度较大时，不宜应用。

4.2.6.8　极限平衡理论方法的比较

对于有 n 个条块的滑体来说，如图 4-15 所示。在极限平衡状态下，滑体的未知量有：

（1）安全系数 F_s，1 个。

（2）条块底面上的法向力 N_i，切向力 T_i 及合力作用点，共 $3n$ 个。

（3）条分面上的法向力 E_i，切向力 X_i 及合力作用点，共 $3n-3$ 个。

因此，整个滑体就有 $6n-2$ 个未知量。

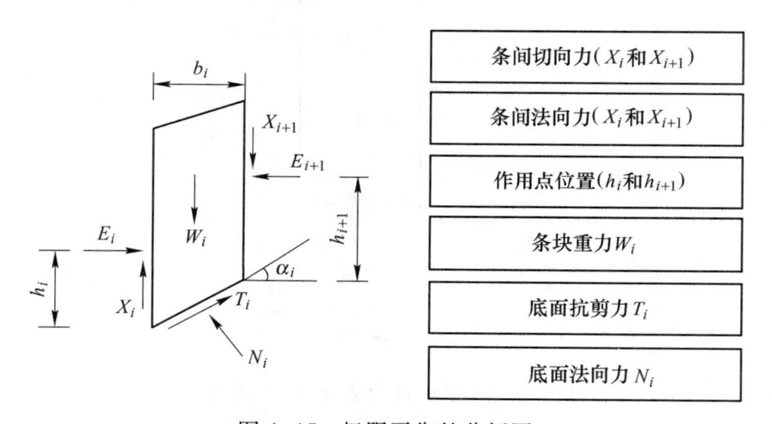

图 4-15　极限平衡的分析图

而对于每一个条块而言，可以建立的方程有 4 个，即 3 个平衡方程及 1 个摩尔-库仑准则的破坏方程，即可以建立 $4n$ 个方程式。因此，这是一个超静定问题，求解此方程组有两条途径：（1）引入变形协调条件，增加方程数；（2）通过对多余变量或相互之间的关系进行假定，以减少变量数。

极限平衡法常采用第二种方法求解，并且一致认可当条块宽度足够小时，可以认为底滑面合力作用点位于底滑面中心，这就减少了 n 个未知量。目前的极限平衡各种算法的不同之处也就在于对其余 $n-2$ 个变量的处理上。

基于极限平衡理论基础上的边坡稳定性分析方法，从起初应用的“简化方法”到后来发展起来的“通用方法”，历经数十年，经过众多专家学者的努力，理论已比较完善。各种分析方法根据条间力作用点和作用方向的不同假定，得到相应的安全系数表达式，其各自的特点见表 4-10。

表 4-10 常用分析方法基本条件的比较

分析方法	满足平衡条件		条间力的假定	滑面形状
	力的平衡	力矩平衡		
瑞典法	部分满足	部分满足	不考虑土条间作用力	圆弧
Bishop 法	部分满足	满足	条间力合力方向水平	圆弧
Janbu 法	满足	满足	假定条间力作用于土条底以上 1/3 处	任意
Spencer 法	满足	满足	假定各条间的合力方向相互平行	任意
Morgenstern-price 法	满足	满足	法向和切向条间力存在一个函数关系	任意
Saram 法	满足	满足	对土条侧向力大小分布做出假定	任意
不平衡推力法	满足	不满足	条间的合力方向与前一土条滑动面倾角一致	任意

大量的工程应用表明，即使对同一具体工程边坡来说，按不同方法和同一方法中函数的不同情况下进行计算，其结果也有不同：

（1）一般土的内摩擦角 ϕ 较大时，瑞典法计算的安全系数多偏于保守。而 Bishop 法在所有情况下都是精确的，其局限性表现在仅适用于圆弧滑裂面以及有时会遇到数值分析问题。如果使用毕肖普简化法计算获得的安全系数反而比瑞典法小，那么可以认为毕肖普法中存在数值分析问题。

（2）除非存在数值分析方面的问题，否则满足全部平衡条件的方法（如 Janbu 法和 Spencer 法）在任何情况下都是精确的，且各种计算方法结果的相互误差不超过 12%。

（3）当遇到软弱夹层问题或折线形滑面时，相关规范都推荐使用不平衡推力法。它借助于滑坡构造特征分析稳定性及剩余推力计算，可以获得任意形状滑动面在复杂荷载作用下的滑坡推力，且计算简洁。

（4）对于复合破坏滑面的滑坡可以选择 Morgenstern-Price 法，该法满足力和力矩平衡，适用于任意形状滑动面，计算结果已经很精确，可以作为其他方法参照对比的依据。

4.2.7 排土场散体力学参数反演

稳定性分析中，材料的力学参数指标的选取具有关键的作用。参数的选取通常是利用实验基础获得的数据，结合经验、现有资料及对现场勘测结果的反演获得。对现场勘查结果进行反演分析的方法是，根据对现场裂缝与滑体的实际调查，选择不同的材料抗剪强度指标，利用建立的计算剖面，分析不同情况时的破坏，从而取得相应的黏聚力和内摩擦角。反分析在宏观上更能表现工程岩体的力学特性，它克服了小块岩体试件尺度效应的影响。

假定边坡临空体的稳定性临界状态，对其进行反分析计算，以确定其中的材料参数。典型计算剖面图如图 4-16 所示。根据现有资料可知，300m 至 413m 台阶之间，300m 台阶以下的材料根据排土规律自上而下均分为三层处理，每层材料的强度参数取值相同，对三层材料的 c 与 ϕ 取值进行反分析，图 4-17 为其中一种取值时的计算结果图。

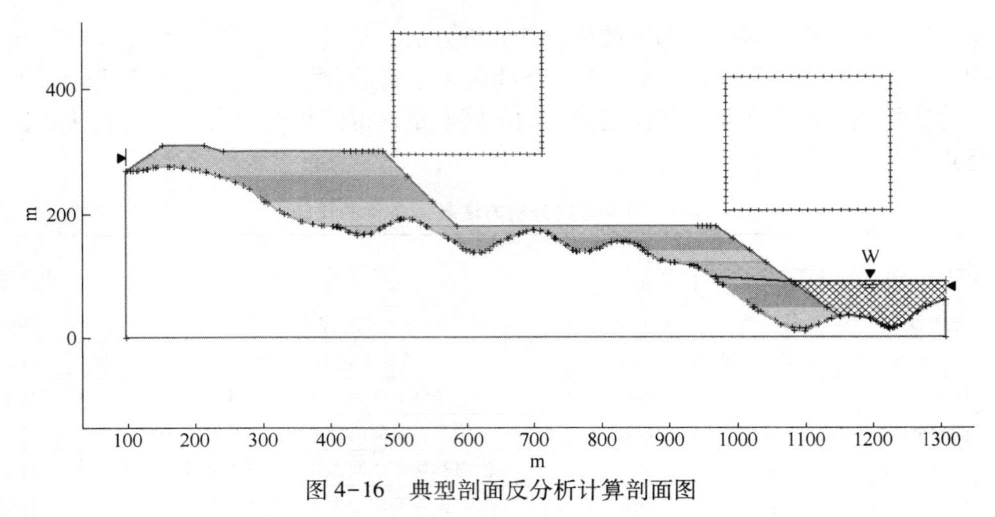

图 4-16　典型剖面反分析计算剖面图

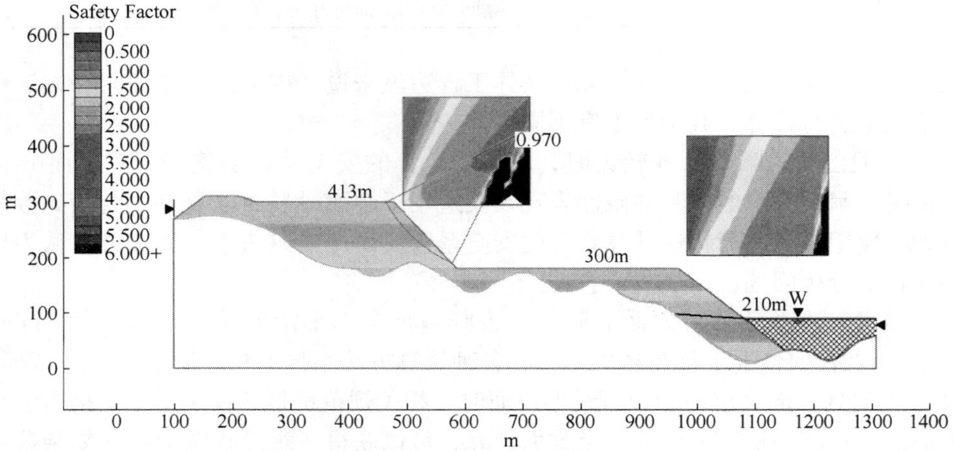

图 4-17　参数变化情况下典型剖面计算结果

图 4-18 为反分析的计算结果图。由图可以看出，当 c 固定，ϕ 逐渐增加时，其安全系数呈线性分布，且呈现增加趋势；当 ϕ 固定，c 逐渐增加时，安全系数也随之变大。考虑到在现场勘测过程中发现临近尾矿库与 413m 平台上已经出现裂缝，因此整个剖面的安全系数应该在 1.0 附近，处于临界状态。因此考虑到实际情况，该次稳定性计算的参数取值应该在以下取值附近变化，分别为：第一层 $c=29\text{kPa}$，$\phi=31°$；第二层 $c=38\text{kPa}$，$\phi=35°$；第三层 $c=65\text{kPa}$，$\phi=36°$。

4.2.8　排土场散体力学参数分析及其计算方案

在进行排土场稳定性计算分析时，应该考虑排土场的现排土状态及未来的排土规划两种情况。同时，由于达到规划境界所需排土时间比较长，在此过程中，尾矿库中的水位抬升，因此需要分别考虑下游尾矿库现有水位，水位升高过程及最终到达 280m 几种情况时的稳定性；最后，需要确定排土堆积过程中的安全平台，因此需要考虑不同的堆积平台宽度时的稳定性。考虑到以上几种因素，选择以下几种计算方案：

（1）进行现有水位与排土场堆积高度时的边坡稳定性分析。

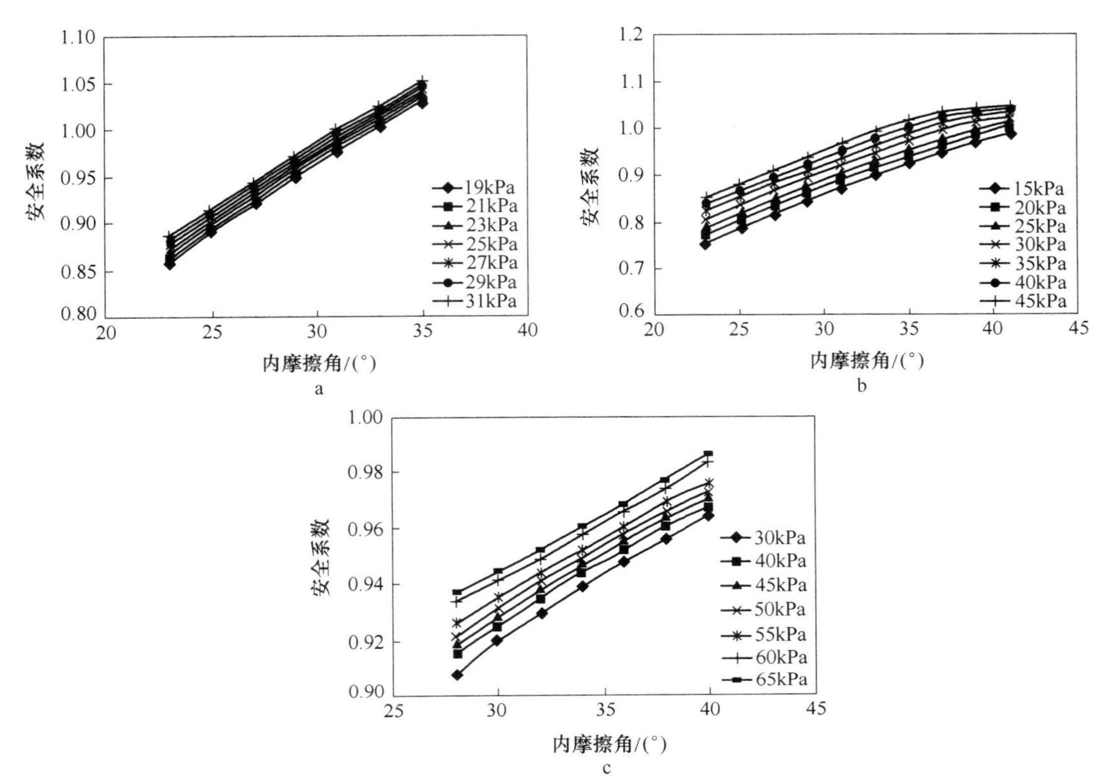

图 4-18 排土场三层材料的反分析参数变化规律

a—第一层力学参数变化时计算结果；b—第二层力学参数变化时计算结果；c—第三层力学参数变化时计算结果

（2）进行水位抬升过程中的稳定性分析，研究水位升高对稳定性的影响。

（3）堆积至 340m 与 400m 高程稳定性分析。

（4）降雨对边坡稳定性影响分析。

（5）最小安全平台宽度确定。

以下对这几种方案分别进行计算与分析。

4.2.8.1 水位由 210m 抬升至 280m 的排土场稳定性分析

目前排土场下游尾矿库水位为 210m，而排土场台阶主要分为 300m 与 413m 两个堆积平台。对选择的典型剖面进行相应的分层，确定力学参数，利用三种方法进行稳定性分析。在水位逐渐抬升到 280m 过程中，排土场的堆积高度也在相应地抬升。在分析过程中，以典型剖面为例，考虑水位分别抬升到 240m、260m 和 280m 时的稳定性。表 4-11 与图 4-19～图 4-30 为不同水位用三种方案计算得出的结果。

表 4-11 排土场内部稳定性分析计算结果

计算工况	滑移面位置	计算出的安全系数		
		Bishop 法	Janbu 法	Morgenstern-Price 法
水位 210m	近尾矿库	1.036	0.963	1.037
水位 240m	近尾矿库	1.044	0.968	1.054
水位 260m	近尾矿库	1.084	1.004	1.091
水位 280m	近尾矿库	1.140	1.063	1.142

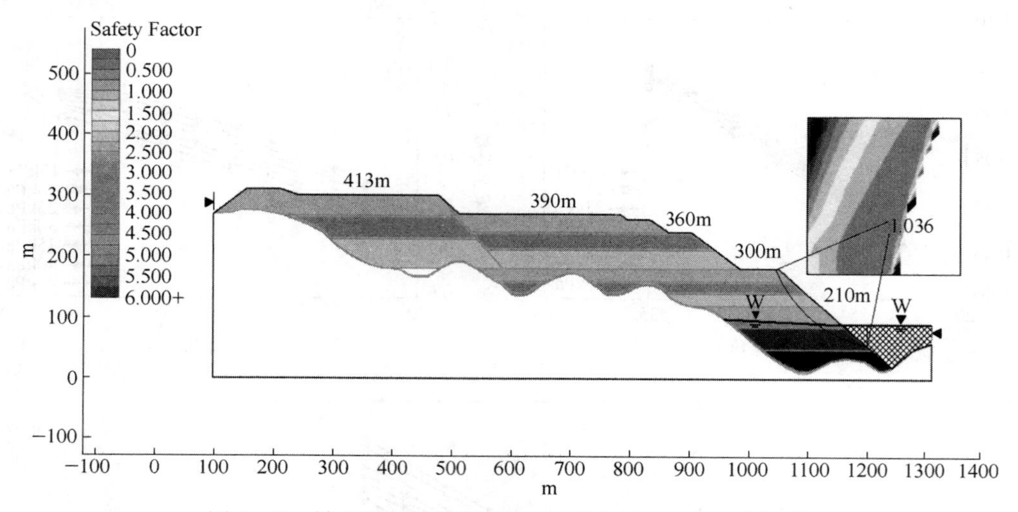

图 4-19　排土场底部水位 210m 时简化 Bishop 法分析结果

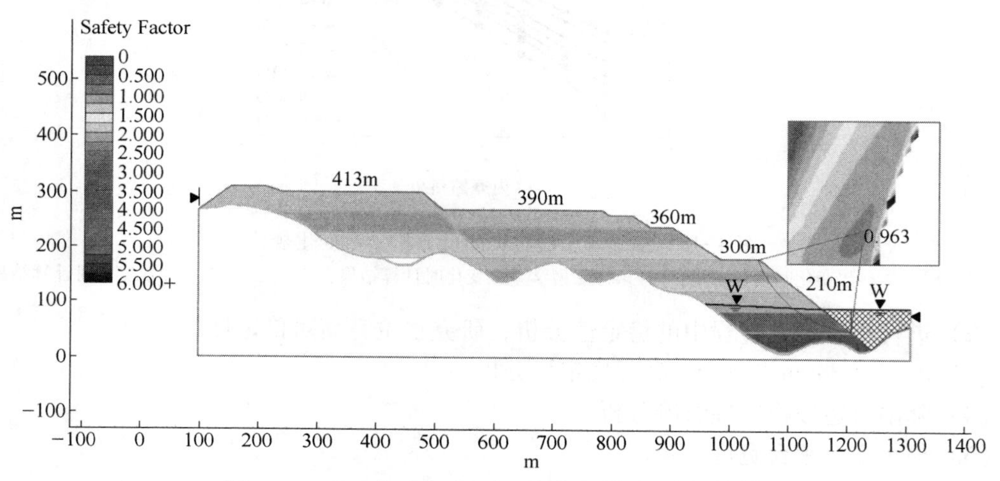

图 4-20　排土场底部水位 210m 时的 Janbu 分析结果

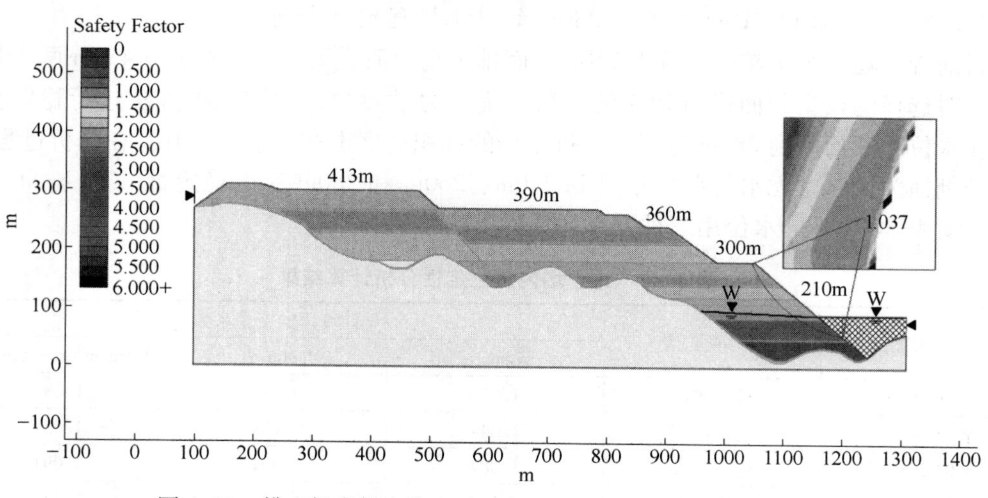

图 4-21　排土场底部水位 210m 时 Morgenstern-Price 法分析结果

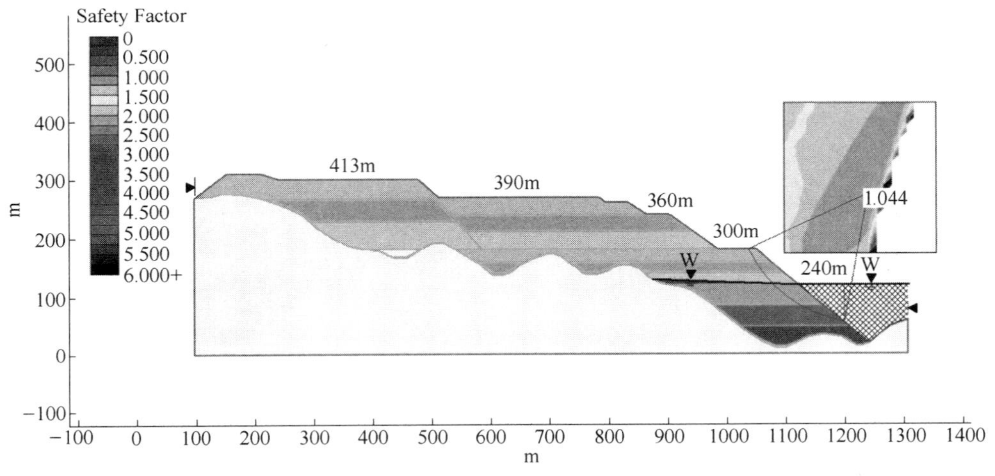

图 4-22 排土场底部水位 240m 时简化 Bishop 法的分析结果

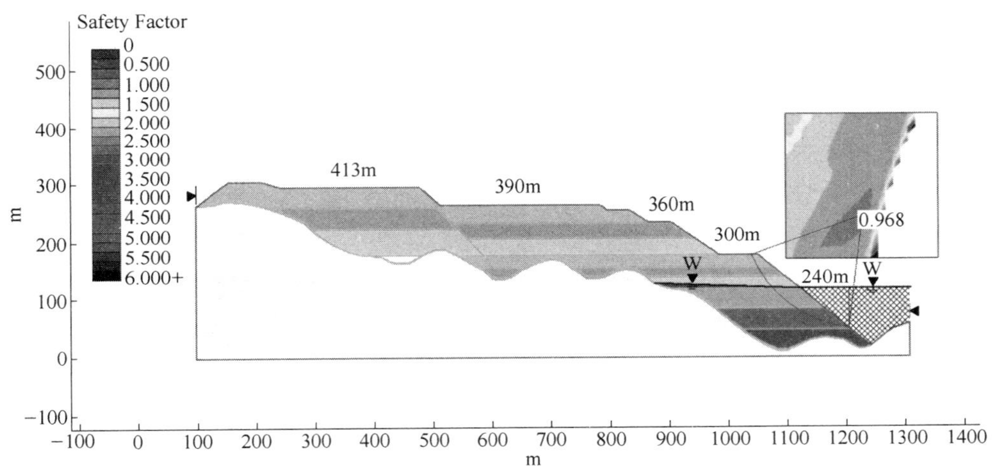

图 4-23 排土场底部水位 240m 时 Janbu 法的分析结果

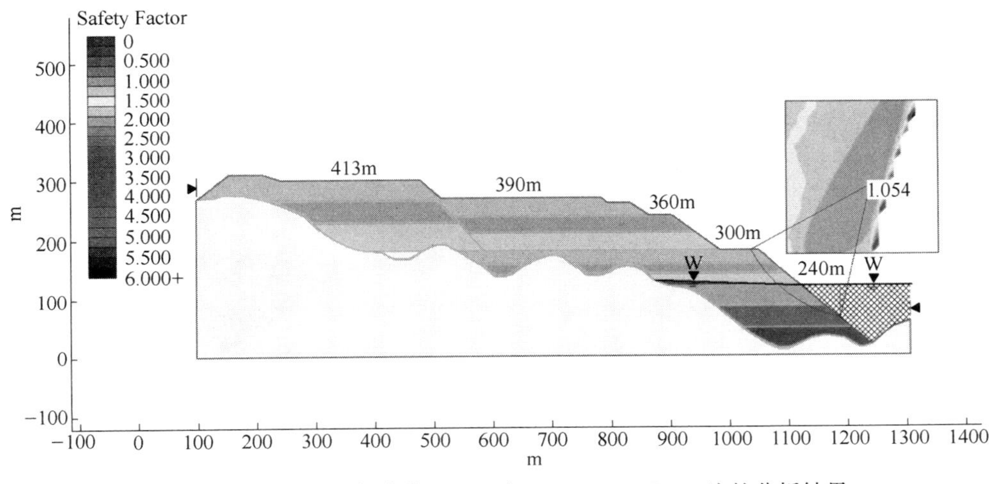

图 4-24 排土场底部水位 240m 时 Morgenstern-Price 法的分析结果

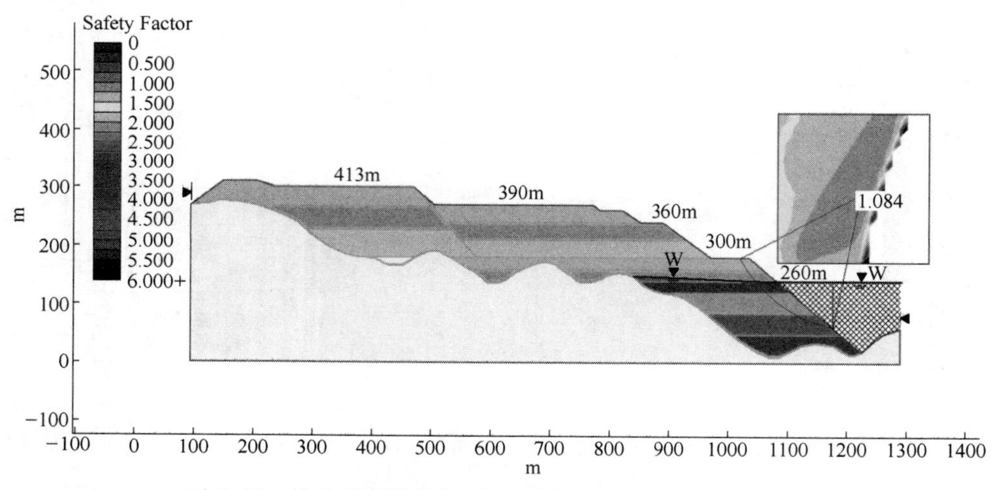

图 4-25　排土场底部水位 260m 时简化 Bishop 法的分析结果

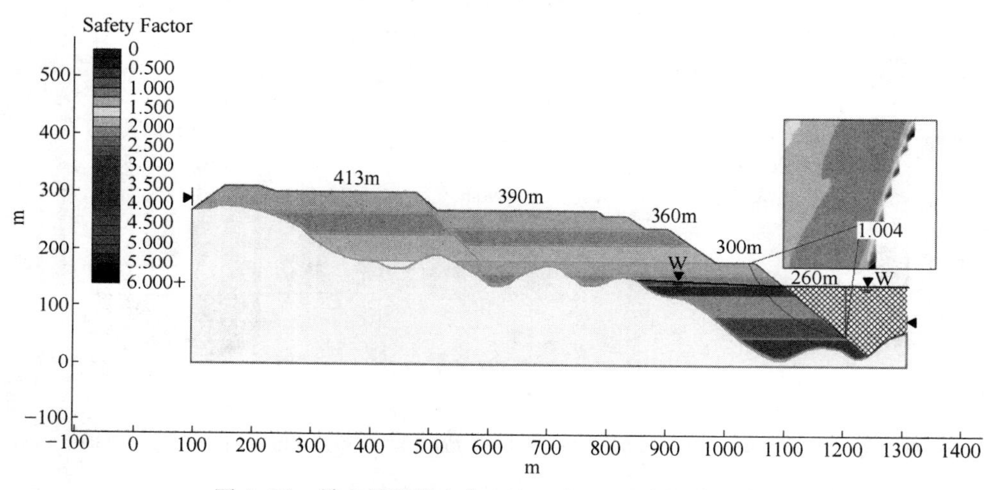

图 4-26　排土场底部水位 260m 时 Janbu 法的分析结果

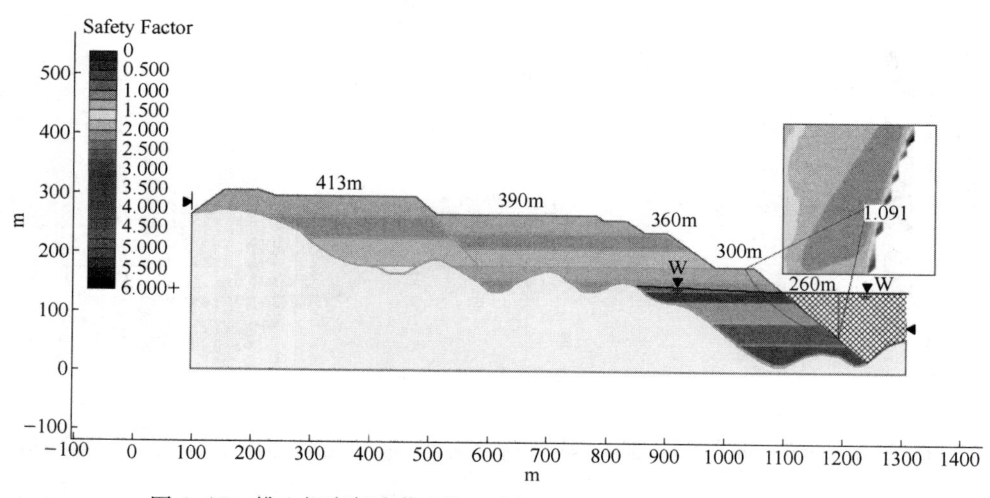

图 4-27　排土场底部水位 260m 时 Morgenstern-Price 法的分析结果

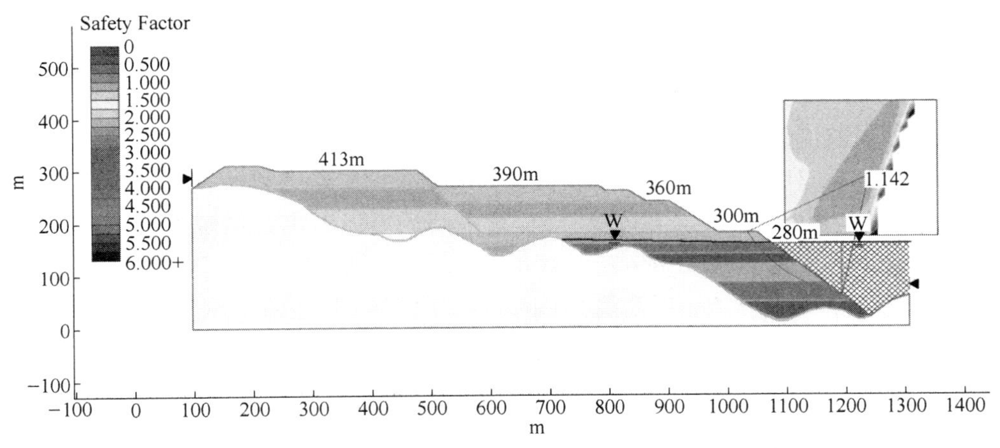

图 4-28 排土场底部水位 280m 时简化 Bishop 法的分析结果

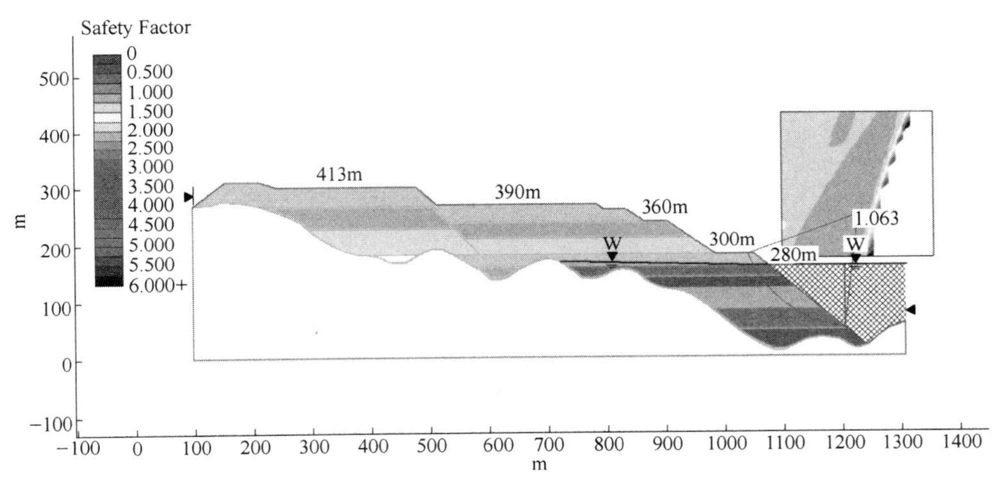

图 4-29 排土场底部水位 280m 时 Janbu 法的分析结果

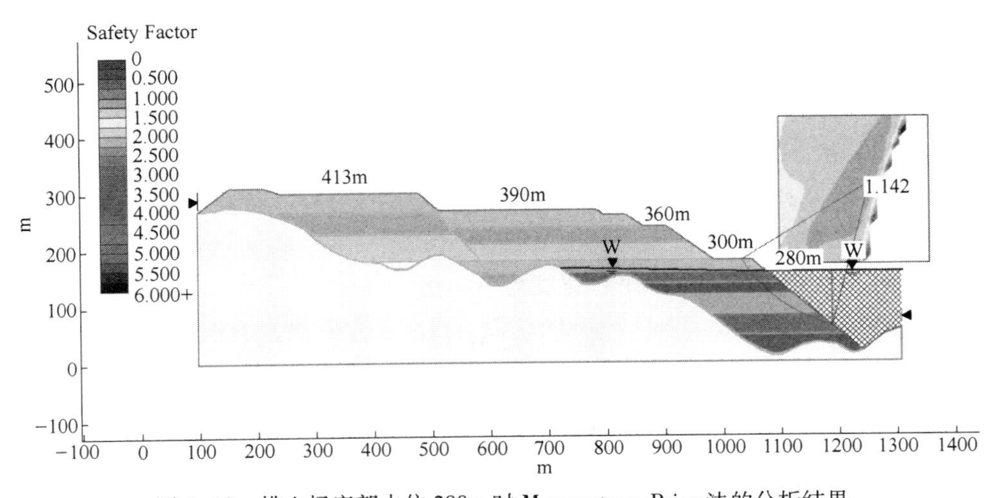

图 4-30 排土场底部水位 280m 时 Morgenstern-Price 法的分析结果

由计算结果可以看出：（1）随着水位的抬升，用三种不同方法得出的安全系数呈逐渐增加趋势。如图4-31所示，Janbu法计算结果最小，从0.963提高到1.063，Morgenstern-Price法计算的结果最大，从1.037提高到1.142；结果显示，在仅仅只考虑水位上升，而不考虑散体水致劣化及孔隙压力等因素影响时，水位抬升后排土场的边坡安全系数变大；（2）在210m、240m、260m与280m水位时，最终堆积境界情况下，边坡的安全系数在1.04~1.15之间。（3）从计算结果图还可以看出，随着水位的抬升，滑移面的位置也发生了变化。以Bishop法计算的结果为例，随着水位上升，滑移面的顶部端点与尾矿库边缘的距离从6m逐渐增加到17m，即产生滑移的范围扩大；滑移面的下部端点的高程也随水位上升而抬高，从210m时的174m提高到280m时的180.7m（表4-12）。

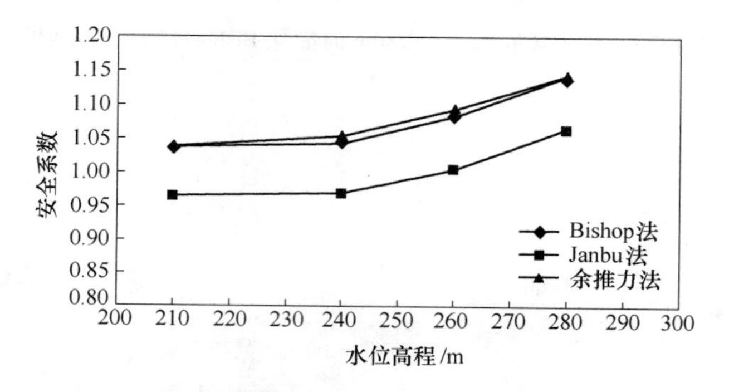

图4-31　下游库水位变化对安全系数的影响规律

表4-12　Bishop法滑移面位置变化

水位/m	210	240	260	280
上滑移点距边缘距离/m	6	13	17	17
下滑移点高程/m	174	175.6	180	180.7

4.2.8.2　堆积至340m与400m高程稳定性分析

根据矿山的最新资料，矿山将对排土规划进行更改，将原来的第一堆积平台330m更改为340m，然后从340m直接堆积至400m。为安全生产需要，需要判断此最新堆积方案的排土场稳定性。选择典型剖面进行了该情况下的稳定性分析。计算工况包括：

（1）340m平台堆积至尾矿库边缘。

（2）340m平台距尾矿库边缘平台宽度为20m。

（3）在340m平台上继续堆积至400m（没有设置安全距离，堆积至边缘）。

（4）设置20m的平台宽度情况下堆积至400m。

其计算工况的计算剖面如图4-32~图4-35所示。

图4-36~图4-47为各种工况的稳定性分析剖面与结果，表4-13列出了稳定性分析结果。

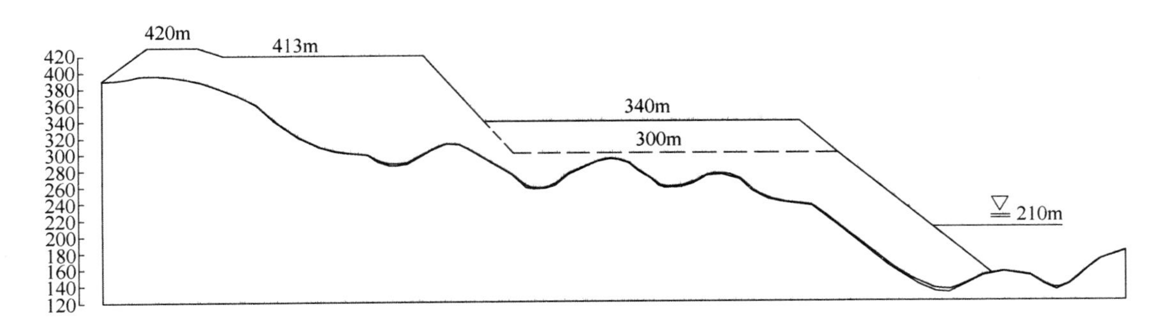

图 4-32 排土场堆积至 340m 工况（无安全距离）

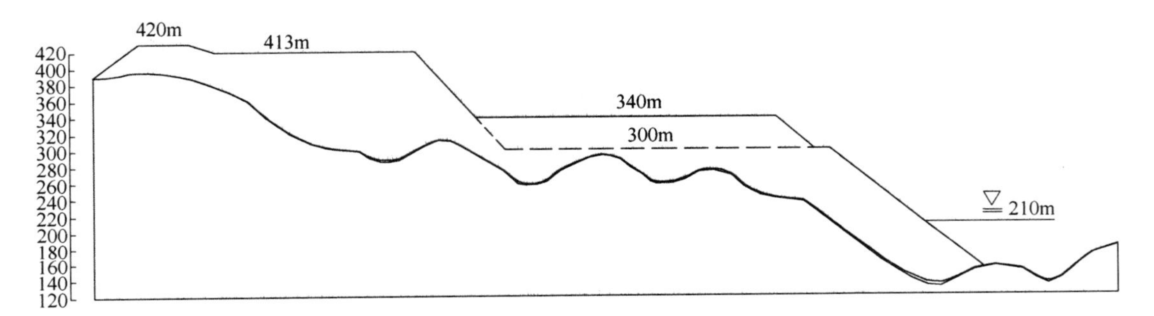

图 4-33 排土场堆积至 340m 工况（20m 平台宽度）

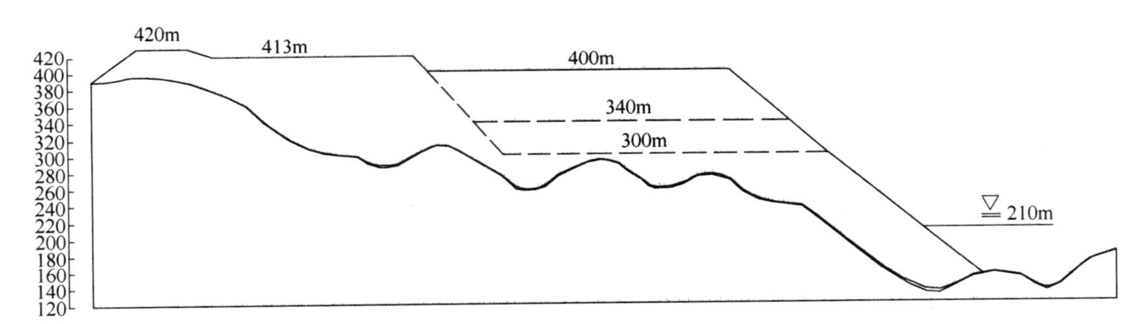

图 4-34 排土场堆积至 400m 工况（无安全距离）

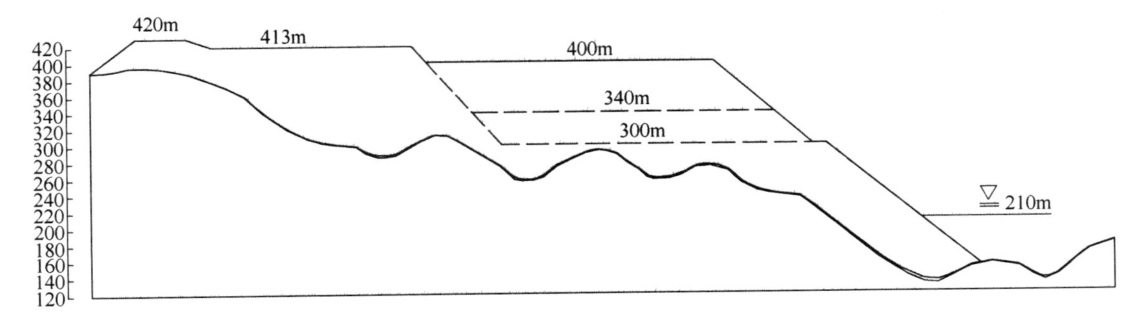

图 4-35 排土场堆积至 400m 工况（20m 平台宽度）

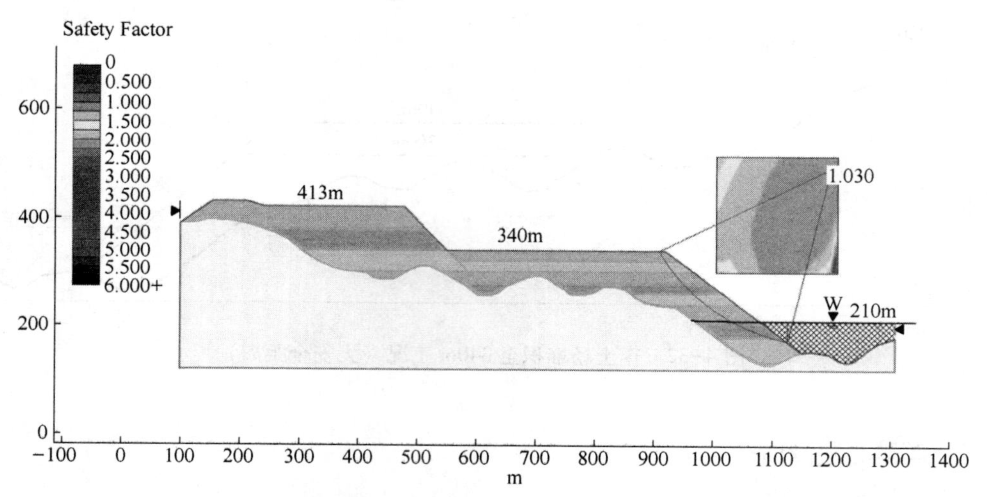

图 4-36　排土场堆积至 340m（无安全距离）时 Bishop 法的分析结果

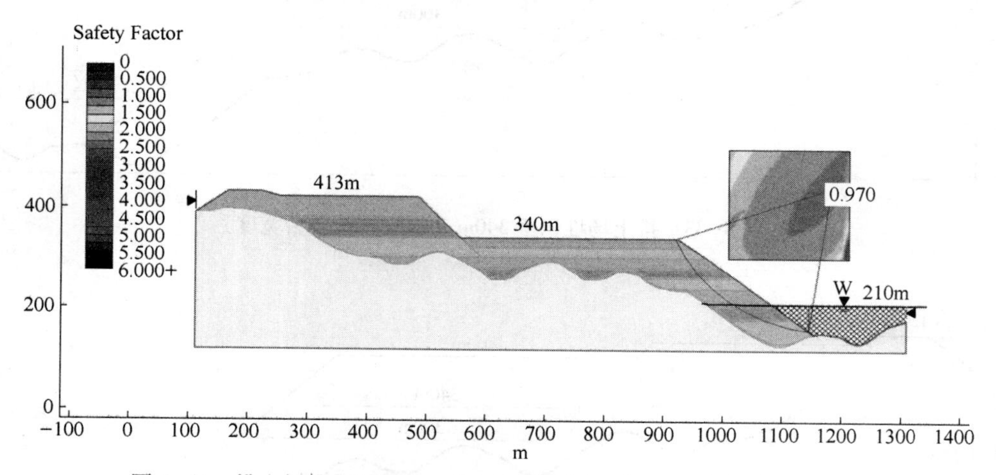

图 4-37　排土场堆积至 340m（无安全距离）时 Janbu 法的分析结果

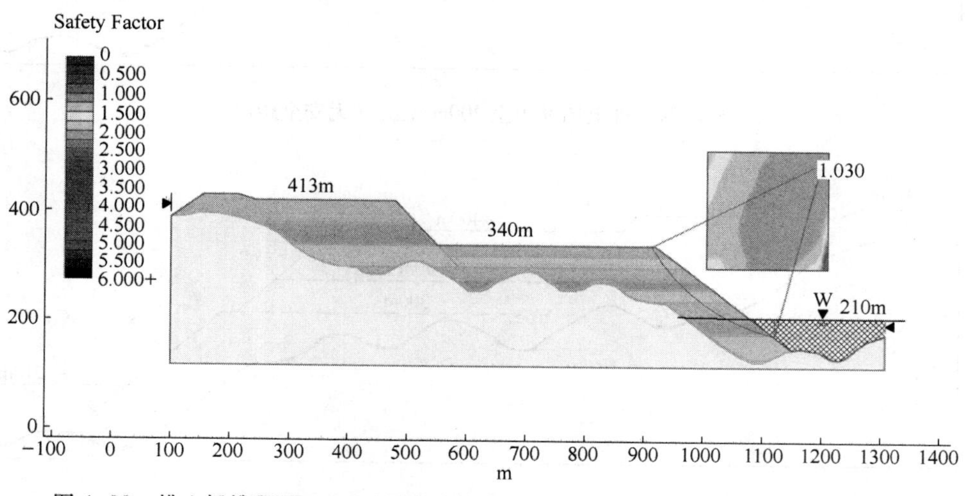

图 4-38　排土场堆积至 340m（无安全距离）时 Morgenstern-Price 法的分析结果

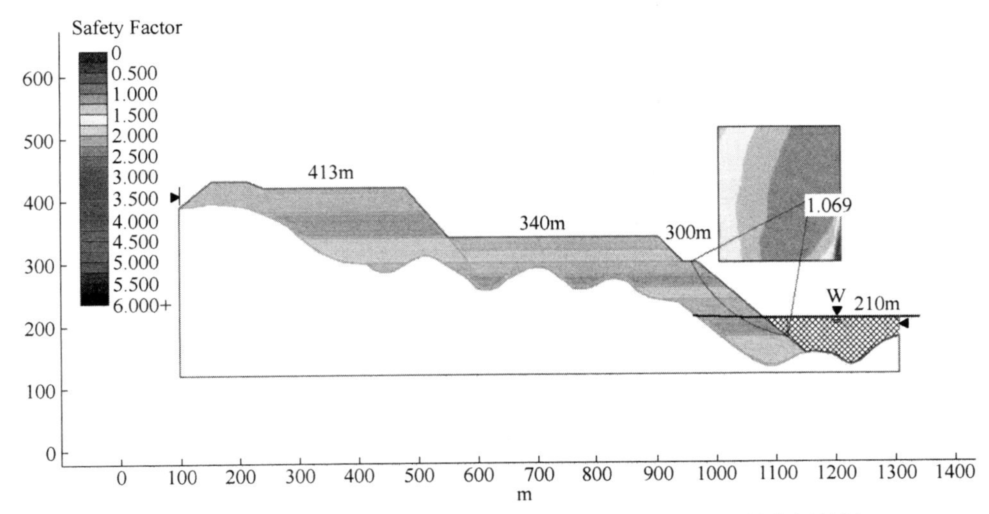

图 4-39 排土场堆积至 340m（平台宽度 20m）时 Bishop 法的分析结果

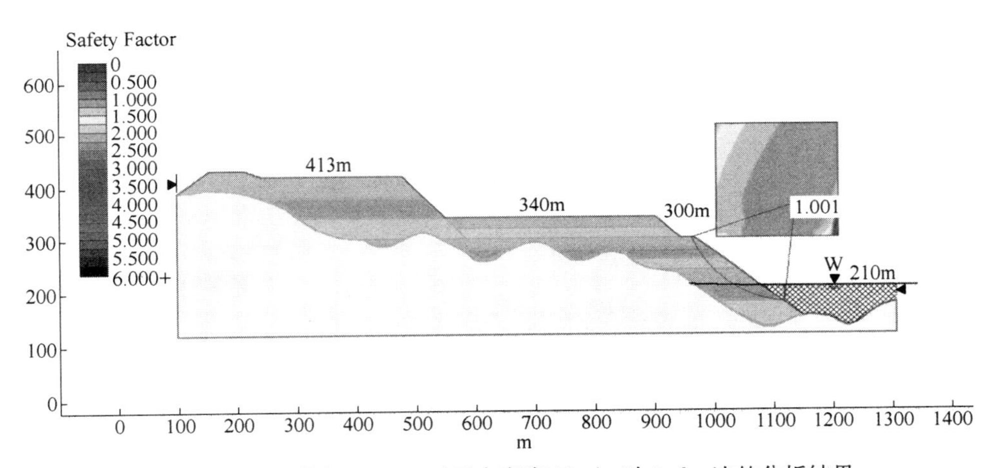

图 4-40 排土场堆积至 340m（平台宽度 20m）时 Janbu 法的分析结果

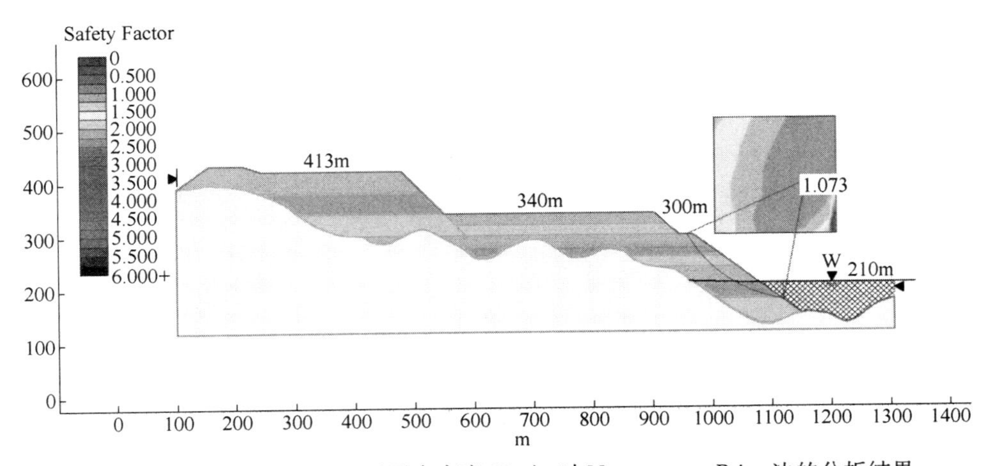

图 4-41 排土场堆积至 340m（平台宽度 20m）时 Morgenstern-Price 法的分析结果

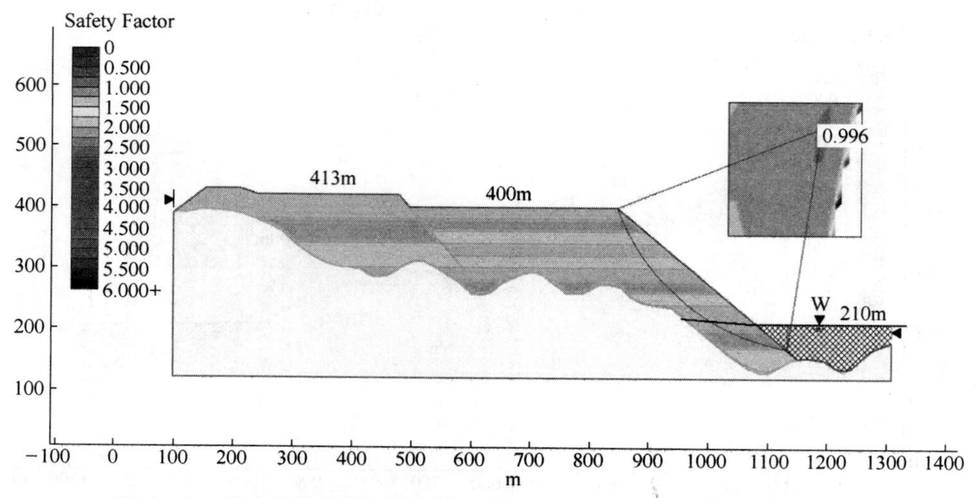

图 4-42　排土场堆积至 400m（无安全距离）时 Bishop 法的分析结果

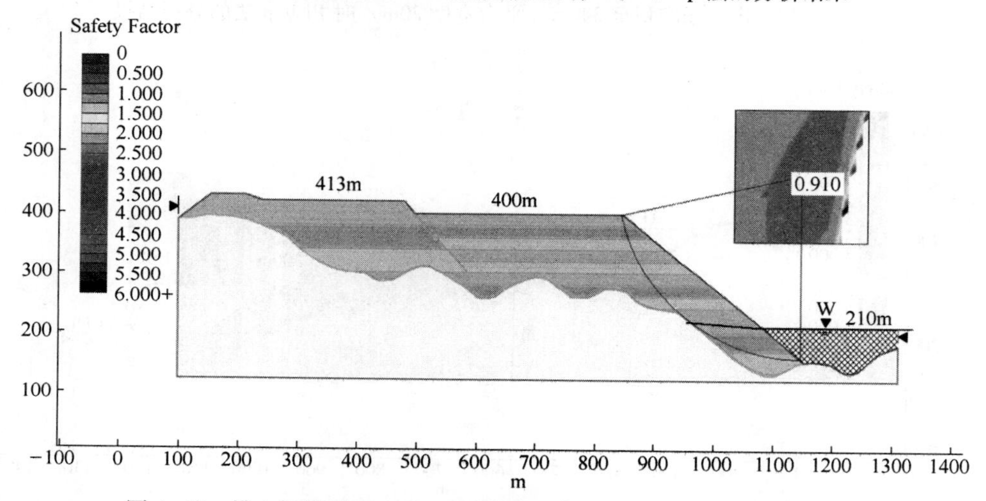

图 4-43　排土场堆积至 400m（无安全距离）时 Janbu 法的分析结果

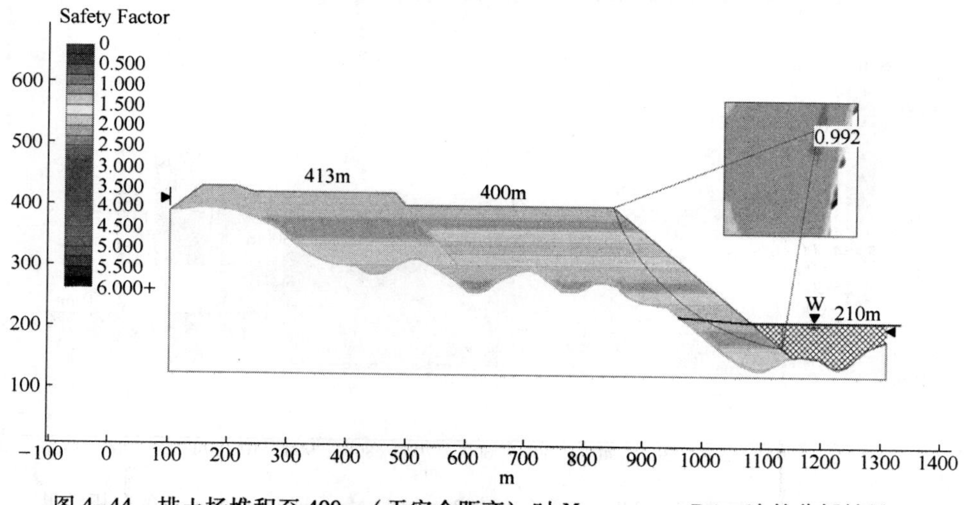

图 4-44　排土场堆积至 400m（无安全距离）时 Morgenstern-Price 法的分析结果

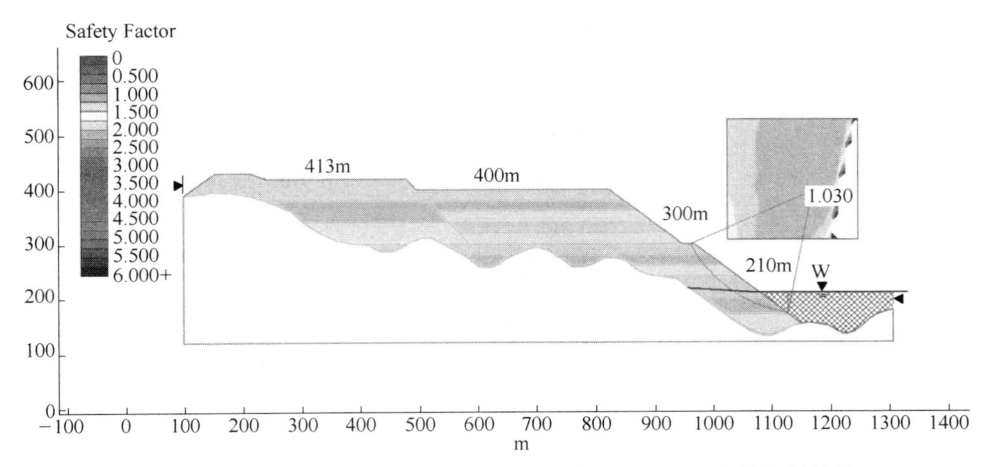

图 4-45 排土场堆积至 400m（平台宽度 20m）时 Bishop 法的分析结果

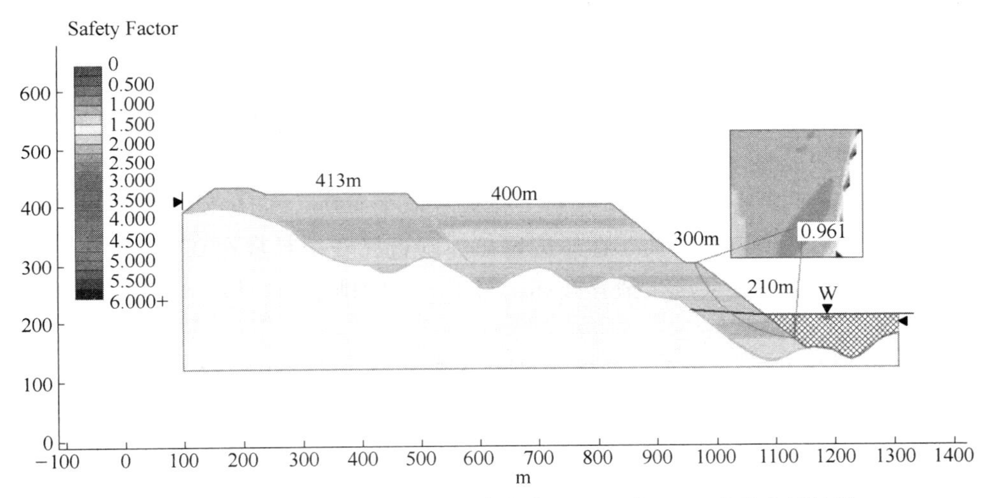

图 4-46 排土场堆积至 400m（平台宽度 20m）时 Janbu 法的分析结果

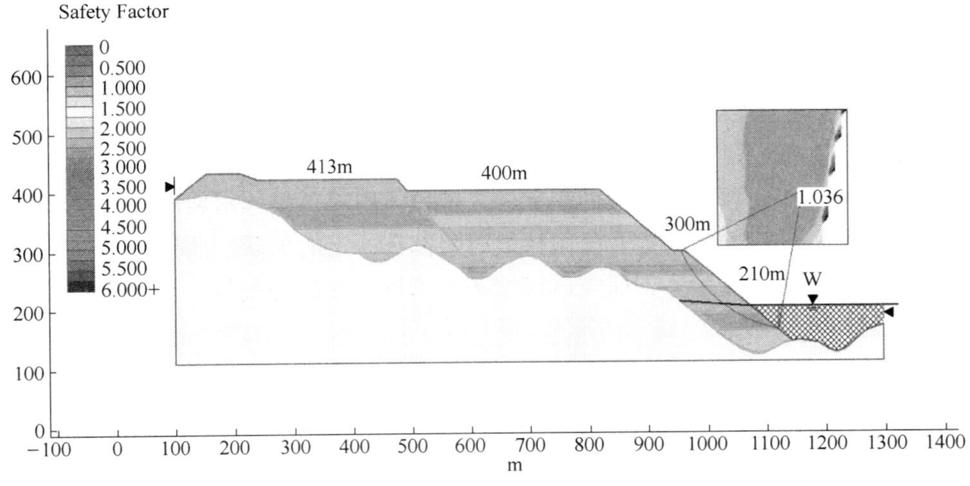

图 4-47 排土场堆积至 400m（平台宽度 20m）时 Morgenstern-Price 法的分析结果

表 4-13 最新堆积方案时的稳定性分析结果

计算工况	安全系数		
	Bishop 法	Janbu 法	Morgenstern-Price 法
工况一：至 340m 无安全距离	1.030	0.970	1.030
工况二：至 340m 安全距离 20m	1.069	1.001	1.073
工况三：至 400m 无安全距离	0.996	0.910	0.992
工况四：至 400m 安全距离 20m	1.030	0.965	1.036

从以上四种排土工况的计算可以得出如下结果：

（1）当将 340m 平台堆积至尾矿库边缘不预留安全距离时，在靠近尾矿库附近的安全系数还是比较低，几种方法计算得出的安全系数在 0.97～1.03 之间，处于不稳定状态，可能会发生滑移，不利于排土场的整体稳定性。

（2）将 340m 平台堆积至尾矿库边缘，但预留 20m 安全距离时，由于减少了对 300m 平台靠近尾矿库附近的压力，此时的安全系数较工况一有所提高，在 1.0～1.07 之间，此种情况时形成的边坡整体基本上能保持稳定。

（3）从 413m 平台直接向 340m 平台上排放堆积至 400m，向尾矿库附近推进时，若在靠近尾矿库附近不预留安全距离，在靠近尾矿库附近，安全系数在 0.91～0.99 之间变化，小于临界状态，因此可能会产生滑移破坏，与工况一中排土场的稳定性基本相似，处于不稳定状态。

（4）当堆积至 400m，预留一定距离的安全距离时，计算出的安全系数较不留安全系数的要大，其值在 0.96～1.03 之间，但也是小于临界状态，在靠近尾矿库附近还是可能产生滑移破坏。

（5）结合 300m 平台的计算结果可知，在靠近尾矿库边缘堆积形成的边坡均处于不稳定状态，可能会产生滑移破坏。若在堆积过程中靠近尾矿库附近预留一定的平台宽度，该处的安全系数会提高，边坡将可能由不稳定变为稳定。因此排土场在进行排土堆积时，在下部平台边缘预留一定的宽度有助于提高运行的安全稳定性，为安全考虑，最好不要再在 300m 平台裂缝区域上继续堆积废石。

4.2.8.3 降雨对排土场稳定性的影响分析

持续降雨条件下，排土场表层的积水渗入堆积体内部，散体材料将处于饱和状态。排土场饱和散体层的厚度与降雨量及降雨持续时间都有一定的关系。假设在极端条件下，排土场内部材料均处于饱和状态，研究该极端条件下排土场的稳定性。图 4-48～图 4-50 所示为计算剖面与计算结果。

从计算结果可以看出，排土场处于全饱和状态时，利用 Morgenstern-Price 法计算得出的安全系数为 1.016，处于亚稳定状态。此结果较正常运行状态下的安全系数小（表 4-14），即降雨作用降低了排土场的稳定性，如排水不畅时导致排土场全饱和，则排土场可能发生滑坡。

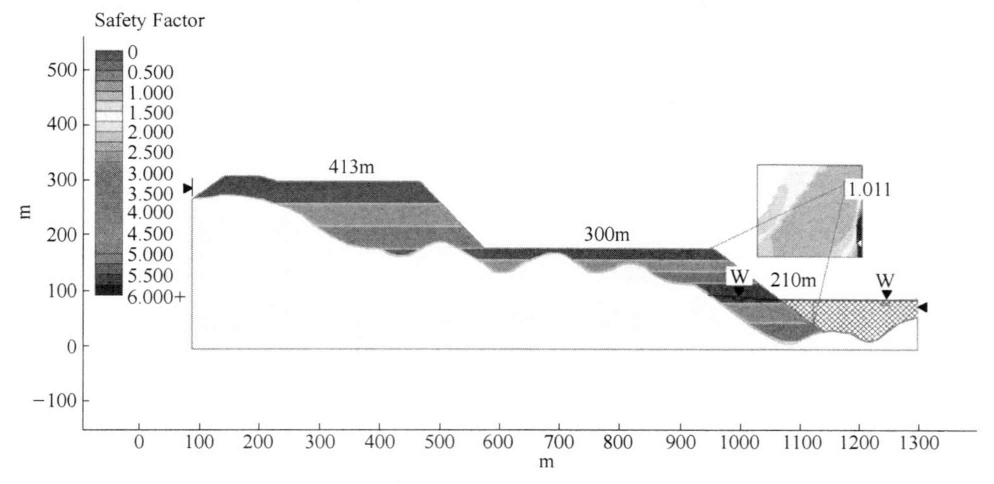

图 4-48 排土场降雨全饱和后下部 Bishop 法的分析结果

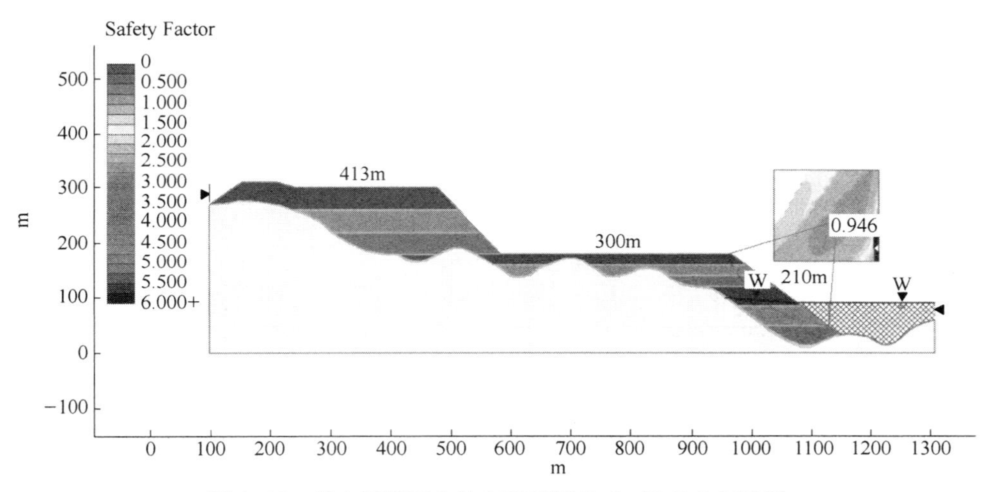

图 4-49 排土场降雨全饱和后下部 Janbu 法的分析结果

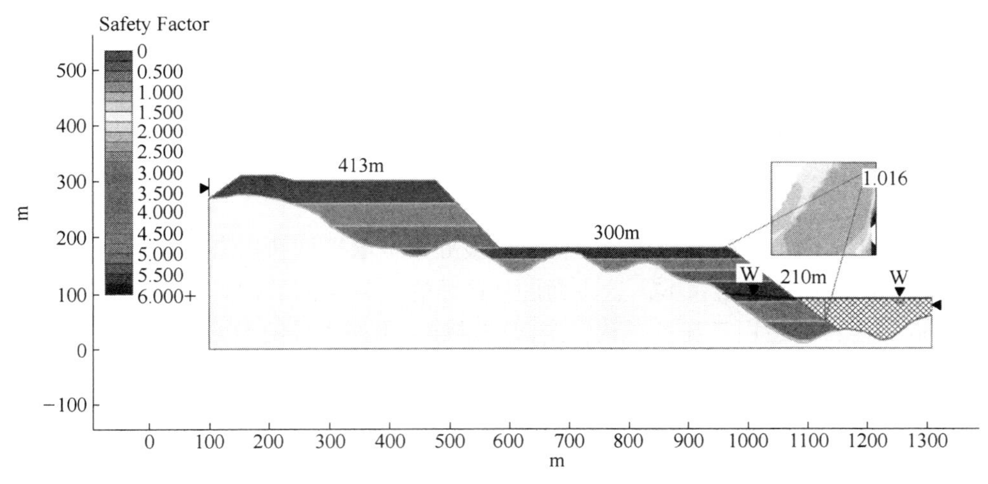

图 4-50 排土场降雨全饱和后下部 Morgenstern-Price 法的分析结果

表 4-14 不同饱和状态时稳定性分析结果

饱和状态	Bishop 法	Janbu 法	Morgenstern-Price 法
水位以下饱和	1.036	0.963	1.037
全饱和	1.011	0.926	1.016

4.2.8.4 安全平台宽度分析

由前面的计算结果可知，在堆积高度为 300m 时，地表最大的滑移影响范围达 20m，也即堆积安全平台在 20m 以上。在堆积 330m 平台时，若 330m 平台与 300m 平台之间安全平台宽度过短，会减小边坡的安全系数，若距离过大，则减少了可堆积的容量，因此需要选择一个合理的距离，使其既能满足稳定性要求，又能得到较大的容积。该次研究过程中，以堆积高度 400m 为例，分析此距离分别为 10m、20m、30m、40m 与 50m 时靠近尾矿库附近处边坡的安全系数，表 4-15 为计算结果。

表 4-15 近尾矿库处空余不同堆积距离时安全系数

方案	平台宽度/m	滑移面位置	计算出的安全系数		
			Bishop 法	Janbu 法	Morgenstern-Price 法
方案 1	10	近尾矿库	1.095	1.044	1.089
方案 2	20	近尾矿库	1.148	1.093	1.139
方案 3	30	近尾矿库	1.164	1.106	1.156
方案 4	40	近尾矿库	1.164	1.106	1.156
方案 5	50	近尾矿库	1.164	1.106	1.156

随着空余距离的增加，安全系数逐渐提高，从不稳定过渡到亚稳定与稳定状态。在空余距离小于 10m 时，安全系数都小于 1.10，处于亚稳定状态。空余距离在 20m 以上，安全系数都在 1.10 以上，处于稳定状态。在距离较小时，滑移面从 400m 切穿至 210m 水位之下；当距离较大时，滑移面仅在下部从 300m 切穿至水面之下。因此从安全因素考虑，在 30m 时整个堆积形成的排土场的安全系数最大，处于稳定状态，当距离超过 30m 以后，安全系数保持不变。参照已有的对发生泥石流可能性的研究表明，若要预防排土场泥石流的产生，台阶的安全平台宽度要大于 40m，此时排土场处于稳定状态。因此建议在进行排土堆积的规划时，最小的安全平台宽度应取 40m。

4.3 排土场边坡三维数值稳定性分析

极限平衡法采用条分的基本思想，假定边坡处于极限平衡状态来搜索最危险的潜在滑动面并计算相应的最小安全系数。这方面的理论研究，从早期的瑞典法到适用于圆弧滑裂面的 Bishop 法，再到适用于任意形状、全面满足静力平衡条件的 Morgenstern-Price 法（通用极限平衡法），其理论体系逐渐趋于严密，在边坡稳定性分析中采用得非常多。但极限平衡法并不能给出分析对象的应力场、变形场等信息，因而在判定边坡的破坏模式上仍然存在一定的不足。我们采用著名岩土分析软件 $FLAC^{3D}$ 软件对排土场典型剖面进行数值分析，并在数值分析的基础上进行这两个剖面的变形、破坏模式分析。

4.3.1　FLAC^{3D}及其原理简介

FLAC（Fast Lagrangian Analysis for Continuum）是美国 Itasca 咨询公司根据 Cundall 等人提出的根据显式有限差分法编制的有限差分软件，该软件分析对象主要针对岩土工程，具有很强的分析功能。主要计算特点为：

（1）通过对三维介质的离散，使所有外力与内力集中于三维网络节点上，进而将连续介质运动定律转化为离散节点上的牛顿定律。

（2）时间与空间的导数采用沿有限空间与时间间隔线性变化的有限差分来近似。

（3）将静力问题当作动力问题来求解，运动方程中惯性项用来作为达到所求静力平衡的一种手段。

4.3.1.1　三维空间离散

FLAC 首先将求解物体离散为一系列如图 4-51 所示的四面体单元，并采用下列插值函数：

$$\delta v_i = \sum_{n=1}^{4} \delta v_i^n N^n \tag{4-59}$$

$$N^n = c_0^n + c_1^n x'_1 + c_2^n x'_2 + c_3^n x'_3 \tag{4-60}$$

$$N^n(x'^j_1 \cdot x'^j_2 \cdot x'^j_3) = \delta_{nj} \tag{4-61}$$

式中　x_i，u_i，v_i——分别代表四面体中节点坐标、位移、速度。

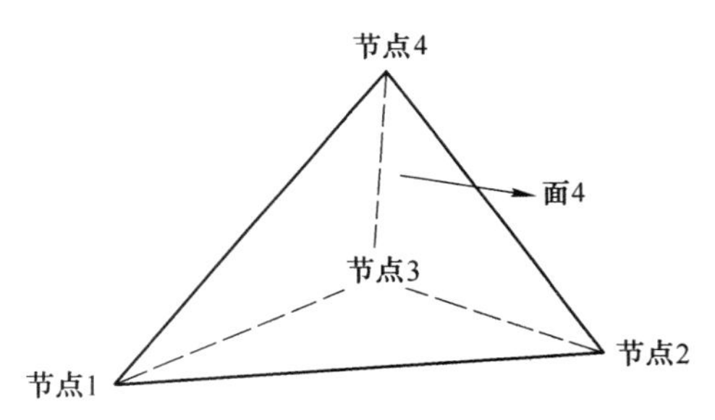

图 4-51　FLAC 三维离散的四面体

4.3.1.2　空间差分

由高斯定律，可将四面体的体积分转化为面积分。对于常应变率的四面体，由高斯定律得：

$$\int_V v_{i,j} \mathrm{d}V = \int_S v_i n_j \mathrm{d}S \tag{4-62}$$

$$v_{i,j} = -\frac{1}{3V}\sum_{l=1}^{4} v_i^l n_j^{(l)} S^{(l)} \tag{4-63}$$

式中　$n_i^{(l)}$——面的法矢量；

$S^{(l)}$——各面的面积；

V——四面体的体积。

则应变率张量为：

$$\xi_{ij} = \frac{1}{2}(v_{i,j} + v_{j,i}) \tag{4-64}$$

$$\xi_{ij} = -\frac{1}{6V}\sum_{l=1}^{4}(v_i^l n_j^{(l)} + v_j^l n_i^{(l)})S^{(l)} \tag{4-65}$$

应变增量张量为：

$$\Delta\varepsilon_{ij} = -\frac{\Delta t}{6V}\sum_{l=1}^{4}(v_i^l n_j^{(l)} + v_j^l n_i^{(l)})S^{(l)} \tag{4-66}$$

旋转率张量为：

$$\varpi_{ij} = -\frac{1}{6V}\sum_{l=1}^{4}(v_i^l n_j^{(l)} - v_j^l n_i^{(l)})S^{(l)} \tag{4-67}$$

而由本构方程和以上若干式可得应力增量为：

$$\Delta\sigma_{ij} = \Delta\bar{\sigma}_{ij} + \Delta\sigma_{ij}^C \tag{4-68}$$

$$\Delta\bar{\sigma}_{ij} = H_{ij}^*(\sigma_{ij},\ \xi_{ij}\Delta t) \tag{4-69}$$

$$\Delta\sigma_{ij}^C = (\varpi_{ik}\sigma_{kj} - \sigma_{ik}\varpi_{kj})\Delta t \tag{4-70}$$

小应变时，式（4-70）中的第二项可忽略。这样就由高斯定律将空间连续量转化为离散的节点量，可由节点位移与速度计算空间单元的应变与应力。

4.3.1.3 节点的运动方程与时间差分

对于固定时刻 t，节点的运动方程可表示为：

$$\sigma_{ij,j} + \rho B_i = 0 \tag{4-71}$$

式中的体积力定义为：

$$B_i = \rho\left(b_i - \frac{\mathrm{d}v_i}{\mathrm{d}t}\right) \tag{4-72}$$

由功的互等定律，将式（4-72）转化为：

$$F_i^{<l>} = M^{<l>}\left(\frac{\mathrm{d}v_i}{\mathrm{d}t}\right)^{<l>} \qquad (l = 1,\ n_n) \tag{4-73}$$

式中 n_n——解域总的节点数；

$M^{<l>}$——节点所代表的质量；

$F_i^{<l>}$——不平衡力。

它们的具体表达式为：

$$M^{<l>} = [[m]]^{<l>}$$

$$m^l = \frac{\alpha_1}{9V}\max([n_i^l S^{(l)}]^2,\ i = 1,\ 3) \tag{4-74}$$

$$F_i^{<l>} = [[p_i]]^{<l>} + P_i^{<l>}$$

$$p_{li} = \frac{1}{3}\sigma_{ij}n_j^{(l)}S^{(l)} + \frac{1}{4}\rho b_i V \tag{4-75}$$

式中 [[ ]]——各单元与 l 节点物理量的总和。

由（4-74）可得关于节点加速度的常微分方程：

$$\frac{\mathrm{d}v_i^{<l>}}{\mathrm{d}t} = \frac{1}{M^{<l>}}F_i^{<l>}(t\cdot\{v_i^1,\ v_i^2,\ v_i^3,\ \cdots,\ v_i^{<p>}\}^{<l>},\ \kappa) \qquad (l = 1,\ n_n) \tag{4-76}$$

对式（4-76）采用中心差分得节点速度：

$$v_i^l\left(t+\frac{\Delta t}{2}\right)=v_i^{<l>}\left(t-\frac{\Delta t}{2}\right)+\frac{\Delta t}{M^{<l>}}F_i^{<l>}\quad\left(t\cdot\{v_i^{<1>},\ v_i^{<2>},\ v_i^{<3>},\ \cdots,\ v_i^{<p>}\}^{<l>},\ \kappa\right) \tag{4-77}$$

同样中心差分得位移与节点坐标：

$$u_i^{<l>}(t+\Delta t)=u_i^{<l>}(t)+\Delta t v_i^{<l>}\left(t+\frac{\Delta t}{2}\right) \tag{4-78}$$

$$x_i^{<l>}(t+\Delta t)=x_i^{<l>}(t)+\Delta t x_i^{<l>}\left(t+\frac{\Delta t}{2}\right) \tag{4-79}$$

至此，完成了空间和时间的离散，将空间三维问题转化为各个节点的差分求解。具体计算时，可虚拟一足够长的时间区间，并划分为若干时间段，在每个时间段内，对每个节点求解，如此循环往复，直至每个节点的不平衡力比低于某一值（默认为 1.0×10^{-5}）。

4.3.1.4 强度折减法

1975 年 Zienkiewicz 等人首次在弹塑性有限元中引入了强度折减系数的概念，从而发展了土坡稳定性分析的强度折减弹塑性有限元法。该方法对于某一假定的强度折减系数 F_{trial}将土的实际强度参数黏聚力 c 和内摩擦角 ϕ 按照式（4-80）同时折减：

$$c_{\text{r}}=\frac{c}{F_{\text{trial}}},\qquad \phi_{\text{r}}=\arctan\left(\frac{\tan\phi}{F_{\text{trail}}}\right) \tag{4-80}$$

以此对边坡进行弹塑性有限元法（或有限差分法）计算，如果根据一定的失稳判据确定边坡达到极限平衡状态，则与此相对应的强度折减系数就是总体的安全系数，否则对于新假定的折减系数重复计算，直至边坡达到临界极限平衡状态。

随着计算机的飞速发展，采用理论体系更为严格的方法进行排土场边坡稳定性分析已经成为可能。有限差分法（或有限单元法）全面满足了静力许可、应变相容和应力-应变之间的本构关系，同时它可以不受排土场几何形状的不规则和材料的不均性的限制，是分析排土场应力、变形和稳定性的理想工具。

同传统的极限平衡法相比，有限差分法（或有限元法）的优点有：

（1）破坏面的形状或位置发生在岩土材料的抗剪强度不能抵抗剪应力的地带，因而不需要事先假定。

（2）由于有限元法引入变形协调的本构关系，因此也不需要引入假定条件，保持了严密的理论体系。

（3）提供了应力、变形的全部信息。

求解边坡的安全系数时，可以采用如下三种判断标准来确定极限状态。

（1）坡面顶部节点最大位移在固定时步数前后位移速率连续加速（即位移收敛准则）。

（2）固定时步前后速率差连续大于某比例（即速度收敛准则）。

（3）广义剪应变或塑性应变的贯通。

采用 FLAC^{3D}计算时，是根据速率收敛准则来判断边坡是否达到极限状态。需要说明的是，根据计算经验，采用速率收敛准则确定的安全系数一般比采用通用条分法得到的安全系数略大。

滑动面的确定方法主要采用折减系数至极限状态后的位移等值线、广义剪应变增量或者广义剪应变速率等值线图来确定，本节中采用广义剪应变增量等值云图来判定滑动面。

4.3.2　Duncan-Chang 本构关系

此次数值模拟的重点是堆积料的变形和破坏模式，基岩的强度相对堆积料而言很大，因此基岩的本构关系采用线弹性模型。要合理地反映排土场的变形和破坏特征，堆积料的本构选择非常重要。堆积料的三轴压缩实验表明，其应力-应变曲线为应变硬化型，并且杨氏模量和体积模量随着围压的增大呈非线性增大，因此本节数值分析中，堆积料的本构关系采用 Duncan-Chang 模型。Duncan-Chang 模型为非线性增量弹性模型，建立于 20 世纪 70 年代，因其参数易于测定，概念清楚，在国内外使用了近 30 年，积累了丰富的经验，该模型认为一般土的应力应变可采用双曲线函数描述。

$$\sigma_1 - \sigma_3 = \frac{\varepsilon_1}{a_1 + b\varepsilon_1} \tag{4-81}$$

式中　a_1——起始变形模量的倒数；

b——双曲线的渐近线对应的极限偏差应力 $(\sigma_1-\sigma_3)_{ult}$ 的倒数。

根据 Janbu 经验关系，土在三轴压缩下，起始变形模量 E_i 与围压有如下关系：

$$E_i = K_E \times p_a \times \left(\frac{\sigma_3}{p_a}\right)^{n_e} \tag{4-82}$$

式中　K_E，n_e——材料常数；

p_a——大气压，$p_a = 101.4\text{kPa}$。

在加载过程中，根据 Coulomb-Mohr 强度准则，土的切线模量 E_t 为：

$$E_t = Kp_a\left(\frac{\sigma_3}{p_a}\right)^n (1 - R_f s)^2 \tag{4-83}$$

式中　R_f——破坏比；

s——应力水平：

$$s = \frac{(\sigma_1 - \sigma_3)(1 - \sin\phi)}{2c\cos\phi + 2\sigma_3\sin\phi} \tag{4-84}$$

卸载-再加载过程中，土的卸载模量为：

$$E_{ur} = K_{ur}p_a\left(\frac{\sigma_3}{p_a}\right)^n \tag{4-85}$$

式中　K_{ur}——材料常数，可以取 1.2~1.5K。

Duncan-Chang 模型的卸载准则很多，实际应用中通常认为当前应力水平 s 大于历史最大应力水平 s_0，且当前应力差 $\sigma_1-\sigma_3$ 大于历史最大应力差 $(\sigma_1-\sigma_3)_0$ 时即视为加载，其他则视为卸载。

1980 年，Duncan 等人提出土的体积模量 B 与围压存在如下关系：

$$B = k_b \times p_a \times \left(\frac{\sigma_3}{p_a}\right)^{m_b} \tag{4-86}$$

式中　k_b，m_b——材料常数。

因此该模型也称为 E-B 模型，模型共有八个参数，根据不同围压下的压缩实验获得。

4.3.2.1 Duncan-Chang 模型在 $FLAC^{3D}$ 中的实现

尽管 Duncan-Chang 模型在岩土工程界应用较广，但诸如 $FLAC^{3D}$、ABAQUS、ANSYS 等国际通用软件并没有将其内嵌，因此基于 VC++平台，编译了动态链接库文件（.DLL），将 Duncan-Chang 模型嵌入到 $FLAC^{3D}$ 中，实现了数值计算。Duncan-Chang 模型的开发流程如图 4-52 所示。

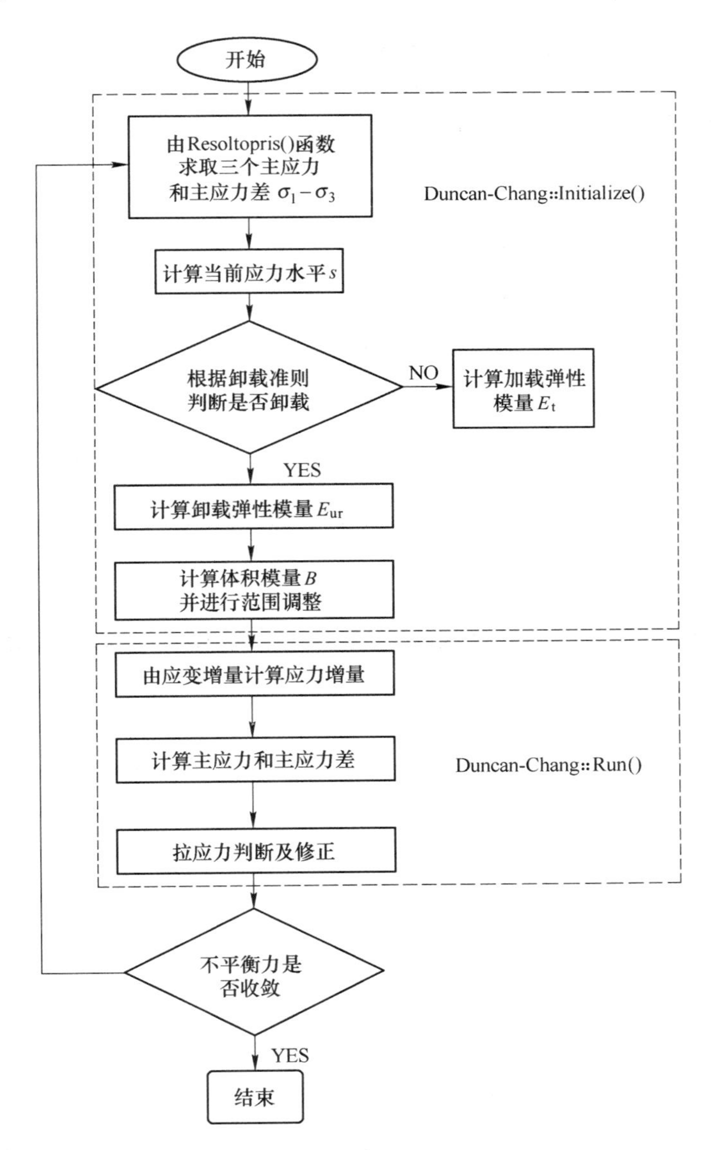

图 4-52 Duncan-Chang 模型流程

4.3.2.2 模型的验证

为了验证在 $FLAC^{3D}$ 中嵌入的 Duncan-Chang 模型的正确性，模拟了一个圆柱体的试样受三轴压缩（梯级围压分别为 0.4MPa、0.8MPa、1.6MPa、2.4MPa）的试验。计算参数采用堆积料的三轴试验结果，见表 4-16。

表 4-16 Duncan-Chang 模型嵌入验证模型参数

试样	K_E/kPa	n_e	K_b/kPa	m_b	R_f	c/kPa	ϕ/(°)
非饱和（高）	74	0.909	15	0.978	0.708	55	35.5

图 4-53 中曲线为数值模拟结果（椭圆标记显示为嵌入的 Duncan-Chang 模型分配的指针号 120），图 4-54 为实际的堆积料三轴压缩试验结果，通过对比，可以发现数值模拟结果和实际压缩试验结果吻合较好，从而验证了嵌入的 Duncan-Chang 模型的正确性。根据在大型三轴试验机所做的饱和、非饱和试样结果综合确定数值模拟时采用的 Duncan-Chang 模型参数，见表 4-17。

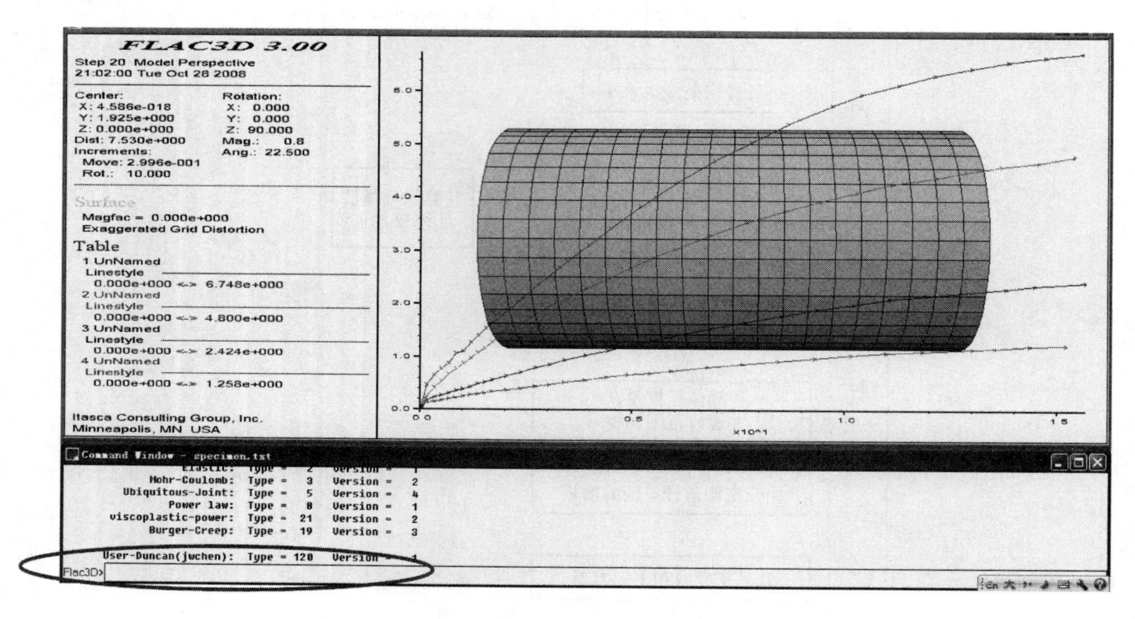

图 4-53 FLAC^{3D}嵌入 Duncan-Chang 模型验证结果

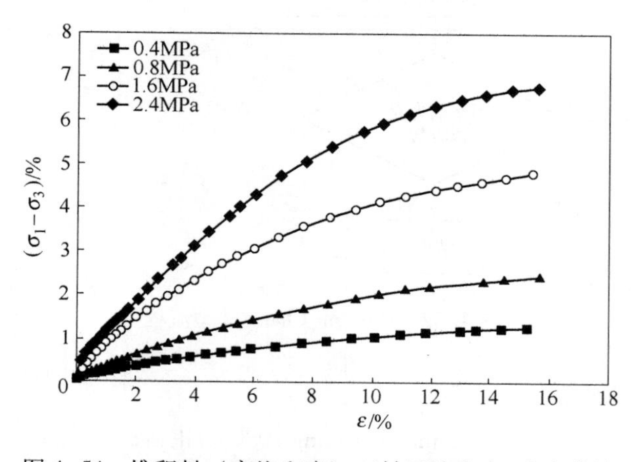

图 4-54 堆积料（高饱和度）三轴压缩应力-应变曲线

表 4-17　数值分析采用参数

试验干密度/t · m^{-3}	K_E/kPa	n_e	K_b/kPa	m_b	R_f	c/kPa	ϕ/(°)
1.88	74	0.915	25	0.878	0.700	45	35.5

4.3.3　数值模型的建立

数值模型建立包括模型建立（模拟对象的概化）、边界条件、参数选取、岩土体的本构关系等方面。数值分析模型是在岩土勘察所得到的典型剖面以及最终设计剖面的基础上建立的。排土场的岩土材料主要包括堆积料、地基土和基岩等，其中地基土的厚度非常小，且本身有一定的强度，因此在建模中不予以考虑。模型离散时，排土场剖面最终堆积剖面共划分 32694 个节点，162784 个单元（zone），类型为四面体单元，如图 4-55 和图 4-56 所示。

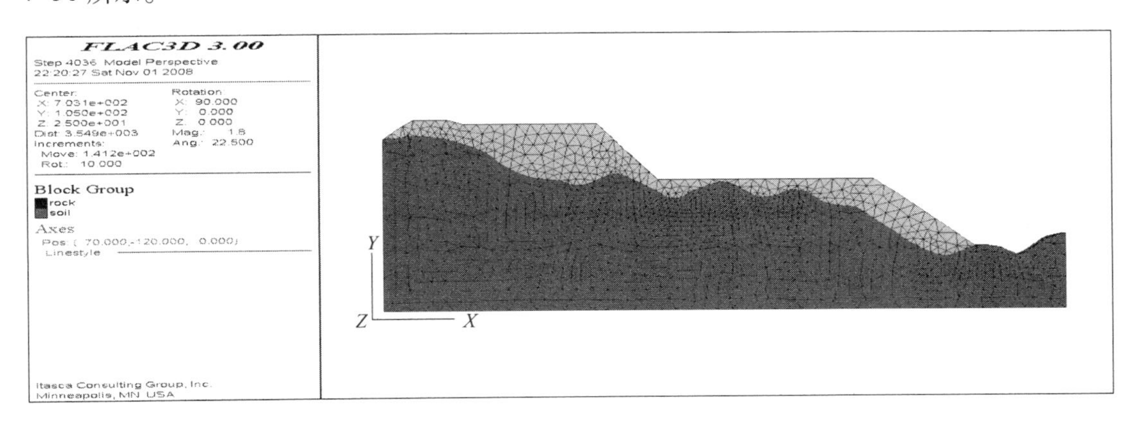

图 4-55　排土场数值模型

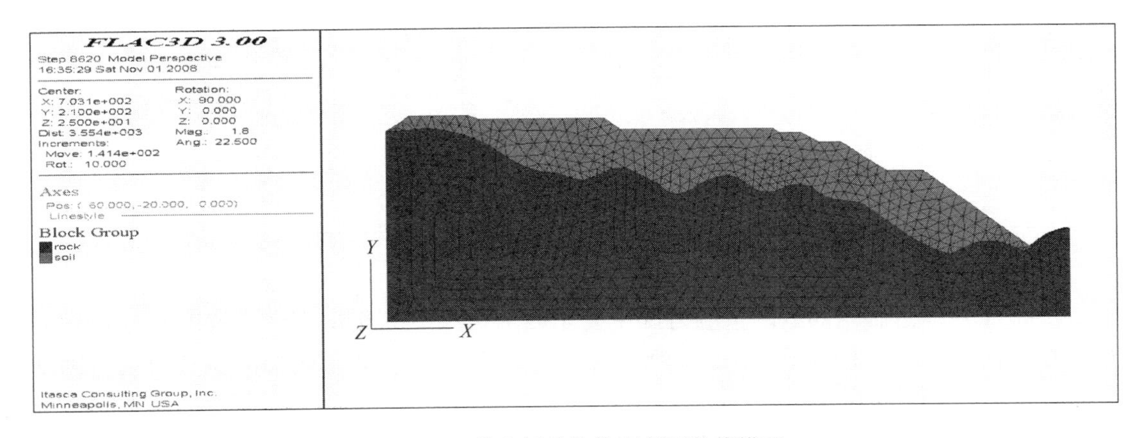

图 4-56　排土场最终堆积剖面数值模型

排土场堆积剖面模型左边、右边、底边均采用滚支约束，即左边界约束 X 轴正向位移，右边界约束 X 轴负向位移，底边界约束 Y 轴负向位移，模型顶面（地面）自由。力学边界只考虑由自重引起的初始地应力场，不考虑其他的力。模型左边界、右边界以及底边界的应力由初始应力场计算达到平衡时自动确定。

4.3.4 数值模拟结果分析

4.3.4.1 典型剖面计算结果分析

排土场数值计算结果表明，总位移最大处为413m平台靠近临空面部分，其次为300m平台处靠近临空面部分，如图4-57~图4-60所示。

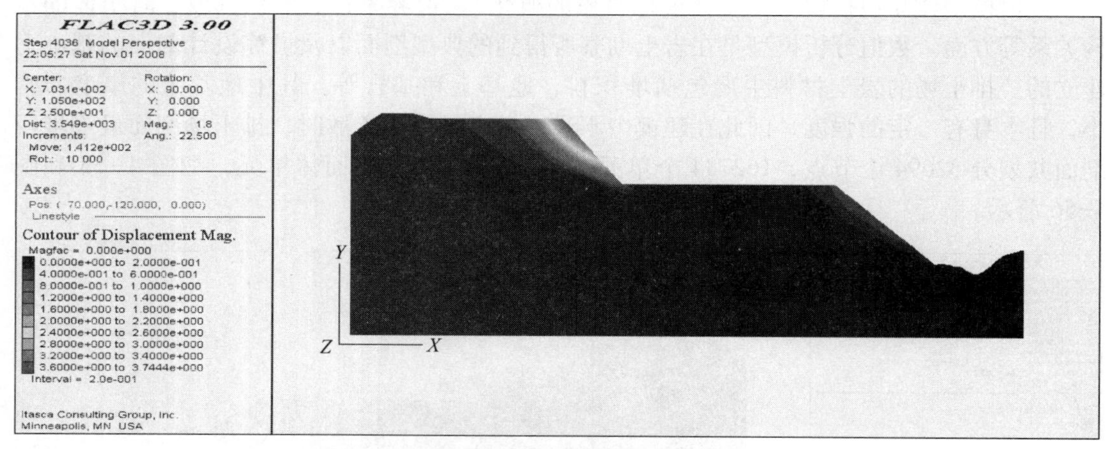

图4-57 排土场总位移等值云图

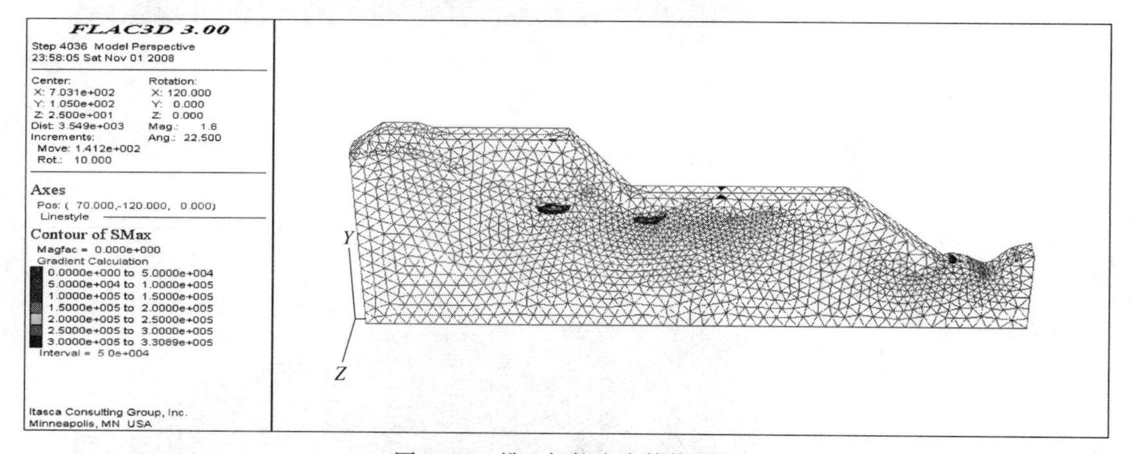

图4-58 排土场拉应力等值云图

413m平台靠近临空面处的拉应力区主要是因为坡脚应力集中产生位移变形或边坡鼓出，然后牵动上部边坡开裂所导致。300m平台中间基岩面斜坡顶面处的拉应力则是因基岩面起伏致使堆积料不均匀变形所致。基岩面上的拉应力是堆积料在沉降、压密过程中推压基岩面所导致。这也说明，起伏的基岩面有利于堆积料的抗滑稳定性。

综合总位移、拉应力等值云图分析，排土场的413m平台在堆积料的沉降、压密过程中会出现拉裂缝，这也得到了现场调查的证实。对413m平台斜坡采用强度折减法分析得到安全系数 $F_s=1.04$，滑动面为圆弧状；300m平台斜坡安全系数 $F_s=1.12$，滑动面同样为圆弧状。

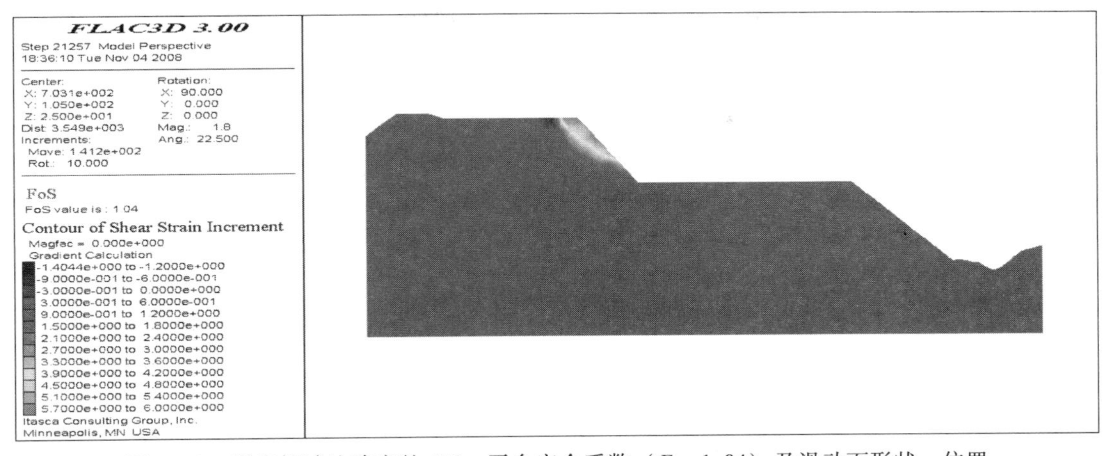

图 4-59 强度折减法确定的 413m 平台安全系数（$F_s=1.04$）及滑动面形状、位置

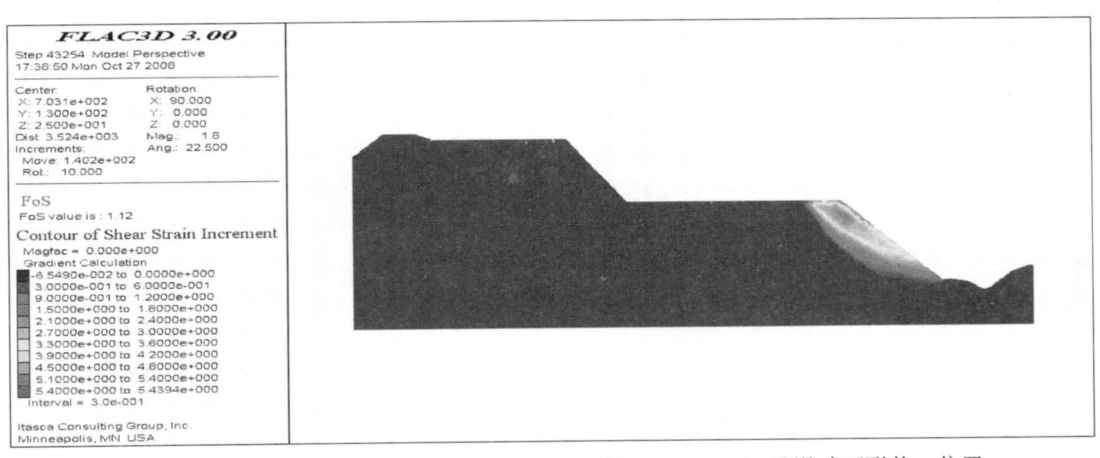

图 4-60 强度折减法确定的 300m 平台安全系数（$F_s=1.12$）及滑动面形状、位置

4.3.4.2 最终剖面计算分析

数值模拟（图 4-61～图 4-63）表明，排土场最终堆积剖面总位移最大处为 300m 平台靠近临空面，其次为 360m 平台和 400m 平台分别靠近临空面处。拉应力分布也同样在是在这三个位置。因此在这三级平台靠近临空面处将会出现裂缝。根据强度折减法确定得到的排土场最终堆积剖面的安全系数 $F_s=1.09$，潜在滑动体后缘位于 300m 平台靠近尾矿库处，剪出口为坡脚内侧凸起的基岩面处，滑动面形态为圆弧状。

将利用强度折减法计算出的安全系数与非线性有限单元法的计算结果进行对比可知（表 4-18），由于极限平衡法在进行计算过程中对破坏面形状与本构关系进行了一些假定，使稳定性分析结果偏低，而强度折减法未进行相关的假设，因此计算结果更能反映真实情况。

表 4-18 排土场不同方法稳定性分析结果

剖面位置	Bishop 法	Janbu 法	Morgenstern-Price 法	强度折减法
典型剖面中部	1.035	0.983	1.031	1.04
典型剖面下部	1.039	0.974	1.045	1.12
最终堆积剖面	1.036	0.963	1.037	1.09

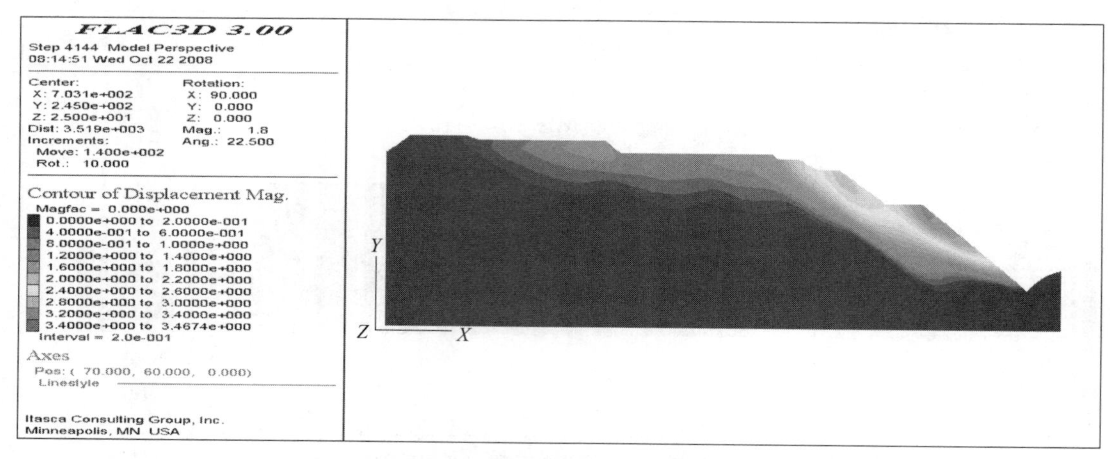

图 4-61　排土场最终堆积剖面总位移等值云图

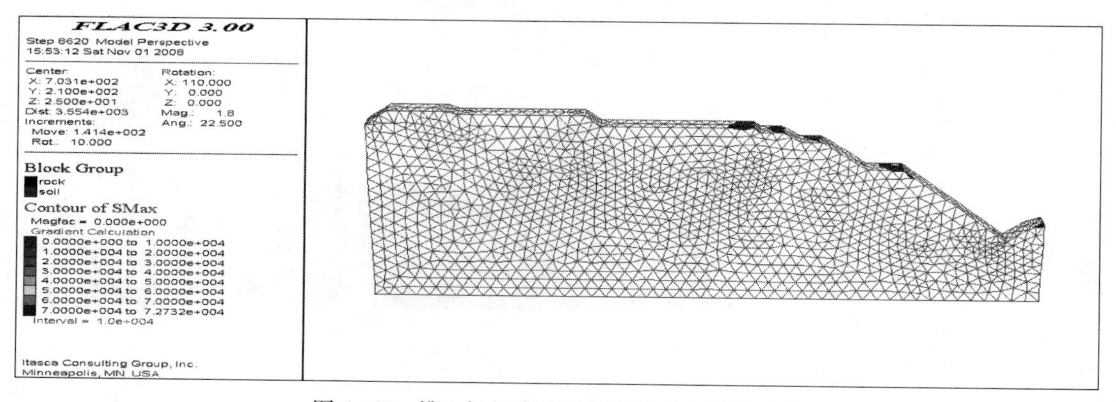

图 4-62　排土场最终堆积剖面拉应力等值云图

图 4-63　强度折减法所确定的最终堆积剖面安全系数（$F_s = 1.09$）及滑动面形状、位置

4.4　考虑粒径分级的高台阶排土场三维数值稳定性分析

我国排土场、矸石山等发展高台阶排土技术、建立超高台阶排土场是大幅度减少矿业

占地的重大举措。但在超高台阶排土场成为人类工程活动中常见的一类地质体的同时，也衍生出一系列的地质灾害现象并带来一系列重大工程地质问题，严重威胁着人类生存、工程建设及运营期间的安全。如 2008 年 8 月 1 日，山西省太原市娄烦县尖山铁矿排土场发生特别重大垮塌事件，造成 45 人遇难就是一个警讯。

排土场是露天矿山开采时表层剥离废石堆积而成的巨型人工边坡。因此，它不同于其他边坡，其具有自身的特点。超高台阶排土场区别于一般土质边坡最大的特征就在于：采用一坡到底的排土场的排废过程使堆积体粒度具明显的分选性。其总体规律表现为：其粒径块度由上而下逐渐增大。总的趋向是小块集中在上部，大块在下部，中间部分各种块度参差不齐但以中等块度居多。因此，大多数工程人员在对其边坡进行稳定分析时完全简化了排土场的这一重要特征，他们大多把堆积体简化成上、中、下 3 层，有的甚至把超高台阶排土场堆积体作为相同粒径级配的均匀介质进行边坡稳定性分析。众所周知，堆积散体的强度参数是边坡稳定性计算分析中一个至关重要因素，而不同的粒径组成是散体粗粒料强度参数的主要影响因素。因此，此种过于简化的计算结果是不科学和不合理的。

岩土工作者们未考虑或未完全考虑超高台阶排土场的这一重要特征主要有三方面因素。

（1）超高台阶排土场边坡的粒径分布难以获取。由于排土场的粒径筛分的工作量大、劳动强度高，而摄影法误差大，所以获取排土场随高度变化的粒径分布需要耗费大量的人力和物力。

（2）排土场散体强度参数的合理取值一直是困扰岩土工程界的难题。

1）排土场散体物料的尺寸相差悬殊，大的可以达到 1m。由于利用现有的大型试验仪器还不能对原型级配土石料进行力学试验，就限制了室内试验用料的最大粒径，因此必须对原型级配试料进行缩尺处理。由于缩尺后试料级配与原级配不同，导致采用不同缩尺方法缩尺后的试料级配和密度也不同。所以，即使试验条件相同，也会使试验结果出现较大差异。目前试验替代级配料与原型级配料的力学特性关系还难以定量描述。

2）目前，一般的粗粒土室内试验的粒径范围为 0~60mm，所以试样的颗粒粒径尺寸相差还是较大，不均匀程度高。粗粒土的宏观力学特性是复杂的，其土颗粒组成、土颗粒的几何排列方式和粒间作用力（即组构）是决定其宏观力学性质的根本因素，致使粗粒土的宏观力学特性表现出强烈的离散特征。由于粗粒料各粒组在试验过程中的随机分布（即离散特征），就算同一试验人员在同一试验仪器，采用同样的试验方法进行试验，即使试验的级配与试样的密度相同，其试样内颗粒的初始架构可能完全不同，导致其测得的强度参数差异较大。因此，由于试验替代级配料与原型级配料的力学特性关系难以定量描述，颗粒的组构也没有形成可用的理论，致使合理的粗粒料力学参数难以通过室内试验得到。

（3）人力、财力和时间的限制。由于粗粒料传统的室内试验都需要使用大型设备来进行试验，如果对不同粒径含量的散体粗粒料进行试验，这需要花费大量的人力、财力和时间，这在工程上既不经济也不可取。

基于以上客观因素的存在，仅采用传统的边坡分析方法无法考虑超高台阶排土场粒径分级这一明显特征。因此，这就需要在传统试验工作的基础上，引入其他分析手段，以弥补超高台阶排土场现行边坡稳定性分析方面的不足。李世海等通过对土石混合体的研究指出：土石混合体具有块体的形状大小不均匀和堆积块体在空间随机分布的特点，因此，虽然给出堆积体的力学特性比较困难，但是通过试验分别获得合理的块石和充填土的力学特性要容易得多。1977 年日本的研究资料也表明：当试样均匀时，试样直径对所测得的应力-应变曲线无显著差别；而试样不均匀时，大尺寸试样得出的内摩擦角偏小。

4.4.1　排土场工程概况

某铜矿排土场面积约 2.5km^2，排土场场区海拔标高在 125~410m 之间，沟谷发育，两旁山坡较陡，其坡度在 35°~50°之间，地势变化由西南向东北方向逐渐降低。场区沟谷众多，各支沟山谷多呈 V 形，相对狭窄，沟底宽一般在 20~100m 不等，沟底纵坡在 8°~30°之间。此地区地层单一，地基地层岩性以千枚状凝灰岩为主，主要为前震旦千枚岩系地层，节理发育，岩层层理不明显，片理一般倾向北偏西，倾角 30°左右，发育方向与岩层倾向基本一致，岩层呈单斜状倾向北西。其侵入体以燕山期花岗岩闪长斑岩为主，其地质概况如图 4-64 所示。

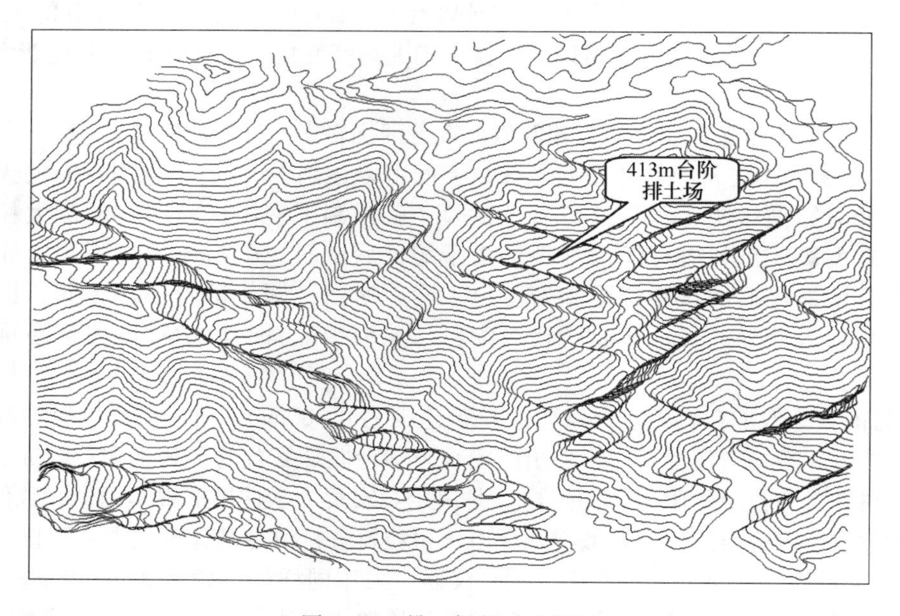

图 4-64　排土场的地质概况

从图 4-64 中可以看出，413m 台阶排土场所在的位置三面环山，呈倾斜的簸箕状地形。413m 台阶排土场的物料成分主要为爆破后的微风化千枚岩，且排土场坡面堆积散体呈松散状，从现场可知，此排土场中部已出现微微隆起。

4.4.1.1　现场裂缝调查

413m 台阶排土场的堆排采用一坡到底的单台阶全段高排土，排土工艺采用由内向外的边缘堆排法排放散体。排土单台阶高达 120m。从调查情况看，由于排土台阶高，在排土过程中413m台阶顶面平台出现大量裂缝，图4-65为其现场裂缝调查图。为此，根据裂缝的分布规律，在413m平台进行了现场的测量工作，通过交会法测量了裂缝的起点、终点坐标，裂缝的延伸方位，通过卷尺与皮尺测量裂缝之间的间距、裂缝的宽度及部分大裂缝的垂直断距。

a

b

c

图4-65 现场裂缝调查

现场调查发现413m台阶排土场平台上总计有15条裂缝，图4-66所示为413m平台上的裂缝调查结果。

表4-19为测量的413m台阶排土场平台不同地区裂缝的方位、长度与宽度。在413m台阶排土场平台上，由于堆积时间相对较短，平台大而平整，因此裂缝发育相对较新，裂缝宽度比较小，除了一条裂缝宽度在15~20m外，其余裂缝宽度均小于10cm。但其裂缝延伸较长，最长的可达55m左右，一般都有20~30m。因此，在有外力作用时，此边坡也极有可能出现滑坡等灾害性事故，这不仅对人员和排土设备——矿用大型载重汽车、推土机等的安全构成威胁，而且排土场紧邻尾矿库，其滑坡可能会影响尾矿坝的安全。

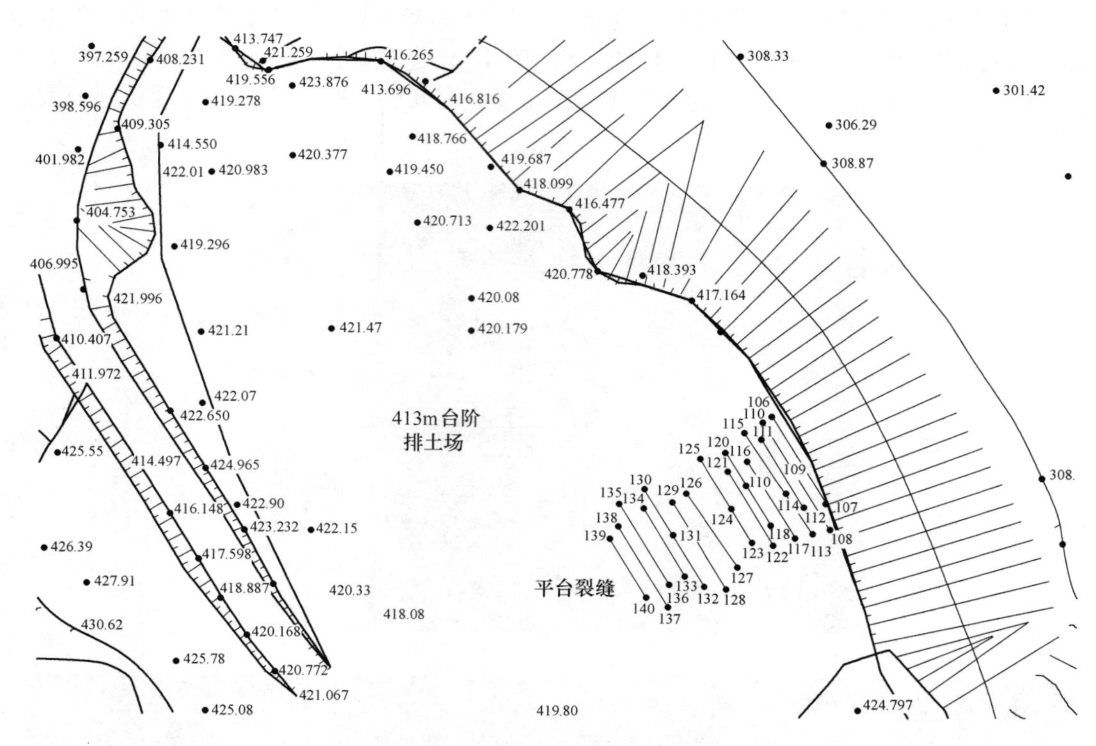

图 4-66　413m 台阶排土场平台裂缝调查结果

表 4-19　413m 台阶排土场平台表面裂缝主要参数

裂缝编号	主要延伸方位	测量点位	长度/m	裂缝宽度/cm
1	NW329	106，107	44.80	15~20
2	NW329	108~110	55.08	10
3	NW329	111，112	35.79	5
4	NW327	113~115	52.49	4
5	NW329	116~117	39.84	5
6	NW329	118~120	38.07	8
7	NW329	121，122	38.57	4
8	NW329	123~125	43.66	4
9	NW326	126，127	39.14	2
10	NW329	128，129	44.42	2
11	NW329	130~132	49.23	3
12	NW329	133，134	34.19	3
13	NW329	135，136	41.23	3
14	NW329	137，138	40.97	2~4
15	NW329	139，140	30.57	0.5

4.4.1.2 排土场散体粒径调查结果

根据散体颗粒粒径的分类，可以将散体大致归为三类：Powder-Granular Granular 粉粒状散体（小于 10mm）；Small-Block Granular 小块状散体（10～60mm）；Large-Block Granular_中大块状散体（大于 60mm）。为了便于表述，将这三类散体材料分别采用其英文翻译的首字母来表示（如 Powder-Granular Granular 粉粒状散体简称为 PG-G 散体；Small-Block Granular_小块状散体简称为 SB-G 散体；Large-Block Granular 中大块状散体简称为 LB-G 散体）。同时，依据对 413m 台阶排土场散体物料的粒度筛分结果，此处采用爆堆散体来表示排土场未经分级的散体物料。选择在 413m 台阶排土场顶部平台上布设 3 组爆堆散体的平均值作为未分级的散体，其结果见表 4-20。

表 4-20 散体分类及爆堆散体块度调查结果

散体名称	名称缩写	颗粒尺寸/mm	爆堆散体块度含量/%			
			Ⅰ组	Ⅱ组	Ⅲ组	均值
粉粒状散体	PG-G 散体	$d<10$	27.3	20.2	25.3	24.3
小块状散体	SB-G 散体	$10\leqslant d\leqslant 60$	47.9	50.8	45.5	48.0
中大块状散体	LB-G 散体	$d>60$	24.8	29.0	29.2	27.7

另外，将 413m 台阶排土场的坡面上的两条坡面（$A-A'$坡面和 $B-B'$坡面）不同高度的“粒径均值”作为排土场的各高层的粒径分布（见表 4-21），通过此粒径分布的设置表征“排土场散体块度明显的分级规律”。

表 4-21 实测的不同高度的各散体粒径含量（均值）

散体名称	相对高度各块度含量/%											
	10m	20m	30m	40m	50m	60m	70m	80m	90m	100m	110m	120m
PG-G	5.6	12.0	8.8	15.4	19.1	18.3	27.5	25.6	30.0	37.3	36.8	38.6
SB-G	33.2	42.4	43.6	48.9	54.0	51.9	49.7	54.3	50.5	47.7	45.6	46.9
LB-G	61.2	45.6	47.6	35.7	26.9	29.8	22.8	20.1	19.5	15.0	17.6	14.5

从表 4-20 可以看出，413m 台阶排土场边坡块度分布的基本变化规律是：$d>60$mm 的大颗粒散体随边坡高度的增加而明显减小，从 61.2%减至 14.5%；坡脚处中大块状散体的粒径变化非常明显，其中 $d>100$mm 的大颗粒岩石含量较多，需用测量法和筛分法结合来获得其粒径分布。10mm$\leqslant d\leqslant$60mm 的小块状散体随边坡高度的增加变化不大，排土场中部的小块状散体含量要多于顶部和底部，其范围在 33.2%～54.3%；$d<10$mm 的粉粒状散体随着边坡高度的增加而起伏性地增加，从 5.6%增加到 38.6%。

4.4.2 表征粒径分级的排土场边坡计算模型

由于元胞自动机是时间和空间都离散的动力系统。所以，此处以 413m 台阶排土场现场获得的各相对高度的粒径调查结果为基础，并借助 HHC-Granular 模型来模拟排土场各高层粒径的随机分布，从而建立表征明显粒径分级的超高台阶排土场边坡计算模型。在对此边坡计算模型进行稳定性分析时，仅仅需要三种散体介质（PG-G 散体、SB-G 散体和 LB-G 散体）在排土场不同高度时的百分含量和这三种散体介质的物理力学参数。而不需每层（总计 12 层）都设置不同的力学参数。这既可以节省大量的人力、财力和时间，还可提高边坡计算的可靠度。

4.4.2.1 排土场边坡模型

由于 413m 台阶排土场采用一坡到底的单台阶全段高排土，其排土台阶高达 120m，为了与实际边坡相一致，先根据原始地形线在 CAD 中建立三维地质图，然后将其建立的图形导入 ANSYS 中建立边坡网格模型。其边坡工程地质模型 3D 空间为：X 向坐标范围为 0～620m；Y 向坐标范围为 0～700m；Z 向坐标范围为 -170～0m。在边坡稳定性计算分析时，为了利用实测粒径调查结果来分析“明显的粒径分级”对超高台阶排土场边坡稳定性的影响，在建模过程中将排土场的堆积散体划分为 12 层（与 413m 台阶排土场坡面粒径调查实验点的数量一致），且每层划分 5000 个固定的六面体单元（单元数与 HHC-Granular 模型的单元数保持一致）。最终，排土场堆积体总计有 6×10^4 个六面体单元，而整个边坡模型有 97838 个六面体单元、107677 个节点。其模型如图 4-67 所示。

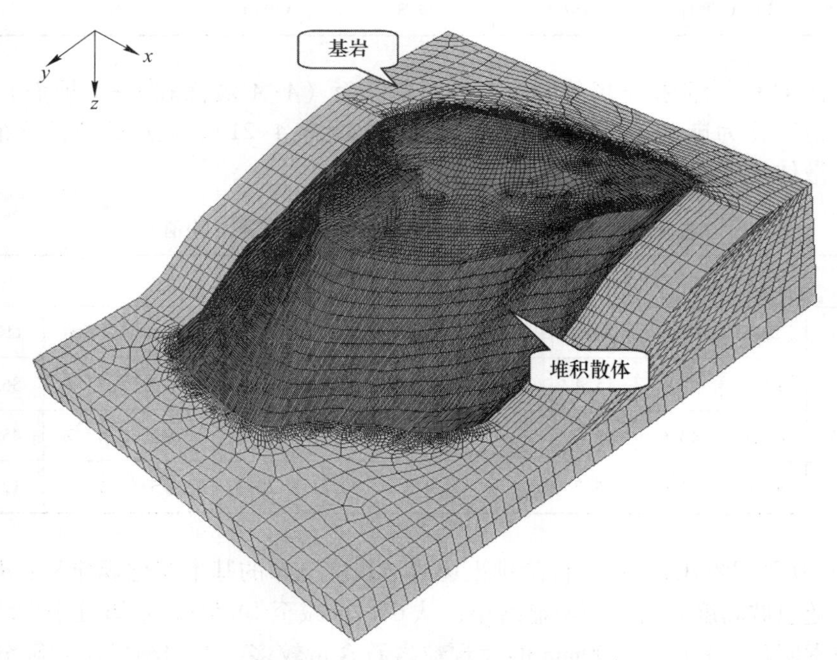

图 4-67　413m 台阶排土场边坡模型

4.4.2.2 HHC-Granular 模型

HHC-Granular 模型的元胞空间、边界条件和演化规则等均同于 HHC-CA 模型，唯一不同的是其演化后的元胞状态“0”、“1”和“2”表示了不同的物质，其中“0”在此代表 PG-G_粉粒状散体，“1”表示 SB-G_小块状散体，“2”表示 LB-G_中大块状散体，其模型界面及其随机生成的散体粗粒料如图 4-68 所示。

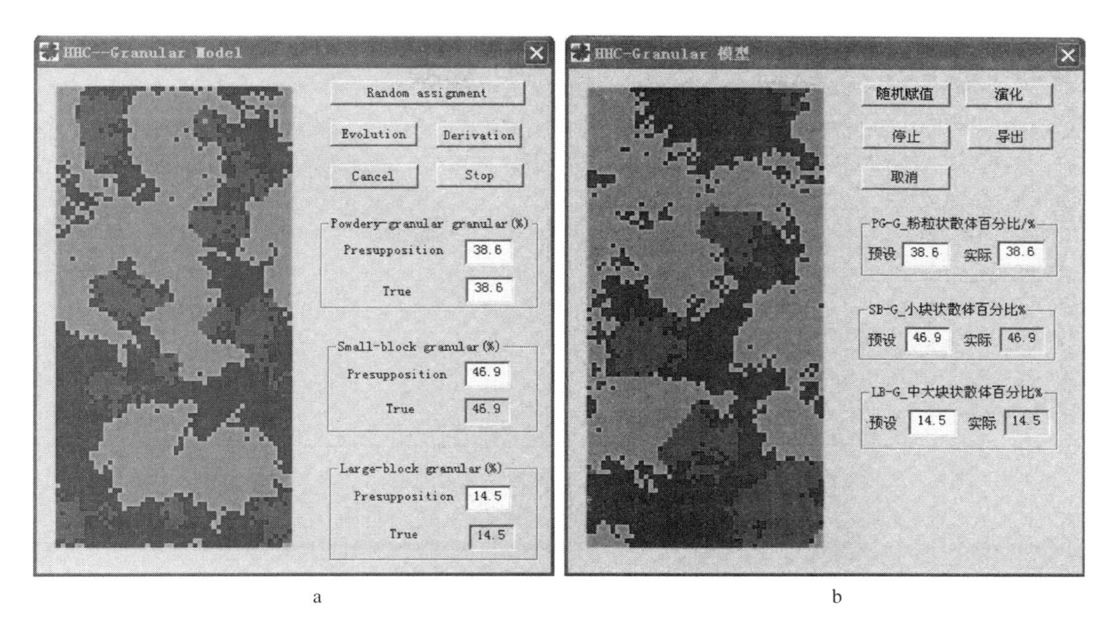

a b

图 4-68 HHC-Granular 模型界面及其生成的散体粗粒料

■ PG-G 散体；■ SB-G 散体；■ LB-G 散体

4.4.2.3 建立表征“明显粒径分级”的边坡计算模型

根据413m台阶排土场的实际粒径调查结果，并结合HHC-Granular模型和建立的边坡模型，建立考虑明显粒径分级的413m台阶排土场边坡计算模型。通过413m台阶排土场各高层的粒径调查结果，利用HHC-Granular模型分别随机模拟各高层的“PG-G 散体”、“SB-G 散体”和“LB-G 散体”。并将模拟的结果导入对应高度的边坡模型中。图4-69~图4-72是413m台阶排土场的相对高度为10m、40m、80m和120m时随机模拟生成三种散体介质及导入边坡模型后的效果图。

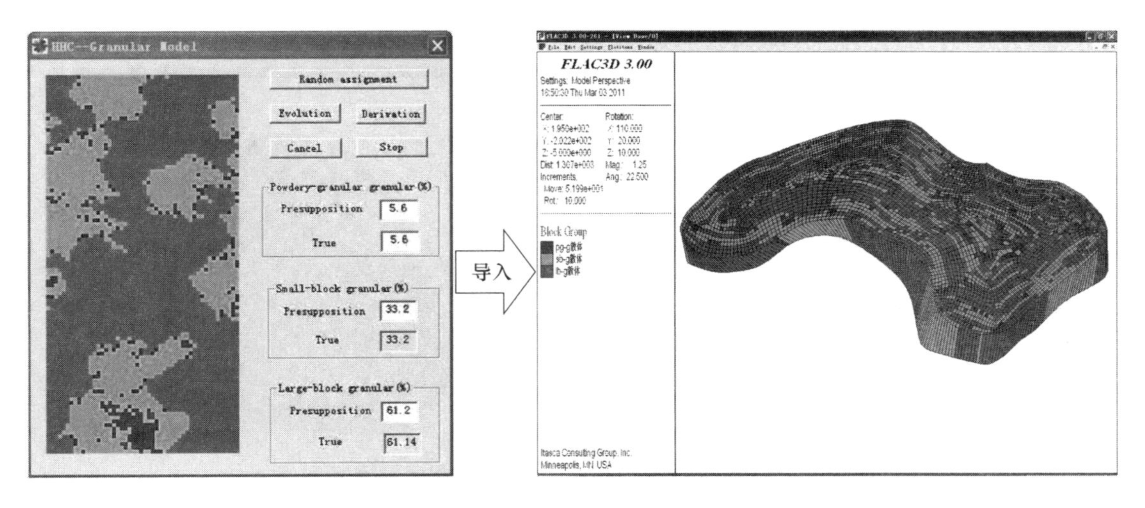

图 4-69 “相对高度 10m”散体粗粒料模拟结果及其导入边坡模型后的堆积体

■ PG-G 散体；■ SB-G 散体；■ LB-G 散体

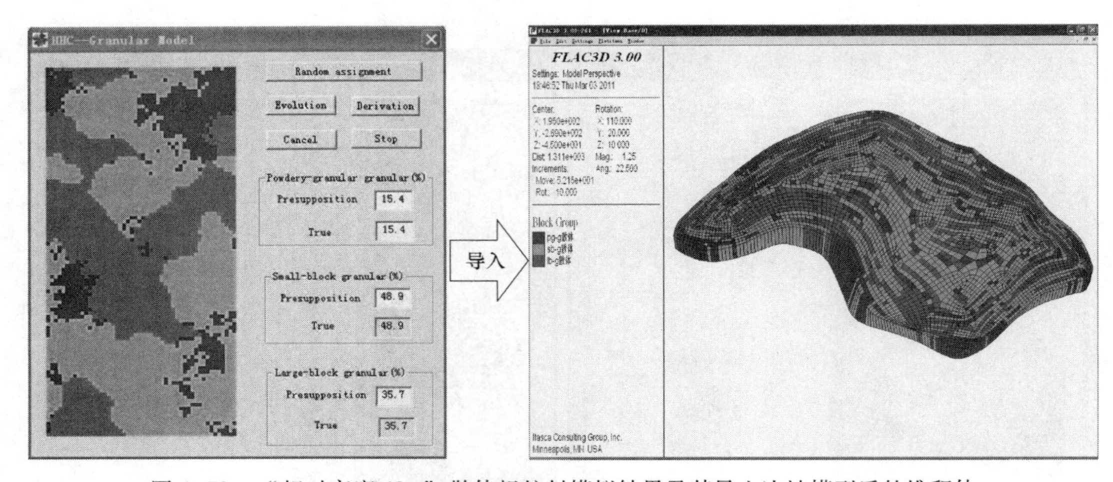

图 4-70 “相对高度 40m” 散体粗粒料模拟结果及其导入边坡模型后的堆积体

■ PG-G 散体； ■ SB-G 散体； ■ LB-G 散体

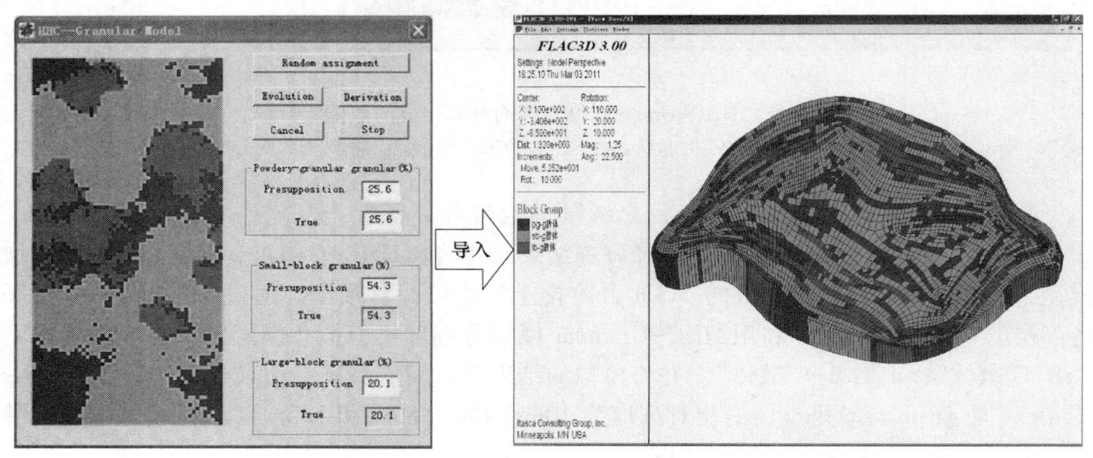

图 4-71 “相对高度 80m” 散体粗粒料模拟结果及其导入边坡模型后的堆积体

■ PG-G 散体； ■ SB-G 散体； ■ LB-G 散体

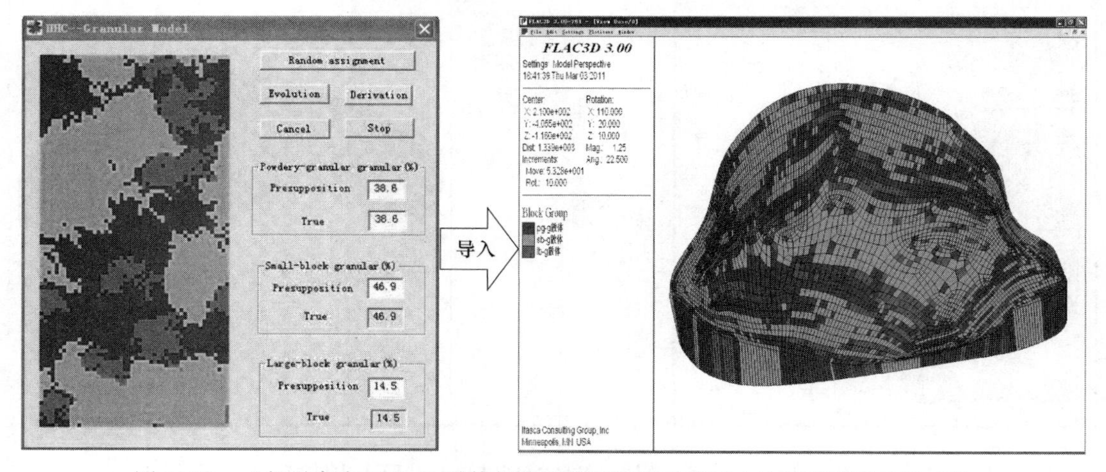

图 4-72 “相对高度 120m” 散体粗粒料模拟结果及其导入边坡模型后的堆积体

■ PG-G 散体； ■ SB-G 散体； ■ LB-G 散体

从图4-69~图4-72可以看出，HHC-Granular模型模拟生成的各散体物料试样能表征超高台阶排土场明显的粒径分级这一特点。图4-73是借助HHC-Granular模型，将散体块度分布完全导入超高台阶排土场后的边坡计算模型。

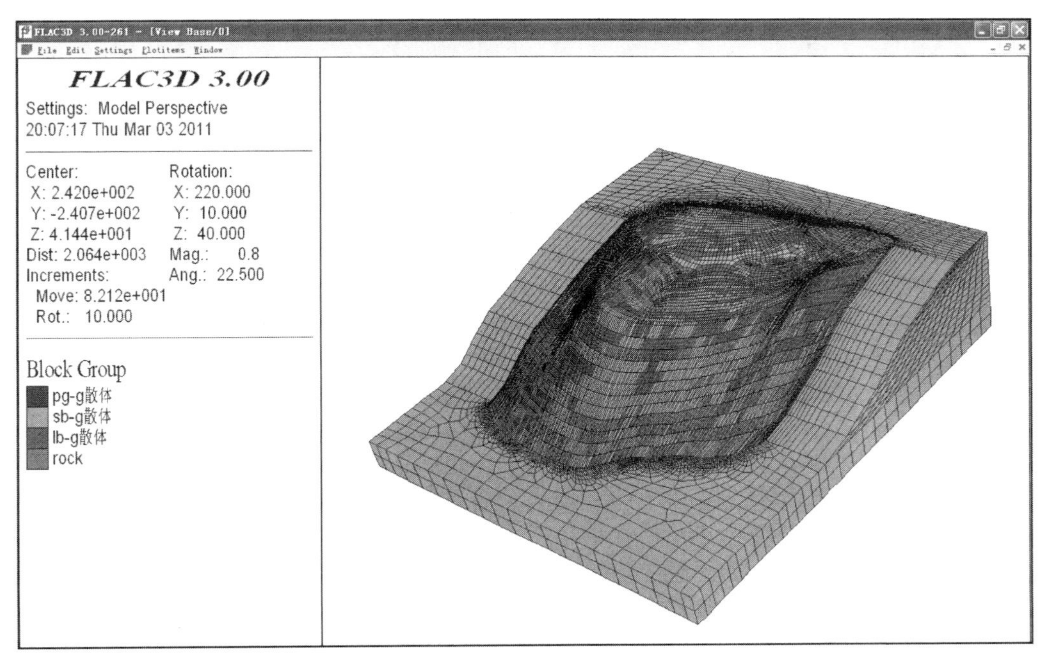

图4-73 导入HHC-Granular模型生成的散体物料的排土场边坡计算模型

4.4.3 边坡稳定性分析计算方案

4.4.3.1 计算方案

高台阶排土与增加排土场堆高是减少排土场占地、增加排土场容积最有效途径。在占地面积、排土高度和排土总量不变（即最终形成相同的坡面）的情况下，其散体的堆排模式主要有采用一坡到底的单台阶全段高排土（413m台阶排土场）和全覆盖式多台阶排土，其示意图如图4-74所示，图中的1、2、3为排土顺序。ⅰ型为单台阶全段高排土，ⅱ型、ⅲ型、ⅳ型为不同方式的全覆盖式多台阶排土。此分析中的排土工艺都是采用由内向外的边缘堆排法排土。

从现场调查资料可知，在排土场单台阶高度低于40m时，其粒径分级不很明显。所以，为了研究堆排模式对排土场稳定性的影响，假定排土段高低于40m时的散体粒径设为现场实测的爆堆散体均值粒径（即未分级的散体介质）。基于以上假定，此处把413m台阶排土场分为三部分：排土场下部（相对高度为0~40m）；排土场中部（相对高度为40~80m）；排土场上部（相对高度为80~120m）。高台阶排土是露天矿生产的一项重要工作。工程设计的关键在于既要高的段高又要稳定安全，因此，为了比较“单台阶全段高排土”和不同方案的“全覆盖式多台阶排土”。制定了6种排土方案，各方案的粒径分布见表4-22。表中的“相对高度”是指排土场相对于坡底的高度；表4-22中带“＊”数字部分表示现场实测的爆堆散体均值粒径；带“▲”数据不是现场实测数据，是为了便于研究而人为设置的。

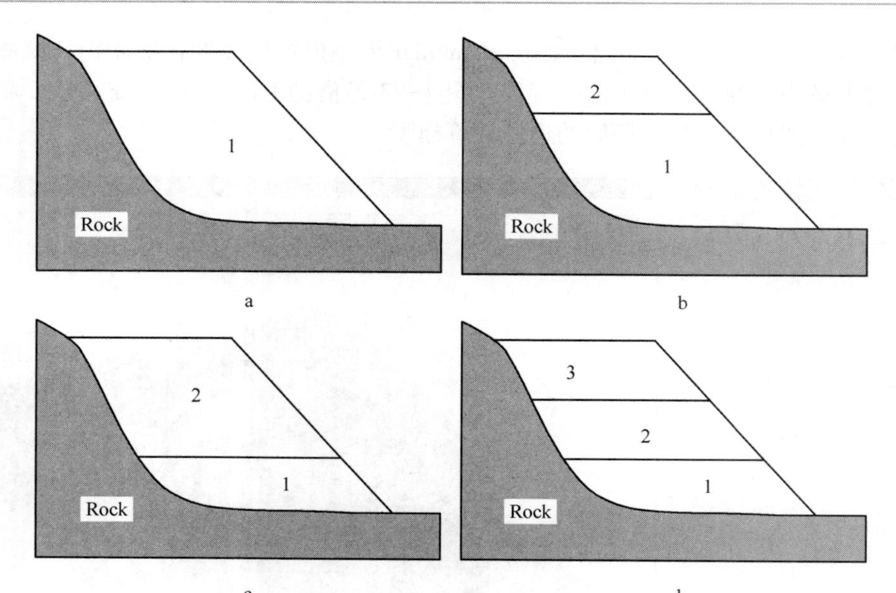

图 4-74 超高台阶排土场的主要堆排模式

a—ⅰ型；b—ⅱ型；c—ⅲ型；d—ⅳ型

表 4-22 排土场不同高度各散体粒径含量

排土方案	散体	颗粒尺寸/mm	相对高度各块度含量/%											
			排土场下部				排土场中部				排土场上部			
			10m	20m	30m	40m	50m	60m	70m	80m	90m	100m	110m	120m
方案Ⅰ	PG-G 散体	$d<10$	5.6	12.0	8.8	15.4	19.1	18.3	27.5	25.6	30.0	37.3	36.8	38.6
	SB-G 散体	$10\leqslant d\leqslant 60$	33.2	42.4	43.6	48.9	54.0	51.9	49.7	54.3	50.5	47.7	45.6	46.9
	LB-G 散体	$d>60$	61.2	45.6	47.6	35.7	26.9	29.8	22.8	20.1	19.5	15.0	17.6	14.5
方案Ⅱ	PG-G 散体	$d<10$	0.0▲	6.0▲	8.0▲	10.0▲	19.1	18.3	27.5	25.6	30.0	37.3	36.8	38.6
	SB-G 散体	$10\leqslant d\leqslant 60$	13.0▲	22.0▲	24.0▲	27.0▲	54.0	51.9	49.7	54.3	50.5	47.7	45.6	46.9
	LB-G 散体	$d>60$	87.0▲	72.0▲	68.0▲	63.0▲	26.9	29.8	22.8	20.1	19.5	15.0	17.6	14.5
方案Ⅲ	PG-G 散体	$d<10$	5.6	12.0	8.8	15.4	13.0▲	17.0▲	19.0▲	22.0▲	30.0	37.3	36.8	38.6
	SB-G 散体	$10\leqslant d\leqslant 60$	33.2	42.4	43.6	48.9	42.0▲	48.0▲	49.0▲	51.0▲	50.5	47.7	45.6	46.9
	LB-G 散体	$d>60$	61.2	45.6	47.6	35.7	45.0▲	35.0▲	32.0▲	27.0▲	19.5	15.0	17.6	14.5
方案Ⅳ	PG-G 散体	$d<10$	13.0▲	17.0▲	19.0▲	22.0▲	30.0	37.3	36.8	38.6	24.3*	24.3*	24.3*	24.3*
	SB-G 散体	$10\leqslant d\leqslant 60$	42.0▲	48.0▲	49.0▲	51.0▲	50.5	47.7	45.6	46.9	48.0*	48.0*	48.0*	48.0*
	LB-G 散体	$d>60$	45.0▲	35.0▲	32.0▲	27.0▲	19.5	15.0	17.6	14.5	27.7*	27.7*	27.7*	27.7*
方案Ⅴ	PG-G 散体	$d<10$	24.3*	24.3*	24.3*	24.3*	13.0	17.0	19.0	22.0	30.0	37.3	36.8	38.6
	SB-G 散体	$10\leqslant d\leqslant 60$	48.0*	48.0*	48.0*	48.0*	42.0	48.0	49.0	51.0	50.5	47.7	45.6	46.9
	LB-G 散体	$d>60$	27.7*	27.7*	27.7*	27.7*	45.0	35.0	32.0	27.0	19.5	15.0	17.6	14.5
方案Ⅵ	PG-G 散体	$d<10$	24.3*	24.3*	24.3*	24.3*	24.3*	24.3*	24.3*	24.3*	24.3*	24.3*	24.3*	24.3*
	SB-G 散体	$10\leqslant d\leqslant 60$	48.0*	48.0*	48.0*	48.0*	48.0*	48.0*	48.0*	48.0*	48.0*	48.0*	48.0*	48.0*
	LB-G 散体	$d>60$	27.7*	27.7*	27.7*	27.7*	27.7*	27.7*	27.7*	27.7*	27.7*	27.7*	27.7*	27.7*

方案Ⅰ是根据413m台阶排土场的实际工程概况而进行的边坡稳定性分析。方案Ⅱ、Ⅲ是考虑单台阶全段高排土时增加了底部和中部LB-G散体含量时的边坡稳定性研究。方案Ⅳ、Ⅴ、Ⅵ是分别选择了ⅱ型、ⅲ型、ⅳ型排土模式排土的排土场的边坡稳定性研究。

4.4.3.2 计算条件及其参数

413m台阶排土场稳定性计算采用Mohr-Coulomb本构模型。其计算模型设置的边界条件如下：$Z=0.0$m（顶面）平面设为自由边界，$Z=-170.0$m（底面）设为固定约束边界，模型的四边设为滚支承边界。在初始条件中，整个计算过程只考虑自重的作用。该边坡稳定性计算的PG-G散体、SB-G散体、LB-G散体和岩体材料参数取值来源于室内实验，并参考了郦能惠总结的粗粒料材料参数，其具体材料参数取值见表4-23。

表4-23 各散体的材料参数

散体名称	密度 ρ /g·cm^{-3}	弹性体积模量 K/GPa	弹性切变模量 G/GPa	黏聚力 c /MPa	内摩擦角 ϕ /(°)	剪胀角 ψ /(°)	抗拉强度 σ_t /MPa
PG-G	1.90	0.045	0.015	0.030	28.90	6.10	0.02
SB-G	2.250	0.150	0.095	0.089	35.60	8.50	0.05
LB-G	2.45	0.850	0.500	0.142	40.50	9.60	0.09
岩体	2.80	15.600	10.800	0.386	45.00	13.80	2.30

4.4.4 边坡稳定性结果分析

图4-75是根据现场实测的散体块度分布数据计算的位移云图。从图中可以看出，其前缘边坡存在一个较为明显的位移集中带，位移集中区不仅沉降量相对较高，而且变化梯度较为明显，其位移分布图在堆积散体中上部呈封闭状，其最大位移范围在排土场最上面的平盘坡肩处。

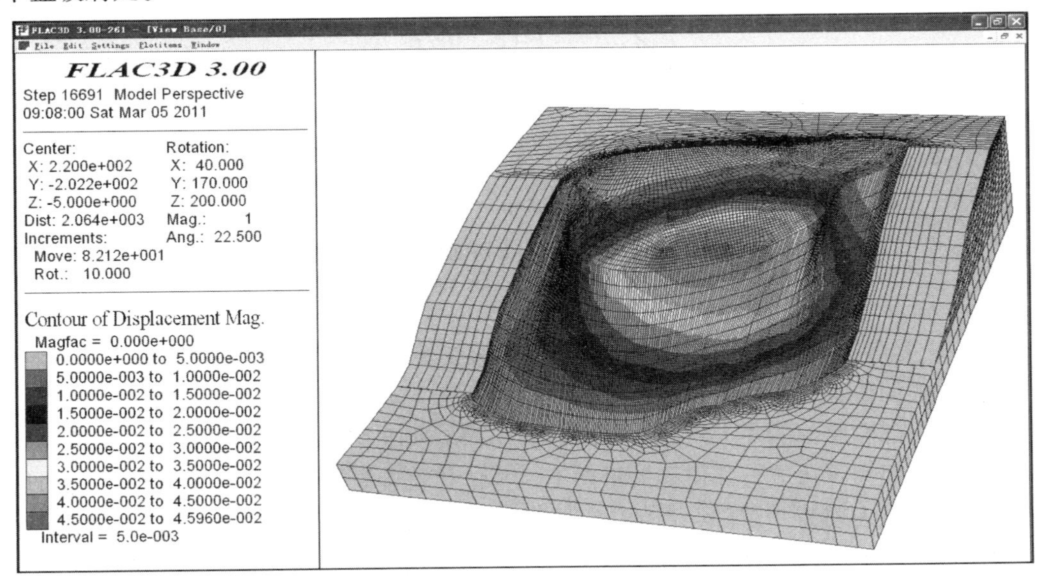

图4-75 方案Ⅰ的位移矢量云图

借助 Tecplot 软件，将方案Ⅰ计算的结果导成位移等值线图，图 4-76 是依靠 Tecplot 获得的 $X=350$m 切面的 Y、Z 方向位移等值线图。从图 4-76a 中 Y 方向的位移等值线图可知，其位移等值线在排土场上部与边坡保持同向，到排土场边坡的中部逐渐过渡到水平指向边坡外侧，而后与坡面相交。Y 向位移量由边坡内部向外是逐渐增大的，其最大位移值出现在排土场中部的边坡坡面上。相反，排土场顶部和底部的 Y 向位移量相对较小。这说明排土场边坡的中部是潜在滑坡的剪出位置，即 Y 向位移量较大的区域。图 4-76b 中 Z 方向的位移等值线图表明：Z 向位移等值线在边坡内呈 U 形的半封闭状，两边分别与边坡坡面和顶部平台相交，其位移量是随排土场高度的增加而逐渐增大的，变化范围为 0.00~0.02m，这说明其下沉的中心在排土场最上面的平盘坡肩处，排土场底部的下沉量极小，其沉降量的差异导致顶部平台出现拉裂区。所以，从图 4-76 可以得知：排土场边坡的潜在滑坡模式为顶部平台坡肩位置出现拉裂缝，向下发展到中部，沿排土场边坡中部剪出。这与现场调查的顶部呈现拉裂缝、中部前缘隆起的破坏现象是相一致的。

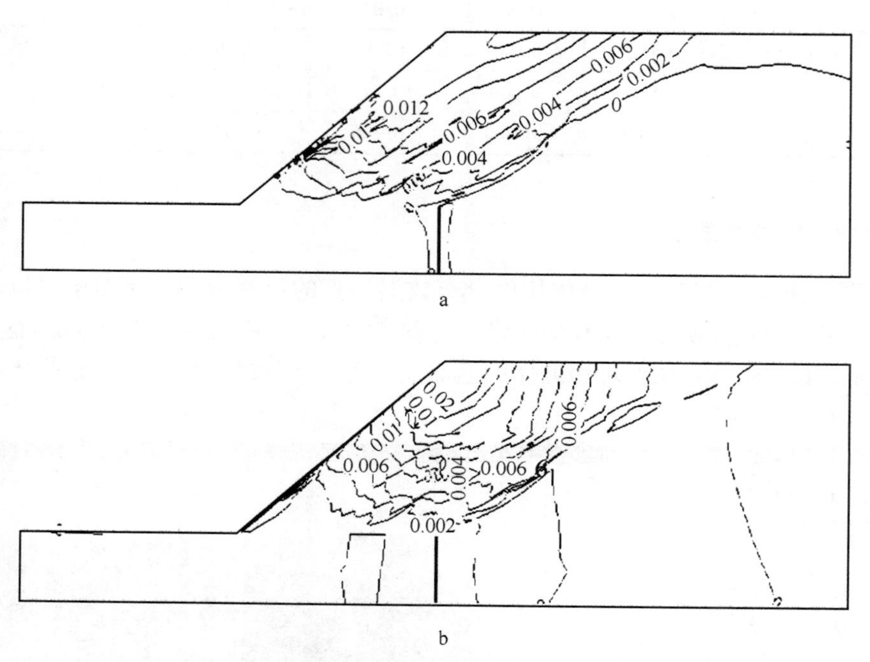

图 4-76　413m 台阶排土场 $X=350$m 切面位移等值线图（单位：m）
a—Y 方向位移等值线图；b—Z 方向位移等值线图

图 4-77 是各方案计算后 $X=350$m 切面的位移矢量云图，从位移矢量云图中可以看出，不同堆排方式的位移矢量特征在坡体各部分表现出差异性。图 4-77a~图 4-77c 表明：当增大排土场中部和底部的中大块状散体时其剪切面有所上移。但总体而言，采用单台阶全段高排土时表现为：边坡上部位移矢量向下，其位移轨迹受滑面形态控制，基本与边坡面保持平行，主要表现为“沉降”；而中部位移矢量近乎与坡面平行，表现为“剪切”；位移矢量在排土场下部以略有反抬升的趋势为主。而采用全覆盖式多台阶排土的图 4-77d~图 4-77f 的位移矢量表现有所不同，在排土场上部主要表现为向下，直到排土场边坡的底

部才逐渐过渡到水平方向，方案Ⅵ表现得特别明显。同时，从云图可以看出，无论是单台阶全段高排土还是全覆盖式多台阶排土，其位移量随排土场高度的降低而呈逐渐减小的趋势。同时，当比较位移量大于0.02m时的云图面积时，其顺序为：方案Ⅲ<方案Ⅱ<方案Ⅰ<方案Ⅳ<方案Ⅴ<方案Ⅵ，这可以解释为：当在相同情况下发生滑坡时，单台阶全段高排土的滑坡范围可能要小于全覆盖式多台阶排土。同时，由以上分析能够大体地勾画出滑面的剪切位置：单台阶全段高排土的剪切位置大致在排土场中部，而采用全覆盖式多台阶排土的剪切位置大致在排土场下部，其潜在破坏滑面都是以圆弧形剪切破坏为主。

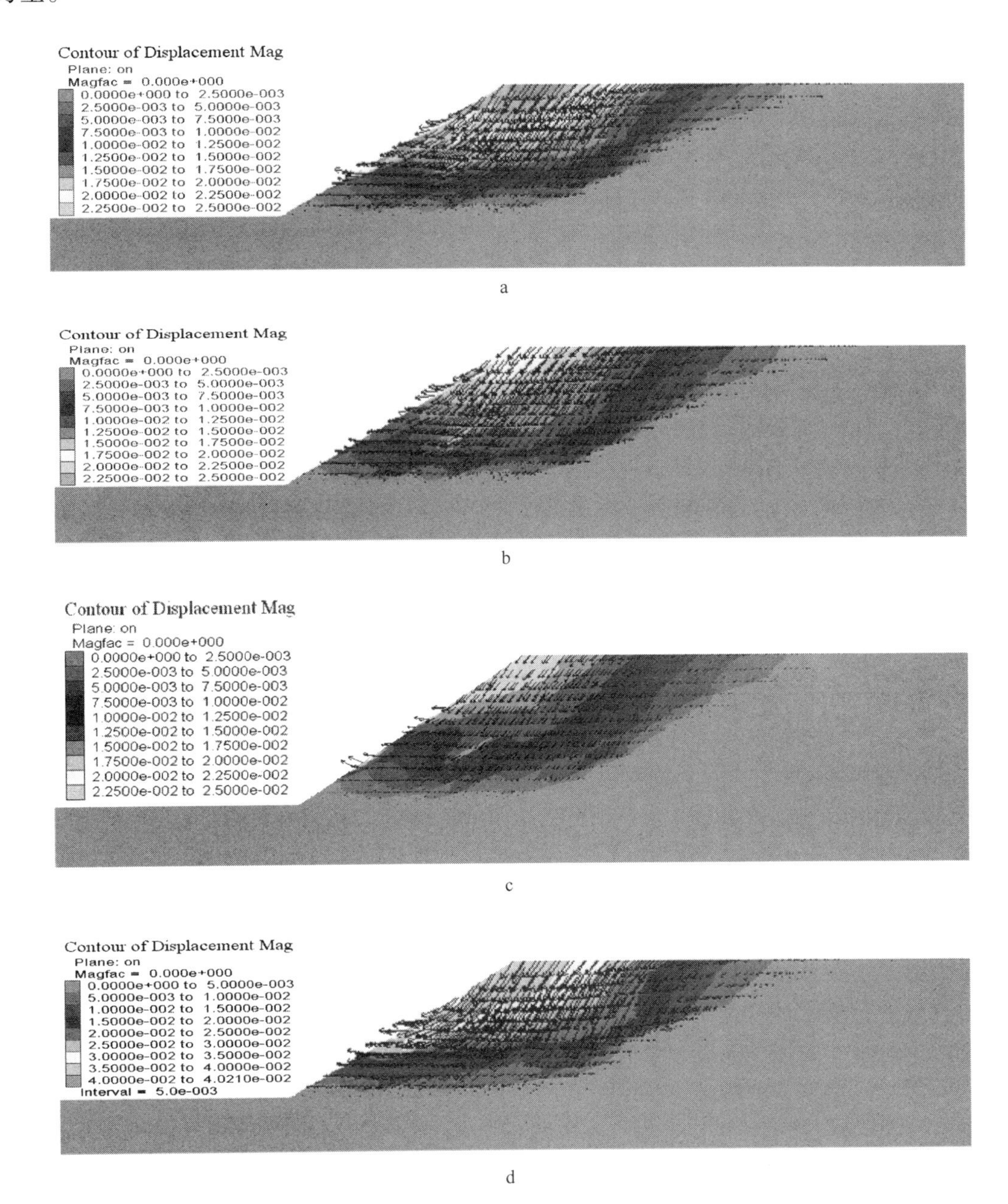

a

b

c

d

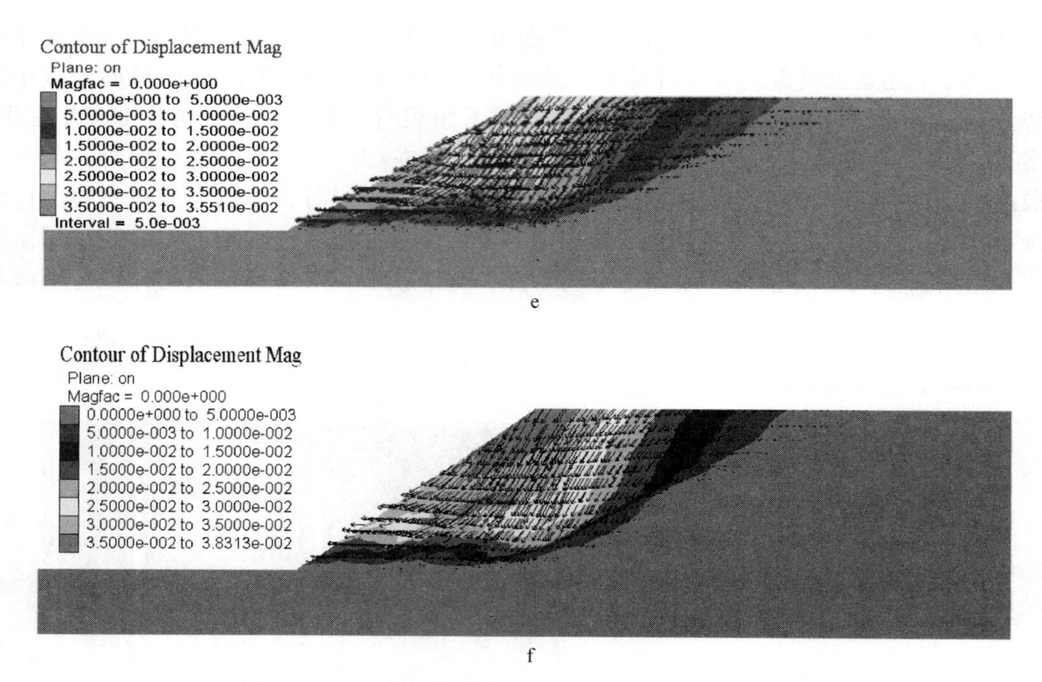

图 4-77　不同方案计算的 X=350m 切面位移矢量云图

a—方案Ⅰ；b—方案Ⅱ；c—方案Ⅲ；d—方案Ⅳ；e—方案Ⅴ；f—方案Ⅵ

表 4-24 为采用强度折减法计算的各种排土方案的安全系数。“金属非金属矿山排土场安全生产规则”规定的排土场允许安全系数为 1.15，从方案Ⅰ计算的安全系数来看，其值为 1.25，大于 1.15，所以排土场当前处于暂时稳定阶段，但其富余并不多，当遇到外力或其他外因作用时，其边坡可能转为不安全状态，所以也需采取适当工程措施以降低风险。从前面的分析可以看出，排土场底部是比较安全的，不需采用压制坡脚等措施，而主要以防止排土场中上部发生滑坡破坏为主。

表 4-24　边坡安全系数计算成果

试验方案	方案Ⅰ	方案Ⅱ	方案Ⅲ	方案Ⅳ	方案Ⅴ	方案Ⅵ
安全系数	1.25	1.35	1.32	1.18	1.14	1.09

从表中的安全系数计算结果来看，其边坡安全系数由大到小的排序为：方案Ⅱ>方案Ⅲ>方案Ⅰ>方案Ⅳ>方案Ⅴ>方案Ⅵ。从单台阶全段高排土的方案Ⅰ、方案Ⅱ和方案Ⅲ看出，当增加排土场中部和底部的 LB-G 散体时，其安全系数有所增大，说明对废石进行选择性排放（将大块岩石堆置在排土场底部和中部）能提高排土场边坡的安全等级。方案Ⅳ、方案Ⅴ和方案Ⅵ是采用全覆盖式多台阶排土，其安全系数明显低于采用单台阶全段高排土时的计算安全系数。采用ⅲ型和ⅳ型堆排模式的安全系数甚至低于允许安全系数，其排土场归于病级。因此，如果单从散体强度对排土场边坡稳定性来看，无论从排土场的滑体体积，或是边坡安全等级来评价，单台阶全段高排土的堆排方式都要优于全覆盖式多台阶排土。这也间接证明在占地面积、排土高度和排土总量不变（即最终形成相同的坡面时）的情况下，采用单台阶全段高排土时的超高台阶排土场粒径分级有利于排土场的

稳定。

4.5　排土场滑坡灾害防治

当前，随着我国大部分露天矿山进入深凹开采状态，其排土场容积也随之增大，为最大限度减少矿山排土场占地，排土场段高不断加大。如南芬矿的排土场段高达 200m，密云矿的排土场段高为 60~130m，海南矿的排土场段高达 200m。随着排土场高度增加，一些排土场稳定性存在隐患，其中东鞍山矿排土场高度达 80~99m 时即出现问题，弓长岭矿排土场增加到 60m 时出现滑坡失稳；歪头山矿排土场超过 30m 时局部存在不稳定；朱家包包矿排土场因地基软弱已发生数十次滑坡；尖山矿排土场基底表土有 5~10m 昔格达层，经常滑坡。

4.5.1　排土场稳定性验算

建于陡坡场地的排土场应进行稳定性验算，要根据边坡类型和可能的破坏形式分析确定采用何种计算公式，如有圆弧滑动法、平面滑动法、折线滑动法三种验算方法。国内外大量调研资料表明：排土场高度 30~200m，排土场基底原地面坡度小于 24°的情况下，其稳定性良好。当原地面坡度超过 24°时，需在坡脚处采取防护工程措施；当原地面坡度超过 45°时，除在坡脚处具有逆向地形，形成天然稳定基础外，将难以保持排土场的整体稳定。因此当地面横坡大于 24°时，除应保证排土场边坡的稳定外，还应预防整个场地沿陡山坡下滑。排土场稳定性验算方法应根据边坡的类型和可能的破坏形式，按下列原则确定：

（1）土质边坡和较大规模的碎裂结构岩质边坡，宜采用圆弧滑动法验算。

$$K_s = \frac{\sum R_i'}{\sum T_i} \tag{4-87}$$

$$R_i' = N_i \tan\phi_i + c_i L_i \tag{4-88}$$

$$N_i = (G_i + G_{bi})\cos\theta_i + P_{wi}\sin(\alpha_i' - \theta_i) \tag{4-89}$$

$$T_i = (G_i + G_{bi})\sin\theta_i + P_{wi}\cos(\alpha_i' - \theta_i) \tag{4-90}$$

式中　K_s——边坡稳定性系数；

R_i'——第 i 计算条块滑动面上的抗滑力，kN/m；

T_i——第 i 计算条块滑体在滑动面切线上的反力，kN/m；

N_i——第 i 计算条块滑体在滑动面法线上的反力，kN/m；

c_i——第 i 计算条块滑动面上岩土体的黏聚力标准值，kPa；

ϕ_i——第 i 计算条块滑动面上岩土体的内摩擦角标准值，(°)；

L_i——第 i 条计算条块滑动面长度，m；

α_i'——第 i 计算条块地面倾角和地下水位面倾角，(°)；

G_i——第 i 计算条块单位宽度岩土体自重，kN/m；

G_{bi}——第 i 计算条块滑体地表建筑物的单位宽度自重，kN/m；

P_{wi}——第 i 计算条块单位宽度的动水压力，kN/m。

（2）对可能产生平面滑动的边坡宜采用平面滑动法计算。

$$K_s = \frac{\gamma V_1 \cos\alpha_1 \tan\phi + A_0 c_{接触}}{\gamma V_1 \sin\alpha} \tag{4-91}$$

式中　A_0——结构面的面积，m^2；

γ——岩土体的重度，kN/m^3；

V_1——岩体的体积，m^3；

α_1——滑动面的倾角，(°)；

ϕ——滑动面的内摩擦角，(°)；

$c_{接触}$——排土场基底接触面间的黏聚力，亦称结构面的黏聚力，kPa。

（3）对可能产生折线滑动的边坡宜采用折线滑动法计算。

$$K_s = \frac{\sum R_i \psi_i \psi_{i+1} \cdots \psi_{n-1} + R_n}{\sum T_i \psi_i \psi_{i+1} \cdots \psi_{n-1} + T_n} \tag{4-92}$$

$$\psi_i = \cos(\theta_i - \theta_{i+1}) - \sin(\theta_i - \theta_{i+1}) \tan\phi_i \tag{4-93}$$

式中　ψ_i——第 i 计算条块剩余下滑推力向第 $i+1$ 计算条块的传递系数。

上述三种滑动法计算出的边坡稳定系数 K_s 取值，宜取 1.15～1.3，并根据被保护对象的等级而定。当被保护对象为失事后使村镇或集中居民区遭受严重灾害时，K_s 应取 1.3；当被保护对象为失事后不致造成人员伤亡或者造成经济损失不大的次要建构筑物时，K_s 应取 1.2；当被保护对象为失事后损失轻微时，K_s 应取 1.15。

4.5.2　排土场滑坡常见防治措施

我国地域辽阔，南北方地形、地质、水文、气象条件各异。南方地区多雨，排土场所在沟谷能长期保持清水流的不多见，在不利地形地质条件下，一旦下暴雨，水流挟带大量泥沙石块，顺沟而下，堵塞沟床，使水流改道又形成新的冲刷，这样冲堵交替，水土流失，使有限的土地资源遭受严重破坏。

影响排土场稳定性的因素很多，除场址天然地形地质因素外，降雨、降雪、刮风、温度变化都能促使排土场不断变形。当在排土过程仅产生局部沉陷、裂缝和变形时，堆场边坡虽有局部失稳滑移，但经一般处理后不会造成严重危害，此时的排土场稳定条件较好；而在排土过程中或排土终了后有突发性较大规模的变形，如滑坡、泥石流等，其影响范围大至几百米或更远，有时甚至是灾难性的，此时的排土场不稳定。

有可能出现滑坡、坍塌的排土场在复杂的地形和自然条件下，对场地稳定性有影响且可能引起不良后果（滑坡、坍塌），应采取适当的工程措施，才能保证排土场的安全使用。在矿山常遇到排土场设在斜坡上或沟谷中，在雨季，其上游有大的汇水冲下来，如果不采取适当的排水措施将水引开，就会浸泡斜坡地表层，造成堆积松散岩土有大量积水而滑动，严重的可引发泥石流。对有可能出现滑坡、坍塌的排土场，应采取下列措施防治：

（1）处理场址地基，改善基底状况，增大摩擦力。由软弱地基引起土场滑坡的治理通常采取“避、清、保”三种措施以及多种形式的组合。避，即避开软弱地层排土，其结果是损失排土场有效容积；清，即清除软弱地层，大量的清基，经济上不合理；保，工程性加固地基，辅以疏排水等，增大地基抗剪强度和承载能力。“避、清、保”不同形式的组合，其内容可概括为“清基、填石、排水、挡石”，集抗滑坡、防泥石流、防滚石危害三位于一体，同时达到保安全、保容积、保处理时机而又经济节省的目的。清基、填石即指将废石堆坡脚前地基凸起、扰动的黏土剥离掉，然后用排土场滚石区的大块废石回填，其作用在于剥掉软基，铲除泥石流形成的黏土物料；切断滑坡体的连续滑面；疏出底板下的承压水，提高地基稳定性；清基后回填块石，增大抗滑摩擦力。国际上典型的浅层软弱地基致滑的排土场治理工程实例，是法国卡尔莫露天矿汽车排土场，其段高150m，地基表层黏土厚度3~5m，排土就滑坡，其治理方法是“将这层黏土剥离掉，换填抗滑摩擦力大的物料，并排水”。

（2）必要时应根据工程、水文地质勘察资料、堆置高度分析验算边坡稳定性，对稳定性较差的土质山坡，宜采用推土机将原坡推成台阶状，以增加稳定性；对松软潮湿土宜在堆排土之前挖渗沟疏干基底，倾填块碎石作垫层，以利排水；高填区，可采用自上而下逐层放缓折线形边坡或层间留出小平台。排土场具有下列情况应进行清除软弱层、植被层，横向开挖台阶，拦引地下水等处理：1）排土场建于软土地基上；2）排土场建于陡坡（等于或大于1:2.5）上的；3）排土场基底有地下水及复杂条件下有季节性浸水情况。当排土场底部有出水点时，可在底部排弃大块岩石，以形成渗流通道。必要时，尚需分析验算基底和边坡的稳定性。

（3）合理确定台阶排土高度和最终堆置高度。当排土场用作排弃土石时，排土顺序需根据排弃物的不同性质作人为控制，禁止在外侧边采用黏土（除草皮护坡薄层黏土外）或其他不透水材料堆置。对于可能引起滑坡崩塌场地，其排土台阶高度和平台设置可依据滑坡预防原理采用削头减载、反压护道措施分析确定。合理安排排土顺序，应将大块石堆置在最底层以稳定基底或把大块石堆在最低一个台阶，并应符合下列要求：1）对结构松散、粒径小的土质边坡，两台阶高差宜为6~12m，宜设置宽度不小于1.5~2.0m的平台；2）对干旱、半干旱地区，两台阶高差可大些；湿润、半湿润地区，两台阶高差可小些；3）当混合的碎（砾）石土高度大于30m，或在8度以上高烈度地震区，土坡高度大于12m时，应设置宽4m以上的大平台。

（4）消除水害。采取地面排水系统，地表防渗，疏干土体，以消除可使排土场湿度增加的不利因素。排土场的修建，人为改变了所在场区的原有排水系统，排土堆置于山坡间形成了积水洼地，坡脚长期被浸泡，使堆场下沉、边坡坍滑，严重时将引发泥石流等危害。为整治水害，排土场场区必须有可靠的截流、防洪、排水设施。防止水土流失，淤塞河道，淹没农田，影响周边环境。排洪设施主要是阻挡地面水进入排土场，疏干场内地下水。水是造成排土场水土流失和滑坡、泥石流的动力条件，消除水害的首要条件是阻止并排除来自排土场外围的水体。沿山谷和山坡堆置的排土场，应在场外周边设置截水沟或排洪渠，在场外5~10m外修置绕山截水沟或排洪渠以引导洪水排流至场外，沟渠类型可根据沟渠坡降及流速大小分别采用土质、三合土、浆砌石、预制块等形式；在场内修建纵、横排水系统汇集场内雨水，以减少雨水下渗机会，为疏干溃泉湿地，可在水层底部填筑大块石或采用类似盲沟的聚水工程，将地下水收集引出场外。排土场分台阶排弃时，其平台应有2%~3%的逆坡，在排土场坡脚处宜采用大块石填筑高5~10m的渗水层。

（5）采用适宜的坡脚防护，包括沿排土场外侧堆置路堤或干砌（或浆砌）拦石堤。在坡脚处设置支挡结构物，按下滑力或主动土压力确定结构物的截面尺寸。通过有计划排土，组织剥离出大块岩石（大于25cm），封锁排土场下游沟口，或在坡脚处砌筑简单支撑建筑物，如片石垛、支护墙等。在缺乏大块片石的排土场，可用小片石或卵石筑成御土墙。

4.5.3 排土场滑坡的排水防治措施

排土场一般需设置完整的排水系统，即不论采用何种排水方式，场地所有部位的雨水均有去向，场区各排水（沟、涵、渗孔等）构筑物的综合能力应与场地接受雨水量相匹配，且能处于随时工作状态。完整的排水系统内容包括靠山侧的截水沟，场外的排洪隧道，场内排洪设施，场底处的渗水层或排水涵、管等人工构筑物和最终坡底线与保护对象间的沟道拦洪坝。当排土场上游洪水较大时，排水是排土场亟待解决的问题，当山坡或沟渠与排土场发生交叉时，必须设置相应排洪设施。

（1）排土场上游洪水较小，可采用截水沟或排洪渠导排。

（2）排土场上游洪水较大，应在上游加修拦截上游洪水的挡水坝，或视其地形特征，沿山坡修排洪渠或在排土场底部修暗涵将其排出场外。挡水坝的安全超高不应小于 1m。如江西某排土场，原设计没有完善的排水工程，生产中用大块石锁住了下部沟口，相当于筑起一座拦石坝，因汇水面积大，即使干旱季节，沟谷里仍有积水，到雨季则变成了水库，对废石场的安全造成了威胁，后规划了一条几百米长排水隧道，将主沟内的水往祝家桥方向引出，才消除了隐患。

（3）兼顾挡渣与防洪功能的拦渣坝，应有一定的拦泥库容。如湖南某钨矿山坡废石场堆高 150m，水土流失严重。为拦截废石场流失下来的泥沙，在钨矿离废石场 1km 远的地方，用大块石锁住了流向水库的主沟谷口，筑起一座长 138m、高近 20m 的拦石坝，坝顶留出宽 5m、深 10m 的溢洪道。建成后，上游大量废石和细泥冲入坝内，致使坝内形成沉积区，沉积区逐年淤塞增高，泥水混浊又不能起沉淀作用，对下游农业生产和东江水库带来危害，后将原坝增高 10m。至 2000 年又泥满为患，矿方再次提出治理问题，经设计核算上游汇水面积 $3km^2$，洪水流量大，为解决排洪与环保存在问题，计划修几百米长、孔径为 5m 排洪隧道。

排土场内的地下水和滞留水是影响排土场稳定的根源，是产生滑坡的主要原因。在排弃物透水性弱的情况下，应酌情采用盲沟、通透管或涵洞形式的聚水工程，将地下水收集引出。为疏引地下水，在沟内填充质硬片石，上面加设反滤层是疏干土体中水分的常用方法。当地下水充沛且层数较多时，在排土场内，宜在坡上垂直地下水流做环形盲沟，但应注意地下水的下游方向的沟身应修建在稳定地段，沟壁为不透水层，只容许上游透水集于沟底排出场外。排水孔可用石砌、钢筋混凝土方涵、圆管或毛竹。为便于检修，必要时每隔 30~50m 及盲沟转弯处加设检查井，井的四周加设泄水孔。

4.5.4 排土场滑坡的工程防治措施

有丰富水源的排土场应采取泥石流防治工程，因为有大量松散物质堆放的陡坡场地，如具有形成泥石流的水源和动力，容易出现滑塌、崩坍，如控制工程措施不当，将引发泥石流，从而破坏环境，危及人民生命财产安全。此类情况需采取坡脚防护或拦渣工程。坡脚防护及拦渣工程设置要求如下：

（1）当坡面砂石对山沟下方可能造成危害时，应设置一级或多级挡沙堤（或坝），用地紧张时可采用坡脚挡渣墙。

（2）当小规模泥石流对山沟下方可能造成危害时，应在沟谷的收口部位设置拦渣坝等拦蓄、排导、防治构筑物。

（3）当滚石对山沟下方可能造成危害时，应设置拦石堤或沟渠，并应留有足够的安全距离。拦石堤可使用当地土（或干砌片石）筑成，宜采用梯形，其内坡陡于外坡；当拦石堤后的落石沟或落石平台无较宽的用地时，亦可采用较缓的内侧边坡，堤顶高出计算防撞点的安全高度应为1m。

（4）当小规模滑坡对山沟下方可能造成危害时，应设置如重力式抗滑挡土墙、抗滑片石垛或抗滑桩等抗滑支挡构筑物。

拦渣工程的设置应按排土设防范围及落石弹跳轨迹选定，其中坡脚挡土墙与建筑工程挡土墙大同小异，修建在排土场坡脚处的砌石或混凝土挡墙，其结构形式有重力式、衡重式、折背式、悬臂式。拦渣坝结构形式有土坝、堆石坝、浆砌石坝、竹笼坝。拦渣坝通常是一沟一坝，将松疏泥石全部拦入坝内，只许水流过坝。对于携带大量泥石砂危害的沟谷，可以采用多级低矮拦挡坝（俗称谷坊坝）予以拦截。拦挡坝的作用有：（1）拦蓄泥沙、石块；（2）防止沟床下切和谷坡坍塌；（3）平缓纵坡，减小泥石流流速。拦挡坝高、坝间距离根据泥石流沉物多少和沟床地形条件而定，阶梯形拦挡坝高一般为3～5m。

多级拦挡坝主要功能并不是用坝拦截所有固体流涌物，而是形成具有一定坡度的台阶，为有效沉积创造可靠条件，使水土流失减小到最低限度。在沉积量不多、人烟稀少的泥石流沟，亦可以考虑分批设坝、分期加高措施。

为防止小规模滑坡对山沟下方造成的危害，应设置抗滑支挡构筑物，如重力式抗滑挡土墙、抗滑石垛等。在排土场使用中，若发现有滑动活动的迹象时，应立即进行位移、地下水动态观测，并结合其他有关资料一起综合分析，提出正确的整治方案。在进行滑坡推力或滑动面稳定性验算时，需要的计算指标有：滑坡体的土体容重、土体黏聚力与内摩擦角。根据滑坡性质和材料来源，可以采用重力式抗滑挡土墙、干砌片石垛、钢筋混凝土抗滑桩等支挡建筑物。挡土墙墙型有仰斜式、俯斜式、直立式、折背式，采用何种墙型，宜根据滑坡稳定状态、地形地质条件、地方材料、土地利用等因素确定。抗滑挡土墙墙高不宜超过8m，否则应采用特殊形式挡土墙，土质滑坡基础埋置深度应置于滑动面以下1～2m。

4.5.5 排土场边坡防护的措施

在排土场坡面栽植林木，依靠林木对土壤的固持力来提高土坡的抗滑性能，一直是人们普遍接受的观点。排土场终了形成的不稳定边坡，采用何种形式的护坡工程，应该根据边坡的高度、坡度和土质因地制宜地选用。排土场在排弃作业过程中形成的边坡，可根据边坡高度和坡度等不同条件，分别采取下列边坡防护措施：

（1）对于弃石不易风化的边坡，如块径较大，或粒径虽小但土石能自然胶结、坡脚无水流淘刷的边坡，可不予加固。对于弃石边坡，渗水性能好，水土流失小，可以不加防护措施，如石质坡面过陡，有潜在危险时可采用削坡错台。

（2）对于坡比小于1:1.5、土层较薄的土质或砂质坡面，可采取种草护坡。种草护坡应先将坡面进行整治，宜选用生长快的低矮匍匐型草种。对坡比小于1:1.5，且土质较薄的沙质或土质坡面可采用种草护坡工程，其目的是防止水土流失；对于一般土质坡面的种草护坡采用直接播种法，密实的土质边坡可采用坑植法，种草时机一般在雨季。

（3）对于坡比缓于1:2、土层较厚的土质或砂质坡面，在南方坡面土层厚15cm以上和北方坡面土层厚40cm以上的地方可采用造林护坡。造林护坡应采用根深与根浅相结合的乔灌混交方式，同时宜选用适合当地速生的乔灌木树种。坡面采用植苗造林，宜带土栽植。

（4）在路旁或景观要求较高的土质或砂土质坡面，可采用浆砌块石格构或钢筋混凝土格构，在坡面上做成网格状，网格内种植草皮。

5 排土场泥石流及其灾害防治

泥石流是指在一定的自然条件与地质条件下，沟谷中或斜坡上饱含大量泥土和大小石块等，呈黏性层流或稀性紊流。泥石流是一种复杂的固液气混相流，其发生和发展受地形、地质、土壤、水分、植被等诸多因素的作用和制约。泥石流形成和爆发的主要条件包括有利的地形、丰富的土石固体物质和大量且集中的水源。高强度降雨是泥石流发生的最大诱因，陡峻的沟谷是泥石流起动和加速的重要条件，大量的松散碎屑物质是泥石流发生的必需物质来源。泥石流大多伴随山区洪水发生，是介于挟沙水流和滑坡之间的土、水、气混合流。洪流中含有足够数量的泥沙石等固体碎屑物是其与一般洪水的显著区别，固体体积含量最少为15%，最高可达80%左右，因而比洪水更具有破坏力。泥石流常常兼有崩塌、滑坡和洪水破坏的三重作用，危害程度往往比单一的滑坡、崩塌和洪水的危害更为广泛和严重。泥石流冲进村庄摧毁房屋，造成村毁人亡的灾难；还可冲毁铁路公路水坝，造成交通中断，河道大幅度变迁；冲毁水电站、引水渠道及过沟建筑物，淤埋水电站水渠，并淤积水库；摧毁矿山及设施，淤埋矿山坑道，造成人员伤亡甚至使矿山报废。泥石流由于具有突发性强，发生速度快，破坏力大等特点，常对活动区内生态环境、生活生产及人类生命财产造成巨大损失。如2010年8月7日22时，甘肃甘南舟曲县发生特大山洪泥石流，此次泥石流导致1248人死亡，496人失踪，受伤住院治疗66人，此次特大山洪泥石流共造成舟曲县城区1850多间商户被掩埋或遭受水淹，经济损失高达2.12亿元人民币。据统计，近年来泥石流每年造成的经济损失约15亿~20亿元，死难者250~500人，并且同时使人类的生存和发展环境受到严重影响。

矿山开采排放的松散土石堆积物在陡峻而狭窄的、易于集水集物的沟谷中，加大了沟床纵坡降比，在缺乏有效的拦渣、稳渣护挡及排导工程措施的情况下，人为地为泥石流发生提供了丰富的松散物，使原本非泥石流沟或低频泥石流沟演变成泥石流沟或高频泥石流沟，加剧了泥石流的发生、发展和危害。排土场堆积体一般具有孔隙度大、结构松散、黏性差、透水性强、稳定性弱等特点，从而使得矿山泥石流物源有别于自然泥石流的物源。对于排土场堆积散体而言，一旦缺少防护而遭受暴雨洪水的侵蚀，极易演化为泥石流，而形成泥石流的雨量、水力条件差异性较小。加上矿山开采及爆破等人类活动的连续性和长期性，废石日复一日、年复一年的堆积，每年汛期，只要降雨量达到弃渣的起动条件，泥石流就会频繁发生，该特征对于历史遗留缺少防护的矿山泥石流尤其突出。矿山排土场泥石流的形成与发生主要是由山区矿产资源开发过程中废石弃土不合理堆排造成的，以其物质来源亦称矿渣型泥石流。矿产资源开发过程中不合理堆排的松散弃土废石成为泥石流最主要的物源，加剧了山地地区泥石流的频发程度及危害性。一些矿区存在着极其严重的泥石流隐患。矿山废弃土石主要堆放在狭窄的沟谷中和高陡的山坡上，故矿山排土场泥石流多以沟谷泥石流类型为主，坡面泥石流次之。

排土场的组成材料主要是由露天开采时剥离覆盖的表层土和岩石组成，有时也包括可能回收的表外矿、贫矿等。实际上，排土场是一种巨型人工松散堆积体，这一特点致使排土场极易形成滑坡、泥石流等矿山地质灾害。另外，排土场的废石排放改变了原始生态状况，破坏了地质状态平衡，再加上松散固体物质不规则的排放进一步堵塞周围水道，使水汇集，增加水动力，从而形成矿山泥石流。排土场的滑坡及泥石流不仅影响矿山的正常生产，也将威胁到下游村民的生命财产安全。国内矿山废石型泥石流案例就曾给矿山企业和下游村庄造成了巨大的经济和财产损失。如，1990 年，四川甘洛铅锌矿，大量堆放的矿渣在暴雨季节形成泥石流，造成了 36 人死亡的重大事故，同时威胁到成昆铁路安全。2001 年 8 月 5 日南芬露天矿集中暴雨导致山体滑坡并伴发大规模泥石流，致使 60 间房屋被冲毁，死亡 22 人。2011 年 2 月 27 日，四川攀枝花市米易县中禾矿业公司一号排土场发生一起滑坡事故，约 30 万立方米废土从排土场滑下，淹埋排土场下方 2 户人家，17 人及时逃出，6 人下落不明。表 5-1 为部分国内矿山废石型泥石流灾害事故数据。

表 5-1　部分国内矿山废石型泥石流灾害的事故统计

泥石流地点	矿石类型	人员伤亡及经济损失	日期
甘肃阿干镇煤矿区铁冶沟	煤矿	造成 20 多人死亡，冲毁房屋 280 余间，直接经济损失 97 万元	1965-7-20
四川泸沽铁矿盐井沟	铁矿	造成 104 人死亡	1970-5-26
江西永平铜矿	铜矿	稻田受灾面积 0.83km^2，减产 185t	1977
宁夏白芨沟煤矿区	煤矿	10 人死亡，181 户居民受灾，经济损失 187 万元	1982-8-3
云南东川铜矿因民矿区黑山沟	铜矿	造成 121 人死亡，矿山停产半年，直接经济损失 1100 万元	1984-5-27
湖南柿竹园有色金属矿山泥石流	有色金属矿	造成 49 人死亡，直接经济损失 8417 万元	1985-8-24
宁夏石嘴山大风沟煤矿	煤矿	28 人死亡，直接经济损失 300 万元	1988-8-13
四川甘洛县铅锌矿	铅锌矿	造成 34 人死亡，18 人受伤	1990-7
新疆拜城县铁列克煤矿	煤矿	造成 15 人死亡，直接经济损失 1100 万元	1992-7-1
小秦岭金矿区陕豫接壤的西峪	有色金属矿	死亡 51 人、失踪上百人，直接经济损失上亿元	1994-7-11
贵州开阳磷矿	磷矿	死亡 25 人，伤 18 人，直接经济损失 2.05 亿元	1995-6-24
陕西潼关金矿区东桐峪	金矿	冲毁各类房屋 15 间，金矿石 20 万吨，直接经济损失 340 万元	1996-8-15
河南洛阳嵩县金矿祁雨沟	金矿	造成 36 位职工死亡，冲毁房屋 500 间，汽车 16 辆，冲走金精粉 56t，经济损失 1260 万元	1996-8
甘肃酒泉镜铁山铁矿区黑沟	铁矿	造成矿山厂区被淹，直接或停产误工等经济损失高达 8000 万元	1999-8-4
云南东川铜矿因民矿区黑山沟	铜矿	造成 29 人死亡，经济损失严重，导致矿山破产	2002-7-9
重庆南桐东林煤矿	煤矿	煤矸石山滑坡形成矸石流造成 11 人失踪死亡	2004-6-5
湖南嘉禾县袁家镇锰矿	锰矿	冲毁铸造厂 200 多亩良田，因土壤中含锰矿石而造成周边耕地农作物无法生长	2008-4-20

同时，目前我国大部分露天矿山已进入深凹开采状态，每年的剥离岩土量约 22 亿~26

亿吨，所以随着矿山废石量的增加，排土场的容量也迅速增大，排土场的段高不断加高。如安家岭露天煤矿上窑外排土场的排弃容量就达2.2亿立方米，垂直高度最大为135m（局部），平均100m。截至2002年年末，江西德兴铜矿西源岭排土场堆放的废石就已高达1.99亿吨，排土场总高已达300m，此排土场的设计总容量为4亿吨。云南磷化集团昆阳磷矿排土场容量现已达1.1亿立方米，其排土高度约为200m。如此大而高的排土场，若遇降雨或地震就极易诱发崩塌、滑坡、泥石流等矿山地质灾害。从而给矿山企业和下游村民造成了巨大的安全威胁。

据徐友宁对中国西北5省（陕西省、甘肃省、青海省、宁夏回族自治区以及新疆维吾尔自治区）的数据统计，截至2007年，西北地区矿山泥石流灾害247次，平均每100处矿山发生泥石流灾害2.3次。矿山泥石流灾害数量占矿山崩塌、滑坡、泥石流、地面塌陷、地裂缝等5种地质灾害数量的12%。以一次泥石流堆积量统计：大型规模泥石流21次、中型46次、小型180次，小型泥石流占总数的73.17%。泥石流造成的直接经济损失3.84亿元，死亡426人。陕西和新疆是泥石流的高发和致灾严重的省区。西北五省区造成30人以上死亡的特大型泥石流有2次，分别是1994年7月11日陕西潼关金矿区西峪泥石流和1994年7月11日新疆米泉市三道坝镇煤矿区泥石流。一次致人员死亡10~29人的大型泥石流3次，死亡3~9人中型泥石流有5次，西北5省不同类型矿山泥石流灾害见表5-2。

表5-2 西北五省区矿山泥石流灾害统计

矿山类型	大型/次	中型/次	小型/次	直接经济损失/万元	死亡人数/人
煤矿	16	35	129	12167.51	141
金属矿	1	4	25	20123.77	120
非金属矿	3	7	26	6136.41	165
合计	20	46	180	12167.51	426

5.1 排土场泥石流分类

（1）泥石流的水源类型分类见表5-3。

表5-3 按泥石流水源分类

水源分类	特　征
暴雨性泥石流	由暴雨因素激发形成的泥石流
溃决型泥石流	由水库、湖泊等溃决因素激发形成的泥石流
冰雪融水型泥石流	由冰、雪消融水流激发形成的泥石流
泉水型泥石流	由泉水因素激发形成的泥石流

（2）按泥石流成因分类。根据起主导作用的泥石流形成条件，可将泥石流划分为冰川型泥石流、降雨型泥石流和共生型泥石流。

1）冰川型泥石流。是指分布在高山冰川积雪盘踞的山区，其形成、发展与冰川发育过程密切相关。它们是在冰川的前进与后退、冰雪的积累与消融，以及与此相伴生的冰崩、雪崩、冰碛湖溃决等动力作用下产生的，又可分为冰雪消融型、冰雪消融及降雨混合型、冰崩-雪崩型及冰湖溃决型等亚类。

2）降雨型泥石流。是指在非冰川地区，以降雨为水体来源，以不同的松散堆积物为固体物质补给来源的一类泥石流。根据降雨方式的不同，降雨型泥石流又分为暴雨型、台风雨型和降雨型三个亚类。

3）共生型泥石流。这是一种特殊的成因类型。根据共生作用的方式，它们包括了滑坡型泥石流、山崩型泥石流、湖岸溃决型泥石流、地震型泥石流和火山型泥石流等亚类。由于人类不合理经济-工程活动而形成的泥石流，称为"人类泥石流"，也是一种特殊的共生型泥石流。

（3）按废石在沟谷流域内堆积-补给的位置划分。按废石在沟谷流域内堆积-补给的位置不同，由此引发的泥石流类型、起动机理等也有明显差异。按照废石堆积-补给位置将排土场泥石流分为沟谷型排土场泥石流和坡面型排土场泥石流。对于同一排土场泥石流流域而言具有沟谷型排土场泥石流和坡面型排土场泥石流共存的情形。坡面型和沟谷型排土场泥石流的特征见表5-4。在我国，由于沟道型排土场废石方量普遍较大，作为泥石流物源的废石源源不断，因此，我国威胁性较大的排土场泥石流通常为沟谷型排土场泥石流。

1）坡面型排土场泥石流。主要发生在较大坡度的山坡坡面上，无沟槽水流，水动力为地下水浸泡和有压地下水作用，在同一坡面上可多处同时发生，呈梳状排列，突发性强，无固定流路。

2）沟谷型排土场泥石流。有明显的坡面和沟槽汇流过程，松散物主要来自坡面和沟槽两岸及沟床堆积物的再搬运。泥石流流动除在堆积扇上流路不确定外，在山口以上基本集中归槽。对于沟谷型排土场泥石流，可根据废石堆放的位置进一步细分为沟口型排土场泥石流和沟道型排土场泥石流（表5-4）。

表5-4　坡面型和沟谷型排土场泥石流的特征

坡面型排土场泥石流	沟谷型排土场泥石流
（1）无恒定地域与明显沟槽，只有活动周界，轮廓呈保龄球形； （2）限于30°以上斜面，下伏基岩或不透水层浅，物源以地表散土体弃渣为主，活动规模小，破坏机制更接近于坍滑； （3）发生时空不易识别，成灾规模及损失范围小； （4）坡面土体失稳，主要是有压地下水作用和后续强暴雨诱发。暴雨过程中的狂风可能造成林、灌木拔起和倾倒，使坡面局部破坏； （5）总量小，重现期长，无后续性，无重复性； （6）在同一斜坡面上可以多处发生，呈梳状排列，顶缘距山脊线有一定范围； （7）可知性低、防范难	（1）以流域为周界，受一定的沟谷制约。泥石流的形成、堆积和流通区较明显，轮廓呈哑铃形； （2）以沟槽为中心，物源区松散堆积体分布在沟槽两岸及河床上，崩塌滑坡、沟蚀作用强烈，活动规模大，由洪水、泥沙两种汇流形成，更接近于洪水； （3）发生时空有一定规律性，可识别，成灾规模及损失范围大； （4）主要是暴雨对松散体的冲蚀作用和汇流水体的冲蚀作用； （5）总量大，重现期短，有后续性，能重复发生； （6）构造作用明显，同一地区多呈带状或片状分布，列入流域防灾整治范围； （7）有一定的可知性，可防范

（4）按泥石流体的物质组成分类。依泥石流体中组成物质特性可分为泥石流、泥流、

水石流，泥石流、泥流、水石流识别条件见表 5-5。

表 5-5 泥石流、泥流、水石流识别条件

识别条件	泥流型	泥石流型	水石（沙）型
重度/$t \cdot m^{-3}$	≥1.60	≥1.30	≥1.30
物质组成	粉沙、黏粒为主，粒度均匀，98%的粒径小于 2.0mm	可含黏、粉、沙、砾、卵、漂各级粒度，很不均匀	粉沙、黏粒含量极少，多为大于 2mm 各级粒度，粒度很不均匀（水沙流较均匀）
流体属性	多为非牛顿体，有黏性，黏度为 0.15~0.30Pa·s	多为非牛顿体，少部分也可以是牛顿体；有黏性的，也有无黏性的	为牛顿体，无黏性
残留表观	有浓泥浆残留	表面不干净，表面有泥浆残留	表面较干净，无泥浆残留
沟槽坡度	较缓	较陡（>10%=5.71°）	较陡（>10%）

1）泥石流型。这是由大量黏性土和粒径不等的砂粒、石块共同组成的特殊流体，固体成分从粒径小于 0.005mm 的黏土粉砂到几米至 10~20m 的大漂砾，固体物质的级配差别很大。它的级配范围之大是其他类型的挟沙水流所无法比拟的。这类泥石流在我国山区的分布范围比较广泛，对山区的经济建设和国防建设危害十分严重。

2）泥流型。是指发育在我国黄土高原地区，以黏性土为主要固体成分，泥流中黏粒含量大于石质山区的泥石流，黏粒重量比可达 15%以上，呈稠泥状，泥流多含少量碎石、岩屑，黏度大，呈稠泥状，混合较为均匀，浆体流变特性不属于牛顿体，结构比泥石流更为明显。我国黄河中游地区干流和支流中的泥沙，大多来自这些泥流沟。

3）水石（沙）流。是指发育在大理岩、白云岩、石灰岩、砾岩或部分花岗岩山区，由水和粗砂、砾石、大漂砾组成的特殊流体，固体物质以粗颗粒泥沙、石块为主，水沙呈分离状，浆体流变特性服从牛顿体，黏粒含量小于泥石流和泥流。水石流的性质和形成，类似山洪。

（5）按泥石流流体性质的分类见表 5-6。

表 5-6 黏性泥石流和稀性泥石流的性质

性质	稀性泥石流	黏性泥石流
流体的组成及特性	浆体是由不含或少含黏性物质组成，黏度值<0.3Pa·s，不形成网格结构，不会产生屈服应力，为牛顿体	浆体是由富含黏性物质（黏土、<0.01mm 的粉砂）组成，黏度值>0.3Pa·s，形成网格结构，产生屈服应力，为非牛顿体
非浆体部分的组成	非浆体部分的粗颗粒物质由大小石块、砾石、粗砂及少量粉砂黏土组成	非浆体部分的粗颗粒物质由大于 0.01mm 粉砂、砾石、块石等固体物质组成
流动状态	紊动强烈，固液两相作不等速运动，有垂直交换，有股流和散流现象，泥石流体中固体物质易出、易纳，表现为冲、淤变化大。无泥浆残留现象	呈伪一相层状流，有时呈整体运动，无垂直交换，浆体浓稠，浮托力大，流体具有明显的辅床减阻作用和阵性运动，流体直进性强，弯道爬高明显，浆体与石块掺混好，石块无易出、易纳特性，沿程冲、淤变化小，由于黏附性能好，沿流程有残留物

续表5-6

性质	稀性泥石流	黏性泥石流
堆积特征	堆积物有一定分选性，平面上呈龙头状堆积和侧堤式条带状堆积，沉积物以粗粒物质为主，在弯道处可见典型的泥石流凹岸淤、凸岸冲的现象，泥石流过后即可通行	呈无分选泥砾混杂堆积，平面上呈舌状，仍能保留流动时的结构特征，沉积物内部无明显层理，但剖面上可明显分辨不同场次泥石流的沉积层面，沉积物内部有气泡，某些河段可见泥球，沉积物渗水性弱，泥石流过后易干涸
容重/$t \cdot m^{-3}$	1.30~1.60	1.60~2.30

（6）按照泥石流形成机理分类。对于不同泥石流沟，废石补给并参与泥石流的方式不尽相同，其形成机理也存在较大差异。根据目前国内排土场泥石流发生情况和起动机理，将排土场泥石流分为面蚀型排土场泥石流、揭底型排土场泥石流、侧蚀型排土场泥石流、溃决型排土场泥石流和复合型排土场泥石流5类。

（7）依泥石流特征和破坏程度的分类见表5-7。

表5-7 按泥石流特征和破坏程度分类

泥石流分类	泥石流特征	破坏程度
Ⅰ类	流域内水土流失和岩石风化作用均很强烈；滑坡、错落及崩塌发育，固体物质类型多、储量大、分布广；水源补给充分，汇水条件好；沟谷下切与侧蚀强烈，沟床纵坡大，布满大漂砾和巨石	泥石流爆发频繁，且规模大，破坏力强
Ⅱ类	固体物质的级配差别很大，细颗粒物质和黏土物质含量视流域内土体储量产状而异，浆体流变特性则取决于黏土物质含量及性质	介于Ⅰ类和Ⅲ类之间
Ⅲ类	流域内水土流失和岩石风化作用轻微；个别地段有滑坡、错落及崩塌现象，固体物质类型单一，储量小；汇水条件差；沟床下切与侧蚀作用微弱，沟床纵坡接近一般山间河谷	泥石流爆发次数很少，且规模小，破坏作用微弱

（8）依泥石流规模划分见表5-8。

表5-8 按泥石流规模分类

分类指标	特大型	大型	中型	小型
一次堆积总量/万立方米	>100	10~100	1~10	<1
泥石流洪峰量/$m^3 \cdot s^{-1}$	>200	100~200	50~100	<50

（9）泥石流还可以根据泥石流暴发频率划分，其分类见表5-9。

表5-9 按暴发频率分类

暴发频率（n）分类	特征参数
极高频泥石流	$n \geq 10$ 次/年
高频泥石流	1次/年 $\leq n < 10$ 次/年
中频泥石流	0.1次/年 $\leq n < 1$ 次/年

续表5-9

暴发频率（n）分类	特征参数
低频泥石流	0.01 次/年≤n<0.1 次/年
间歇性泥石流	0.001 次/年≤n<0.01 次/年
老泥石流	0.0001 次/年≤n<0.001 次/年
古泥石流	n<0.0001 次/年

也可以根据泥石流特征、流域特征、流域面积等将其分为高频率泥石流沟谷和低频率泥石流沟谷，其分类见表5-10。

表5-10　泥石流的工程分类和特征

类别	泥石流特征	流域特征	严重程度	流域面积/km^2	固体物质一次冲出量/万立方米	流量/$m^3 \cdot s^{-1}$	堆积区面积/km^2
高频率泥石流沟谷	基本上每年均有泥石流发生。固体物质主要来源于沟谷的滑坡、崩塌。暴发雨强，小于2~4mm/10min。除岩性因素外，滑坡、崩塌严重的沟谷多发生黏性泥石流，规模大；反之多发生稀性泥石流，规模小	多位于强烈抬升区，岩层破碎，风化强烈，山体稳定性差。泥石流堆积新鲜，无植被或仅有稀疏草丛。黏性泥石流沟中下游沟床坡度大于4%	严重	>5	>5	>100	>1
			中等	1~5	1~5	30~100	<1
			轻微	<1	<1	<30	—
低频率泥石流沟谷	暴发周期一般在10年以上。固体物质主要来源于沟床，泥石流发生时“揭床”现象明显。暴雨时坡面产生的浅层滑坡往往是激发泥石流形成的重要因素。暴发雨强，一般大于4mm/10min。规模一般较大，性质有黏有稀	山体稳定性相对较好，无大型活动性滑坡、崩塌。沟床和扇形地上巨砾遍布、植被较好，沟床内灌木丛密布，扇形地多已辟为农田。黏性泥石流沟中下游沟床坡度小于4%	严重	>10	>5	>100	>1
			中等	1~10	1~5	30~100	<1
			轻微	<1	<1	<30	—

（10）其他分类。另外，泥石流还可依固体物质提供方式分为滑坡泥石流、崩塌泥石流、沟床侵蚀泥石流及坡面侵蚀泥石流；按地貌特征可划分为山区泥石流和准山前区泥石流；依泥石流的发育阶段可分为发展期、旺盛期、衰退期和停歇期。

5.2 排土场泥石流形成条件

排土场泥石流的形成必须同时具备三个基本条件：有利于贮集、运动和停淤的地形地貌条件；有丰富的松散土石碎屑固体物质来源；短时间内可提供充足的水源和适当的激发因素。另外，植物因素在泥石流形成中起着非常重要的作用。

5.2.1 地形地貌条件

地形条件制约着泥石流形成、运动、规模等特征。主要包括泥石流的沟谷形态、集水面积、沟坡坡度与坡向和沟床纵坡降等。

（1）沟谷形态。典型泥石流可分为形成、流通、堆积等三个区，沟谷也相应具备三种不同形态。上游形成区多三面环山、一面出口呈漏斗状或树叶状，地势比较开阔，周围山高坡陡，植被生长不良，有利于水和碎屑固体物质聚集；中游流通区的地形多为狭窄陡深的狭谷，沟床纵坡降大，使泥石流能够迅猛直泻；下游堆积区的地形为开阔平坦的山前平原或较宽阔的河谷，使碎屑固体物质有堆积场地。

（2）沟床纵坡降。沟床纵坡降是影响泥石流形成、运动特征的主要因素。一般来讲，沟床纵坡降越大，越有利于泥石流的发生，但比降在10%~30%的发生频率最高，其次是比降在5%~10%和30%~40%的发生频率，其余发生频率较低。

（3）沟坡坡度。坡面地形是泥石流固体物质的主要源地之一，其作用是为泥石流直接提供固体物质。沟坡坡度是影响泥石流的固体物质的补给方式、数量和泥石流规模的主要因素。一般有利于提供固体物质的沟谷坡度，在我国东部中低山区为10°~30°，固体物质的补给方式主要是滑坡和坡洪堆积土层，在西部高中山区多为30°~70°，固体物质和补给方式主要是滑坡、崩塌和岩屑流。

（4）流域面积。据研究，泥石流活动随着流域面积的增大趋于衰弱，很大的流域面积不易同时满足泥石流形成的水动力条件和松散固体物质条件，也不易同时满足泥石流形成对沟床平均纵比降和山坡平均坡度的要求。流域面积存在一个上限值，达到该临界值，泥石流沟就为一般山河洪沟谷代替，一般定为200km^2，还存在一个下限值，即不具备固体物质积累条件的流域面积，定为0.5km^2。

（5）斜坡坡向。斜坡坡向对泥石流的形成、分布和活动强度也有一定影响。阳坡和阴坡比较，阳坡上有降水量较多，冰雪消融快，植被生长茂盛，岩石风化速度快、程度高等有利条件，故一般比阴坡发育。如我国东西走向的秦岭和喜马拉雅山的南坡上产生的泥石流比北坡要多得多。

（6）堵塞系数。在通过卡口、急弯、纵坡突然变缓情况下的沟段时，泥石流常常发生停积堵塞、体积增大而再次开始流动，成为泥石流流量增大的重要原因。

5.2.2 物源条件

泥石流形成有三个基本条件，即地形条件、物源条件和水源条件。而物源条件集中反映在泥石流形成松散碎屑物方面，在山区的一个小流域内，如果没有数量足够的松散碎屑物质，是不可能形成泥石流的。对于一般泥石流而言，其物质来源主要是地震断裂带及其附近地段的破碎岩体、崩塌、滑坡以及风化作用形成的松散碎屑物，同时与区内岩性构造活动也密切相关。而对于矿山而言，矿产资源开发过程中堆排的松散弃土废石就成为泥石流最主要的物源。

矿山排土场堆积主要采用自卸式汽车运输到排土场自卸式排土，铲车或推土机向前推进，因此对于大部分矿山排土工艺来说，矿山并没有一些具体的压实措施，基本上靠上面过往的车辆压实。矿山排土场数量多、规模大，且现有的矿山开挖和排土堆积方式导致力学性质较差的岩土体集中，现场堆积的松散岩土体属于典型的松散介质，其物理性质明显不同于原状物质，容重减小、凝聚力和内摩擦角度变小、抗冲能力减弱，松散体遇水易起动，有利于泥石流的形成。因此，矿山排土场完全具备泥石流形成的前两大地理要素：（1）排土场排弃的大量碎石土为泥石流形成提供了充足的土体来源；（2）排土场排土形成的自然边坡形成地形高差，使上部堆积体具有巨大的能量，进而成为排土场的不稳定因素。

5.2.2.1 物源的直接补给

而对于矿山排土场来说，其物源的90%来自于开矿后堆放的废石矿渣，散体废石本身就是一种松散的堆积物，与原状的岩土力学特性差异很大，不受岩性及构造活动等因素控制。实践表明，在矿山开采过程中，剥离的大量土石渣，如堆置不当，将改变地形条件和地表物质结构，压缩沟床，加大坡降比，甚至平地起山。这些松散物的聚集，较之自然状态下各种内外营力形成的固体物质，在结构、粒度、物理化学性质、风化程度等方面都有很大差异。这种排土场散体物源一般粗细混杂，并以粗粒为主，由于废石矿渣大多为新近堆积，还没有经过水流等冲刷磨蚀，砾石多棱角，结构松散，多孔隙具有松散性、黏聚力小、摩阻力小、相互联结弱等特点，在降雨时，雨水易于下渗，使矿渣呈饱和状态，力学性能降低，在同等水源条件下它比自然泥石流暴发几率要大。

同时，矿山开采过程中所产生的废石矿渣积聚速度非常之快，是固体物质的天然积聚速度所无法比拟的。据有关专家进行的观测表明，每年只要在每平方公里的岩石山坡上生成1200m以上的岩石破碎物，10年的积聚量就足以形成泥石流，而矿山建设每年能在每平方公里上堆积数十万、数百万立方米，乃至上千万立方米的松散固体物质。固体物质快速累积，不仅数量多、分布集中，而且堆积坡度陡，从而形成了最有利于泥石流发生的固体物质补给源地。由此可见在矿区物源丰富，更易于形成泥石流。

5.2.2.2 矿山开挖造成的物源间接补给

在资源开发和矿区建设过程中，除直接造成大量的弃土石渣外，更为严重的是破坏了原有的地形，加大了地形坡度，使土壤侵蚀加重、泥石流固体物质来源扩大，沟谷基岩开采、建路劈山掘石，不仅造成了大量的弃土弃石，还降低了侵蚀基准面，加大了斜坡坡度、沟床比降；同时，开采下部基岩，使坡面临时侵蚀基准面后退，上部坡面坡度加大，易造成大量的崩塌、滑坡等，增加了泥石流物源的补给量。

5.2.3 水源条件

泥石流形成过程有两类，即土力类形成过程和水力类形成过程。土力类泥石流形成过程是山坡上或沟谷不稳定土体的液化过程；水力类泥石流形成是在暴雨、冰雪强烈消融、阻塞或拦挡物突然溃决使得水体补给量猛增，猛增的水体冲刷不稳定土体，使流体含沙量超过挟沙水流而形成泥石流。水既是泥石流的重要组成成分，又是泥石流的激发条件和搬运介质。泥石流水源提供有降雨、冰雪融水和水库（堰塞湖）溃决溢水等方式。水体因素（水源条件）首要特征是要求有数量足够的水体（径流）。水体对松散碎屑物质起片蚀作用，并且使松散碎屑物质沿河床产生运移和移动。松散碎屑物质一旦与水体相结合，即确保了松散碎屑物质作常规流运动。如果没有相当数量的水体，则为坡地重力现象（岩堆、崩塌和滑坡等），而不是泥石流。

从泥石流形成过程看，水的作用主要表现在以下几个方面：

（1）水对固体物质的浸润饱和作用。泥石流流域固体物质的储存地区，往往是各种水源的汇集区，从而使固体物质得以大量充水，达到饱和状态，物质结构破坏，摩擦力减小，滑动力增加，处于塑性状态，从而为泥石流的产生创造有利条件。

（2）水对固体物质的侧蚀掏挖作用，主要指降水或冰雪融化所形成的径流对地面的线状下切作用。泥石流流域的上、中游地段，湍急的水流从底部侧蚀掏挖沟坡固体物质，使其边坡坡度变化大甚至处于悬空状态，发生坍塌滑坡。崩落下来的固体物质借助于陡峻的沟床，在急流的推冲下形成泥石流。泥石流流域内的河道网结构有重大意义。若河道网存在松散碎屑物质，可能遭受强烈冲刷、淘刷和铲蚀；若区内聚集水流和散体物质，则泥石流方量和泥石流动力参数均增大；泥石流河源分布在易受冲刷区者，泥石流的规模也就增大；泥石流河床宽窄不一、急弯、峡谷以及河谷结构，河床的结构不均匀，均会导致泥石流整体阻塞；河床开阔且河床纵坡平缓者，便成为泥石流冲出物堆积区，泥石流固体流量也就减小；河床狭窄纵坡陡峻者，泥石流流速就可能很快，在泥深很深处更甚；许多大型清水支流同时或几乎同时汇入一条泥石流河床者，下游河床内泥石流清水就急剧增加。

（3）流域面上降雨径流造成坡面侵蚀，使固体物质汇集到泥石流沟内，造成固体物质的富集，水流侵蚀切割泥石流沟使泥石流沟两侧的土体失稳，从而造成崩塌和滑坡等，水的冲击力也是泥石流爆发的动力。

5.2.3.1 降雨

降雨是我国大部分泥石流形成的水源，遍及全国的20多个省、市、自治区，主要有云南、四川、重庆、西藏、陕西、青海、新疆、北京、河北、辽宁等，我国大部分地区降水充沛，并且具有降雨集中，多暴雨和特别大暴雨的特点，这对激发泥石流的形成具有重要作用。特大暴雨是促使泥石流暴发的主要动力条件。处于停歇期的泥石流沟，在特大暴雨激发下，甚至有重新复活的可能性。连续降雨后的暴雨，是触发泥石流重要的动力条件，如1963年9月18日云南东川的老干沟一小时内降雨55.2mm，暴发了50年一遇的泥石流。据有关资料，激发泥石流的小时雨强，一般在30mm以上，10min雨强在7～9mm以上。

5.2.3.2 冰雪融水

冰雪融水是青藏高原现代冰川和季节性积雪地区泥石流形成的主要水源。特别是受海洋性气候影响的喜马拉雅山、唐古拉山和横断山等地的冰川，活动性强，年积累量和消融量大，冰川前进速度快、下达海拔低，冰温接近融点，消融后可为泥石流提供充足水源。当夏季冰川融水过多，涌入冰湖，造成冰湖溃决溢水而形成泥石流或水石流更为常见。

5.2.3.3 库塘（堰塞湖）溃决溢水

当水库溃决，大量库水倾泻，同时下游又存在丰富松散堆积土时，常形成泥石流或水石流。特别是由泥石流、滑坡在河谷中堆积形成的堰塞湖溃决时，更易形成泥石流或水石流。

泥石流水体补给中不仅常有地表水补给，而且还有地下水补给。潜水含水量常沿滑坡体滑动面、滑坡块体破裂面与土块破裂面分布，由此促使岩土块体平衡条件遭受破坏而滑入泥石流河床内。碳酸岩类裂隙岩石内的水体从地下廊道中流出后，会冲刷和淘刷地下水出露处的基岩，从而该处成为基岩和覆盖物强烈破坏源地。约束泥石流河床的两岸块体坡脚处有地下水出露者，可形成临空块体和岩块，两者因有下部浸湿作用而落入河床内，成为泥石流固体物质补给源地。

5.2.4 植物因素

一般地说，坡地上长有根系发达而树冠郁闭的乔木林的山地汇流区，没有暴发泥石流的危险。树木根系本身能固结土壤，使土壤免遭破坏。树冠、草本植物和枯枝落叶层可保护基岩，免遭冲刷和日光作用，使其受侵蚀作用和物理风化作用锐减；树冠本身可遮挡大部分降水，有助于削减径流量，并能分散汇流时间；而枯枝落叶层能降低土壤的透水性；此外树林能堵住某些漂石和碎石的运动路径，甚至阻断泥石流流路。

5.3 排土场泥石流形成机制

排土场泥石流是一种典型的人为泥石流灾害，极易造成严重的人员伤亡和经济财产损失，随着矿产资源的大量开发，排土场泥石流成为我国山区主要灾害类型之一，并呈现出分布广、危害重、类型多和形成机理复杂的特征。

矿山排土场泥石流的主要物源为废石堆积体，废石堆积体固定集中、表层松散裸露，其散土体因其过度充水时平衡条件遭受破坏从而引起滑坡。排土场泥石流的形成原因主要是土体过度充水或散土体的内应力增大，以至于大于极限剪切力而形成泥石流。它形成有如下两个过程：一是泥石流散体松散物质在雨水下渗过程中渐渐饱和，特别是在连续降雨过程中，土体达到饱水状态且散土体达到极限平衡状态，所以含水量达到某个阈值，就会激发泥石流；二是散土体补充饱和水而出现过度充水、丧失平衡，构成泥石流的岩块层、块体层呈滑动、上滑、崩落方式移动，混合液化而形成泥石流。

5.3.1 按起动机理划分的排土场泥石流形成机理

根据目前国内排土场泥石流发生情况和起动机理有弃渣溃决型、弃渣揭底型、弃渣侧蚀型、弃渣面蚀型等多种。

5.3.1.1 面蚀型排土场泥石流

堆积在坡面上的自然静态废石黏聚力很小，主要受到自身重力、斜坡支持力和静摩擦力的综合作用，在降雨并产生渗流和坡面流情况下，水流流过弃渣堆积体时对弃渣产生沿坡面向下的动水压力和水流推力，同时坡面渗流导致弃渣自身含水量、重量增加，液化，内摩擦角和黏聚力减小，还可产生不同程度上浮力使摩擦力减小，当重力、水流推力等构成的下滑合力大于摩擦力时，弃渣移动搅拌而成为具有一定结构的流体，泥石流形成。

5.3.1.2 揭底型排土场泥石流

揭底型排土场泥石流一般发生于废石沿沟床堆放且具有一定受水面积的沟谷内，从动力类型来讲，属于水力类泥石流。在汛期，经过降雨、汇流等过程，强大的洪水冲刷沟床，揭底起动废土石形成紊流，在强大的冲击力作用下，弃渣随洪水跳跃滚动前进。随着固体物质的增多，揭底侵蚀能力增强，形成连锁效应，越来越多的废土石弃渣被卷入参与泥石流，起先被废土石弃渣淤积的沟床不断被加宽变深。

5.3.1.3 侧蚀型排土场泥石流

根据废土石弃渣堆放的位置和形态，洪水既可侧蚀废石堆积体的一侧，也可侧蚀其两侧，其中一侧侧蚀型排土场泥石流同自然泥石流沟谷坡脚遭受侵蚀具有相似性，排土场废石在排放过程中形成静态休止角，一次次堆放的弃渣表面由下而上沿该休止角近乎平行升高。当洪水来临侵蚀弃渣堆积体坡脚时，弃渣开始演变为“剥皮式”层层失稳而补给泥石流，补给量同坡脚遭受侵蚀的高度同正比，即与洪水水位具有密切关系。

5.3.1.4　溃决型排土场泥石流

溃决型弃渣泥石流主要发生于沟道被弃渣堵塞严重、排水不畅或完全被堵塞的沟谷内。弃渣溃决主要存在两种情形：一是沟道完全堵塞情况下的堰塞湖坝顶溃决；二是沟道大半堵塞情况下坝脚侵蚀溃决。前者主要取决于堰塞湖的水压力、弃渣坝的长宽比、坝体高度以及弃渣物质组成等。该类渣体溃决主要由坝顶过水或坝体上部渗水对坝顶和下游面冲刷造成；后者主要取决于上游洪水流量（速）和水位、溢流口大小、弃渣堆积体坡度和高度以及弃渣物质组成等。该类坝体主要是由坡脚遭受侵蚀并逐步放大而溃决的，这种溃决方式事实上也可称为侵蚀-溃决两个过程组成的复合型弃渣泥石流。

5.3.2　按泥石流土体厚度、长度、起动时间划分的排土场泥石流形成机理

不同的降雨强度和降雨量时，矿山排土场泥石流起动的类型表现不同，排土场泥石流起动土体的类型根据厚度、长度、起动时间等可以分为三类：第一类，大降雨强度下薄层土体破坏起动；第二类，持续中强度降雨下的厚层土体破坏起动；第三类，中小强度降雨下，有地下水作用下的大块土体滑动，在滑动中逐渐转化为泥石流。这三种泥石流起动类型的形成与水源地土体中渗流密切相关。对于第一类，强降雨下，土体在大量水进入的渗流作用下，由于渗透压力较大，水流携带细颗粒土体的能力较强，携带土体的颗粒级配较宽，携带的土体进入深层土体，导致带入的细颗粒堵塞下部土体的孔隙，随时间的发展土体渗透性减小，上部土体中孔隙水压力急剧上升，甚至液化，再加之降雨的冲击作用使表层土体发生破坏，转化成泥石流。对于第二类，由于降雨强度较小，携带土体颗粒的能力下降，堵塞下渗路径的孔隙需要的时间较长，渗透影响的土体深度较第一类大，一段时间后地下水出流处逐渐被细颗粒土充填，导致地下水的压力增加，从而导致大块土体破坏，形成泥石流。对于第三类土体，水的渗流效应与第二类基本相同，只是渗流水出流位置较高（高于沟床），在土体破坏后，在坡面上形成泥石流（碎屑流可能更准确），经过一段坡面流动后进入沟道，或停积，或形成沟道泥石流。这三类归结起来又可以用两种起动机理来解释，即强降雨下的薄层土体起动和中小强度下的厚层土体起动。

5.3.2.1　高强度降雨下滑坡转化泥石流起动机理

对于宽级配砾石土体，高强度降雨下，上体呈现薄层破坏起动，根据降雨点直径大小和冲击能量大小的研究，表明雨强越大，雨滴的平均冲击能量也就越大，宽级配砾石土由于含粗颗粒多，其渗透性强，在中小降雨下较难产生超渗产流；对于强降雨，特别当雨强大于稳定入渗率时，较容易产生超渗产流；当雨强很大时，可能产生土层表层结皮现象，阻止雨水下渗，产生超渗产流。宽级配砾石土体在渗透方面还有一个典型现象：在雨水入渗过程中会改变渗流路径上的渗透性，在强降雨作用下，水携带上层细颗粒进入土体，可能在土体内部某一深度形成一个相对不透水层，使这一深度以上的土体处于一个相对不排水、振动荷载作用的环境，结合不排水动三轴试验的数据分析，可以推断泥石流起动的机理是振动软化或液化。

5.3.2.2 中小强度降雨下滑坡转化泥石流起动机理

对于宽级配砾石土体，中小强度降雨下土体呈现厚层破坏起动。根据降雨点直径大小和冲击能量大小，中小雨强雨滴的平均冲击能量较小，而且雨滴冲击能量与雨强之间不是线性正相关的关系，随着雨强的减小，雨滴冲击能量减小的幅度大，宽级配砾石土由于含粗颗粒多，其渗透性强，在中小降雨下较难产生超渗产流，宽级配砾石土体在渗透方面还有一个典型现象，在雨水入渗过程中会改变渗流路径上的渗透性，在中小强降雨作用下，水携带上层细颗粒进入土体，可能在土体内部某一深度（由于雨强小携带能力小，出现的深度会比大雨强深）形成一个相对不透水层，使上部渗透进入的水沿该面渗流，这类泥石流起动的机理是局部软化或液化。

5.3.3 按沟谷流域内堆积-补给的位置划分的排土场泥石流形成机理

5.3.3.1 坡面型排土场泥石流起动机理分析

一般来说，位于坡面上的废石矿渣堆，在一般含水量下，处于稳定状态。只是随着含水量的增加，渣堆的空隙水压力增加，强度降低，失去稳定，开始起动下滑。如果渣堆堆积时间很长，在长期的物理风化作用下，含有一定细粒物质，且有一定含水量，结构较紧密，故有一定的结构力。起动过程如下：

（1）在坡面上，可能引发滑动的渣堆，在无雨的情况下，含水量仅为天然含水量，这时的渣堆处于稳定状态。

（2）在小雨的情况下，使渣堆体含水量增加，但还没有达到饱和状态，这时由于渣堆含水量的增加而使得湿润线以上渣堆土石体的强度减弱，并处于稳定状态。

（3）随着雨量的增大，渣堆土石体接近或达到饱和状态，这时土石体在饱和线以上处于极限平衡状态，稍有震动或其他外力作用下，就可引起渣堆起动。

（4）在中、高强度降雨情况下，渣堆达到饱和或过饱和状态，渣堆土石体的内摩擦角值进一步减小，因此渣堆土石体失稳而进入起动，并开始向下大量滑塌。

5.3.3.2 沟谷型排土场泥石流起动机理分析

沟道泥石流形成与坡面泥石流形成的力学成因有一定的差异，沟道地形具有一定约束性，汇水流动方式制约松散体堆积分布的形态，并能造成沟床比降的变化，粗糙度加大，多以堤坝式横挡沟道或堰堤式散布在沟床两侧。一般来讲，沟床比降小于斜坡坡度，但汇水量大，泥石流起动主要靠汇水流量及流速、松散体饱和程度，准泥石流体自重力作用处于次要地位，故影响沟道泥石流起动的主要因素有沟床比降、沟床糙度、汇水面积、流量、流速、松散堆积体规模、松散体含水饱和度，沟道断面形态、松散体颗粒级配等因素。

5.4 排土场泥石流的特点

矿山排土场泥石流是一种不同于自然条件下的泥石流类型，在本已具备泥石流发生条件的山区，矿山建设修建工业场地、采矿排放的废石如果不合理堆排在沟源、坡面和沟谷中，将会破坏植被，挤占沟床，堵塞河道，造成行洪不畅，加大沟床的纵坡降比，同时可为泥石流形成提供丰富的物源，使非泥石流沟变成泥石流隐患沟，使低频泥石流沟变成高频泥石流沟。矿山排土场泥石流具有密度大，松散体易起动，过程变化单调，随固体物质累积量的变化而变化的特点。

矿山泥石流主要发生在生态环境脆弱的山地丘陵矿区。矿山泥石流的形成、发展、消亡过程，始终是在矿业活动干预下进行的，因而一些研究者将矿山泥石流称为人为泥石流或人工泥石流。由于矿山泥石流的主要物源来自于矿山堆排的废弃物，亦称为矿渣型泥石流。

矿山废弃土石主要堆放在狭窄的沟谷中和高陡的斜坡上，故矿山泥石流多以沟谷泥石流类型为主，坡面泥石流次之。除暴雨引发泥石流外，采矿爆破、矿震、采空塌陷、地震、尾矿库溃决等也是激发矿山泥石流的重要因素。矿区地层岩性决定了矿山泥石流物质的类型，同时也决定了泥石流的类型。如在花岗岩类、碳酸岩类及其变质岩等坚硬岩性分布区的秦岭潼关金矿区、凤县铅锌矿区，矿山泥石流以水石流为主；而在泥土岩类、砂岩泥岩类及其变质岩类的矿区，矿山泥石流以泥流为主。矿山堆放的松散固体物质为泥石流发生提供了物源条件，其物质性质与矿区原状岩土体差异性很大，因而矿山泥石流的发生发展既有与自然泥石流形成相似的物源、地形和水动力三个条件，也有不同于自然泥石流的特点。矿山泥石流具有人为性、易起动性、重发性、危害集中性、可控性和可预防性等特点。

5.4.1　排土场泥石流的特点

矿山堆放的松散废石散土体与矿区原状岩土体工程性质差异性很大，松散、黏性差、数量巨大、堆积地集中。矿山排土场石流具有人为性、易发性、重发性、危害集中性及可控性等特点。

（1）人为性。在原纵坡降、降雨量等条件不变的情况下，由于矿山建设修建场地、修筑道路、采掘矿石、选矿冶炼等矿业活动过程，将废石弃土等就近堆排在山谷中、坡面上、河道边，缺乏拦渣、稳渣的护挡、排导等工程措施，压占与破坏植被，加剧地表径流和水土流失，为泥石流发生提供了丰富的物质来源。新增的工矿场地和矿山人员，使原本泥石流危害程度较轻的沟谷一旦发生泥石流，就可能造成重大经济损失和人员伤亡。矿山泥石流的发生与发展是人为活动的结果，使原本非泥石流沟或低频泥石流沟演变成泥石流沟或高频泥石流沟，加重了泥石流的危害程度。

（2）易发性。废弃土石渣颗粒级配悬殊，堆积松散，在采矿爆破、矿震、采空塌陷、地震等作用下，较小的暴雨也可能激发形成泥石流，从而降低了泥石流临界起动的水动力条件，易形成规模更大的泥石流。废石弃土堵塞沟谷、河道，易集水成湖，因各种原因溃坝，在小降雨量甚至无降雨的情况下形成泥石流，在下泄过程中，沿途物源的不断加入，加大了泥石流的危害。

（3）重发性。在地形地貌、降雨二者条件不变的情况下，矿山泥石流的发生主要取决于松散物源补给量。通常在一次泥石流发生后，原有物质被搬运出形成区后，就很难再形成泥石流。但是在矿山，只要矿山生产，就会持续堆排废石弃土，为泥石流的再形成提供了新的物源，因而矿山泥石流具有短期内再发生的特点。历史上，西北地区同一矿区发生过 2 次泥石流灾害的矿山有 23 处，3 次的有 7 处，4 次的有 4 处；新疆阿克苏地区温宿县博孜敦乡煤矿区先后发生过 5 次泥石流。按照一年暴发多次或几年暴发一次为高频发泥石流，以十几年至几十年暴发一次泥石流为中频发泥石流来衡量，矿山泥石流大多是高频发和中频发泥石流类型。

（4）危害的集中性和污染性。随着社会经济快速发展，矿产资源开发强度、规模越来越大，采矿活动已变成矿区最主要的人为地质作用，其强度远远超过了矿区自然地质作用过程，显著地改变着地表形态且破坏了矿区原有的地应力平衡，导致矿区泥石流等灾害频发。矿山采矿废石弃渣堆放在陡峻的易于集水集物的狭窄的沟谷或沟坡上，在暴雨、水库溃决、冰雪消融等因素的激发下，极易形成矿渣型泥石流。且大多数矿山由于地形条件所限，采矿工业场地、生产设施、矿工居住场所就位于废渣堆下方及泥石流流经的沟谷中。大多数中小矿山所在的山区沟谷中没有降雨观测站，无法准确获知降水量，故增加了泥石流的雨量预测预报难度，因此矿山排土场泥石流一旦发生，将会淤埋矿井、冲毁矿山公路、冲走矿石，造成停工停产和人员伤亡的重大灾害。由于金属矿山废石渣中含有毒重金属及其他污染物，山沟中排土场泥石流除具一般泥石流冲毁淤埋作用外，还会污染河流、农田。

（5）可控性。虽然目前还不能改变形成泥石流的矿区地形地貌和控制降雨量，但由于矿山废石弃土是矿山泥石流形成的主要物源，因此选择稳定的堆渣场所、修建拦渣稳渣及排导工程措施，或采取废石弃土减量化生产及废渣的资源化利用工艺技术，可以稳定物源或减少物源，最大程度控制和减轻泥石流的发生与发展，同时可定性、定量地预测矿山泥石流发生的地点、规模及危害范围，使矿山建设和人员避开泥石流的危险区范围，因此矿山泥石流具有可控制和可预防性特点。

5.4.2 排土场泥石流流体的特征

5.4.2.1 流态特征

黏性泥石流含黏、细颗粒物质多，稠度浓、黏度大、密度高、浮托力强，为单向层流的整体运动，有辅床作用和阵流现象，固体物质处于悬浮状，无垂直交换过程，大石块有浮运和翻腾现象，流路集中、直进性强、不易分散，停淤时堆积物无分选性，并能保持流动时的整体结构特征，堆积物密度实，层次分明，透水性较弱。稀性泥石流含黏细颗粒少，稠度稀、黏度小、密度低、浮托力弱，呈多相不等速紊流运动，石块流速小于泥沙，浆体呈翻滚、碰撞、跃移紊动状运动，堆积物粒径沿流程、时空均有分选性。流体堆积结构松散，层次不清，渗流性强、流向不稳定，易于漫流改道，有股流、窜流、散流、偏流、绕流、潜流现象。

5.4.2.2 流量特征

泥石流流量过程线常呈多峰型，与降水特征相对应，涨落速度与幅度很大，流量变化与暴雨降落、阵流形成、堵塞崩溃形式、流程及时空分布有关联，一般是形成区增大，流通区较稳定，堆积区减少。

5.4.2.3 流速特征

泥石流流速主要与坡度、水深、密度、稠度、粒度有关。从能量观点看，泥石流挟带固体物质多，动能损耗大，故小于清水的流速。从外部阻力看，稀性泥石流颗粒粒径粗大，河床粗糙度大，故泥石流流速偏小；黏性泥石流，细颗粒多、稠度大、密度高、凝聚力大、整体性强、惯性重力作用大，暴发时有“辅床作用”，故流速大。黏性泥石流流速在平面和垂直分布的差异性与流体的稠度、粒度有关。稠度越大，均化程度越高；粒度差异性越大，均化程度越低。

5.4.2.4 直进性特征

泥石流的直进性和冲击力大于等量洪水，其特征是泥石流稠度越大、密度越高，直进性越强；颗粒越粗、流速越大，冲击力越强。

5.4.2.5 侵蚀改道特征

泥石流侵蚀改道特征，不同于宽河漫滩与平坝漫流。其特征源于直进性，总是取道于扇形地轴部高处淤积。当轴部堆高坡缓后，阻力增大，流速减小，于是取道坡陡阻力小的两翼漫流改道。当两翼淤高后，主流又淤回轴部，如此反复回旋摆动淤积，形成中间拱度大、两翼支叉多、沟槽宽浅、漫流横溢、主流改道频繁的泥石流扇。

5.4.3 排土场泥石流特征值

5.4.3.1 排土场泥石流流体重度

实测法、拌样调查法和经验公式计算法等是确定泥石流流体体重的主要方法。泥石流重度的经验计算公式如下：

$$\gamma_c = \frac{9.8}{1 - 0.0334\lambda_0 I_b^{0.39}} \tag{5-1}$$

式中 λ_0——坍方程度系数；

I_b——坍方区平均坡度,‰。

该公式实用条件 $\lambda_0 \leqslant 1.4$，$I_b \leqslant 800$。该经验公式的目的在于计算泥石流上部结构物源区泥石流起动后的重度。

5.4.3.2 排土场泥石流流量

A 排土场泥石流峰值流量

泥石流流量包括泥石流峰值流量和一次泥石流输沙量，是泥石流防治的基本参数。泥石流峰值流量计算一般有形态调查法和雨洪法。

a 形态调查法

在泥石流沟道中选择 2~3 个测流断面。断面应选在沟道顺直、断面变化不大、无阻塞、无回流、上下沟槽无冲淤变化、具有清晰泥痕的沟段。仔细查找泥石流过境后留下的痕迹，然后确定泥位。最后测量断面上的泥石流流面比降（若不能由痕迹确定，则用沟床比降代替）、泥位高度 H_c（或水力半径）和泥石流过流断面面积等参数。用相应的泥石流流速计算公式，求出断面平均流速后，即可用式（5-2）求泥石流断面峰值流量 Q_c。

$$Q_c = F_c \bar{v}_c \tag{5-2}$$

式中 Q_c——泥石流流量，m^3/s；

F_c——泥石流过流断面面积，m^2；

$\bar{v}_c$——泥石流断面平均流速，m/s。

b 雨洪修正法

1940 年，苏联学者斯里勃内依把泥石流流量定义为清水流量和固体流量的总流量，鉴于堵塞因素，在如下公式中引入附加流量（简称斯氏公式）。

$$Q_c = Q_B + Q_H + q_1 = (1 + \eta) Q_B + q_1 \tag{5-3}$$

式中 Q_B——泥石流沟的洪水流量，m^3/s；

Q_H——泥石流固体流量，m^3/s；

q_1——泥石流堵塞附加流量，m^3/s。

我国泥石流专项在对东川、成昆线上的泥石流分析后认为，斯氏公式中的堵塞附加流量不能很好地反映泥石流的堵塞阵流现象。按照雨洪修正法原理，建议泥石流在该地区地质条件下的流量计算公式（简称东川公式）为：

$$Q_c = (1 + \eta) Q_B \xi \tag{5-4}$$

在暴雨的特定工况下泥石流的最大洪峰流量，按推理公式（5-5）计算：

$$Q_B = 0.278\left(\frac{t^{n_5 - 1} H_{tp}}{\tau^n} - \mu_2\right) F \tag{5-5}$$

式中 H_{tp}——设计频率最大为 t 小时暴雨量，其值的获取据相关资料最终确定；

n_5——暴雨参数；

τ——汇流时间；

F——流域面积，km^2；

μ_2——产流参数；

η——泥石流修正系数，$\eta = \dfrac{\text{泥石流容重-水的容重}}{\text{泥石流中固体物质容重-泥石流容重}}$，其中泥石流容重可根据泥石流流体稠度特征取值（表 5-11）；

ξ——泥石流堵塞系数，当有实测资料时，可按实测资料计算；无实测资料时，可查经验表 5-12。

表 5-11 排土场泥石流流体稠度与重度的对应关系

土壤特征	轻质砂黏土	粉土及重质砂黏土	粉土及重质砂黏土	黏土
流体稠度	稀浆状	稠浆状	稀粥状	稠粥状
泥石流容重/$t \cdot m^{-3}$	1.2~1.4	1.4~1.6	1.6~1.8	1.8~2.3

表 5-12 泥石流堵塞系数 ξ

堵塞程度	严重堵塞	中等严重堵塞	轻微堵塞	无堵塞
ξ 值	>2.5	2.5~1.5	1.5~1.1	1.0

B 单次排土场泥石流过流总量

单次排土场泥石流总量通常根据排土场泥石流历时和断面峰值流量，按其暴涨暴跌的特点，将排土场泥石流过程线概化，其计算式：

$$Q = k_3 T Q_c \tag{5-6}$$

式中 k_3——系数；当面积大于 $5km^2$ 时，取 0.202；当面积在 $5 \sim 10km^2$ 时，取 0.113；当面积大于 $10 \sim 100km^2$ 时，取 0.0378；当面积大于 $100km^2$ 时，取 0.0252。

一次冲出泥石流的固体物质的总量 Q_g：

$$Q_g = \frac{\gamma_c \gamma_w}{\gamma_g \gamma_w} T \tag{5-7}$$

式中　Q_g——单次冲出泥石流的固体物质的总量；

γ_c——泥石流重度；

γ_w——水的重度；

γ_g——泥石流固体颗粒重度；

T——泥石流持续时间，s。

5.4.3.3　排土场泥石流流速

排土场泥石流流速是决定其力学性质的关键参数，目前排土场泥石流流速主要采用经验或半经验公式计算。

A　排土场稀性泥石流

稀性泥石流是指水为主，黏性土少，固体物质占10%~40%，水量大，重度小，呈紊流状态，固液两相作不等速运动，有垂直交换，石块在其中作翻滚或跃移前进的低容量（1.2~1.6t/m³）泥浆体。浆体混浊，阵性不明显，与含沙水流性质近似，有股流及散流现象。水与浆体沿程易渗漏、散失。沉积后呈垄岗状或扇状，洪水后即可干涸通行，沉积物呈松散状，有很大分散性。水为搬运介质，石块以滚动或跃移方式前进，具有强烈的下切作用。其堆积物在堆积区呈扇状散流，停积后似“石海”。其泥石流流速计算公式主要采用以下几个经验公式。

（1）中铁二院工程集团有限责任公司提出的针对西南地区泥石流的流速计算公式：

$$\bar{v}_c = \left(\frac{\eta\gamma_g}{9.8} + 1\right)^{-\frac{1}{2}} n_6^{-1} R_4^{\frac{2}{3}} I^{\frac{1}{2}} \tag{5-8}$$

（2）北京地区的经验公式（北京市政设计院）：

$$\bar{v}_c = m_p \left(\frac{\eta\gamma_g}{9.8} + 1\right)^{-\frac{1}{2}} R_4^{\frac{2}{3}} I^{\frac{1}{10}} \tag{5-9}$$

式中　$\bar{v}_c$——排土场泥石流断面平均流速；

n_6——粗糙系数，可查巴克诺夫斯基粗糙率系数表5-13；

R_4——水力半径；

I——水力坡度或沟床纵坡,‰，取沟床平均纵坡坡比；

η——泥石流修正系数，见表5-14；

γ_g——泥石流中固体物质重度；

m_p——河床外阻力系数，其取值见表5-15。

表5-13　巴克诺夫斯基粗糙率系数

组别	沟床特征	粗糙率系数 m_c		坡度
		极限值	平均值	
1	沟槽粗糙率很大，沟槽中堆积有不易滚动的棱石或稍能滚动的大块石，沟槽树木（树干、树根及树枝）严重阻塞，无水生植物，沟底以阶梯式急剧降落	3.9~4.9	4.5	0.375~0.174
2	粗糙率较大的不平整的泥石流沟槽，沟底无急剧突起，沟床内堆积大小不等的石块，沟槽被树木、草本植物阻塞，沟床不平整，有洼坑，沟底呈阶梯式降落	4.5~7.9	5.5	0.199~0.067

续表5-13

组别	沟床特征	粗糙率系数 m_c		坡度
		极限值	平均值	
3	较软的泥石流沟槽，但有大的阻力，沟槽由滚动的砾石和卵石组成。沟槽常因稠密的灌木丛而严重阻塞，沟槽凹凸不平，表面有大石而突起	5.4~7.0	6.6	0.187~0.116
4	处于中下游的泥石流沟槽，沟槽经过光滑岩石，有时经过大小不等的跌水沟床，在开阔河床有树枝砂石停积阻塞，无水生植物	7.7~10.0	8.8	0.220~0.112
5	流域在山区或近山区；砾石、卵石河床，由中小粒径与能完全滚动的物质组成，河槽阻塞轻微，河岸有草木及林木植物，沟底降落均匀	9.8~17.5	12.9	0.09~0.022

表 5-14 泥石流重度 γ_c、泥石流固体物质重度 γ_g 与泥石流泥沙修正系数 η 对照表

γ_g	γ_c										
	1.3	1.4	1.5	1.6	1.7	1.8	1.9	2.0	2.1	2.2	2.3
2.4	0.272	0.400	0.556	0.750	1.000	1.33	1.80	2.50	3.67	6.00	13.00
2.5	0.25	0.364	0.500	0.667	0.875	1.14	1.50	2.000	2.75	4.00	6.50
2.6	0.231	0.333	0.454	0.600	0.778	1.000	1.28	1.67	2.20	3.00	4.33
2.7	0.214	0.308	0.416	0.545	0.70	0.89	1.12	1.43	1.83	2.40	3.25

表 5-15 河床外阻力系数 m_p

分类编号	河床特征	河床外阻力系数 m_p	
		水力坡度>15‰	水力坡度≤15‰
1	河段严重弯曲，断面很不规则，有树木、植被、巨石阻隔河床	2.4	12.5
2	河段较为顺直，河槽不平整。由巨石、漂石组成的单式河床，大石块直径为1.2~2.0m，平均粒径0.2~0.6m，或较为弯曲的不平整的3类河床	3.8	20
3	河段较为顺直，由巨石、漂石、卵石组成的单式河床，大石块直径为0.1~1.4m。平均粒径为0.1~0.4m，或较为弯曲不太平整的4类河床	4	25
4	河段较顺直，由漂石、碎石组成的单式河床，河床质较均匀，大石块直径0.4~0.8m，平均粒径为0.2~0.4m，或河段较弯曲不太平整的5类河床	6	32
5	河段顺直，河床平整，断面为矩形或抛物线形的漂石、砂卵石或黄土质河床，平均粒径为0.01~0.08m	7.5	40

B 排土场黏性泥石流

黏性泥石流是指含大量黏性土，固体成分占40%~60%，最高达80%，黏性大、重度大、呈层流状态、固体和液体物质作整体运动、无垂直交换的高容重（1.6~2.3t/m^3）浓稠浆体。水不是搬运介质，而是组成物质。承浮和托悬力大，能使比重大于浆体的巨大石块或漂砾呈悬移状（在特殊情况下，人体也可被托浮悬移），有时滚动，流体阵性明显，有堵塞、断流和浪头现象；流体直进性强、转向性弱，遇弯道爬高明显，沿程渗漏不明显。沉积后呈舌状堆积，剖面中一次沉积物的层次不明显，但各层之间层次分明；沉积物分选性差，渗水性弱，洪水后不易干涸。石块呈悬浮状态，暴发突然，持续时间短，破坏力大。

（1）东川泥石流的流速计算公式：

$$v_c = K_2 H_c^{2/3} I_c^{1/5} \tag{5-10}$$

式中 v_c——泥石流流速；

K_2——泥石流流速系数；

H_c——泥石流体泥深；

I_c——沟道相应段的天然沟床纵坡，‰。

（2）甘肃武都地区黏性泥石流流速计算公式：

$$v_c = M_c H_c^{2/3} I_c^{1/2} \tag{5-11}$$

式中 M_c——泥石流沟床粗糙率系数，用内插法查表 5-16。

表 5-16 泥石流沟床粗糙率系数 M_c 值

类别	沟床特征	M_c			
		$H_c=0.5$	$H_c=1.0$	$H_c=2.0$	$H_c=4.0$
1	黄土地区泥石流沟或大型的黏性泥石流沟，沟床平坦开阔，流体中大石块很少，纵坡为 20‰~60‰，阻力特征属低阻型	—	29	22	16
2	中小型黏性泥石流沟，沟谷一般平顺，沟床纵坡为 30‰~80‰，阻力特征属中阻型或高阻型	26	21	16	14
3	中小型黏性泥石流沟，沟谷狭窄弯曲，有跌坎；或沟道虽顺直，但含大石块较多的大型稀性泥石流沟；沟床纵坡为 40‰~120‰，阻力特征属高阻型	20	15	11	8
4	中小型稀性泥石流沟，碎石质河床，多石块，不平整，沟床纵坡为 100‰~180‰	12	9	6.5	—
5	河道弯曲，沟内多顽石、跌坎，床面极不平顺的稀性泥石流，沟床纵坡为 120‰~250‰	—	5.5	3.5	—

（3）综合西藏古乡沟、东川蒋家沟、武都火烧沟的通用公式：

$$v_c = \frac{1}{n_c} H_c^{2/3} I_c^{1/2} \tag{5-12}$$

式中 n_c——泥石流的河床粗糙率，用内插法查表 5-17。

表 5-17 黏性泥石流粗糙率系数 n_c 值

泥石流流体特征	沟床状况	粗糙率 n_c
流体搅拌十分均匀；石块粒径一般在 10cm 左右，夹杂少量 2~3m 的大石块；龙头和龙身物质组成差别不大，在运动过程中龙头紊动十分强烈，浪花飞溅，停积后浆体与石块不分离，向四周扩散呈叶片状	河床较稳定，河床物质较均匀，粒径 10cm 左右；受洪水冲刷，沟底不平而且粗糙，流水沟两侧较平顺，但干而粗糙；流通段沟底纵坡 55%~70%，阻力特征属中阻型或高阻型	当 $0.1\text{m}<H_c<0.5\text{m}$ 时，取值 0.043
		当 $0.5\text{m}<H_c<2.0\text{m}$ 时，取值 0.077
		当 $2.0\text{m}<H_c<4.0\text{m}$ 时，取值 0.1
	泥石流铺床后原河床黏附一层泥浆体，使干而粗糙河床变得光滑平顺，利于泥石流体运动，阻力特征属低阻型	当 $0.1\text{m}<H_c<0.5\text{m}$ 时，取值 0.022
		当 $0.5\text{m}<H_c<2.0\text{m}$ 时，取值 0.033
		当 $2.0\text{m}<H_c<4.0\text{m}$ 时，取值 0.05

续表5-17

泥石流流体特征	沟床状况	粗糙率 n_c
流体呈整体运动；石块较大，一般石块粒径20~30cm，含少量粒径为2~3m的大石块；流体搅拌较为均匀；龙头和龙身流速基本一致；停积后呈垄岗状堆积	河床比较粗糙，凹凸不平，石块较多，有弯道、跌水；沟床流通段纵坡在70%~100%，阻力特征属高阻型	当 H_c<1.5m时，平均取值0.04
		当 H_c≥1.5m时，平均取值0.067
流体呈整体运动；石块粒径大小悬殊，一般在30~50cm，2~5m粒径的石块约占20%；龙头由大石块组成，在弯道或河床展宽处易停积，后续流可超越而过，龙头流速小于龙身流速，堆积呈垄岗状	河床极粗糙，沟内有巨石和携带的树木堆积，多弯道和大跌水，沟内不能通行，人迹罕见，沟床流通段纵坡在100%~150%，阻力特征属高阻型	平均取值0.270 H_c<2m时，0.445

5.4.3.4 排土场泥石流中石块运动速度

在缺乏大量实验数据和实测数据的情况下，以堆积后的泥石流冲出物最大粒径大体推求石块运动速度的经验公式如下：

$$v'_s = a_8\sqrt{d_{max}} \tag{5-13}$$

式中 v'_s——泥石流中大石块的移动速度，m/s；

d_{max}——泥石流堆积物中最大石块的粒径，m；

a_8——全面考虑的摩擦系数（泥石流容重、石块比重、石块形状系数、沟床比降等因素），$3.5\leqslant a_8\leqslant 4.5$，平均 $a_8=4.0$。

5.4.3.5 排土场泥石流冲击力

泥石流冲击力是泥石流防治工程设计的重要参数，分为流体整体冲压力和个别石块的冲击力两种。

A 泥石流体整体冲压力计算公式

（1）铁二院（成昆、东川两线）公式：

$$F_\delta = \lambda_3\frac{\gamma_c}{g}v_c^2\sin\alpha \tag{5-14}$$

式中 F_δ——泥石流体整体冲击压力；

g——重力加速度；

α——建筑物受力面与泥石流冲压力方向的夹角；

γ_c——泥石流重度；

λ_3——建筑物形状系数；圆形建筑物 $\lambda_3=1.0$，矩形建筑物 $\lambda_3=1.33$，方形建筑物 $\lambda_3=1.47$；

v_c——泥石流流速，m/s。

（2）日本公式：

$$F_\delta = \gamma_c H_c v_c^2 \tag{5-15}$$

式中 H_c——泥石流体泥深。

（3）沙砾泥石流冲压力公式。

$$F_8 = 4.72 \times 10^5 v_c^2 d_1 \tag{5-16}$$

式中 d_1——石块粒径。

B 泥石流体中大石块的冲击力

（1）对梁的冲击力：

$$F_b = \sqrt{\frac{3EJv_3^2}{gL^3}}\sin\alpha \quad (\text{概化为悬臂梁的形式}) \tag{5-17}$$

$$F_b = \sqrt{\frac{48EJv_3^2W_1}{gL^3}}\sin\alpha \quad (\text{概化为简支梁的形式}) \tag{5-18}$$

式中 F_b——泥石流体中大石块的冲击力；

E——构件弹性模量；

J——构件截面中心轴的惯性矩；

L——构件长度；

v_3——石块运动速度；

W_1——石块重量。

（2）对墩的冲击力（即单块块石最大撞击力）：

$$F_b = rv_c\sin\alpha[W_2/(C_2 + C_3)] \tag{5-19}$$

式中 r——动能折减系数，正面撞击时取 $r=0.3$；

C_2——巨石的弹性变形系数；

C_3——桥墩的弹性变形系数；

W_2——泥石流中大石块的重量。

（3）公式三：

$$F_b = C_1\gamma_g A_1 v_c \tag{5-20}$$

式中 γ_g——泥石流固体颗粒重度；

A_1——撞击接触面积；

C_1——石块弹性波动传递系数。

5.4.3.6 排土场泥石流冲起高度

A 泥石流冲起高度

（1）泥石流最大冲起高度 ΔH 为：

$$\Delta H = \frac{v_c^2}{2g} \tag{5-21}$$

（2）泥石流在爬高过程中由于受到沟床阻力的影响，其最大冲起高度 ΔH 为：

$$\Delta H = \frac{b_2 v_c^2}{2g} \approx 0.8\frac{v_c^2}{g} \tag{5-22}$$

式中 b_2——迎面坡度的函数。

B 泥石流的弯道超高

由于泥石流流速快、惯性大，故在弯道凹岸处有比水流更加显著的弯道超高现象。

（1）根据弯道泥面横比降动力平衡条件，推导出计算弯道超高的公式：

$$h_{\delta} = 2.3\frac{v_{c}^{2}}{g}\lg\frac{R_{2}}{R_{1}} \tag{5-23}$$

式中 h_{δ}——弯道超高，m；
R_2——凹岸曲率半径，m；
R_1——凸岸曲率半径，m。

（2）日本（高桥保）公式：

$$h = 2B_{1}v_{c}^{2}/(R_{c}g) \tag{5-24}$$

式中 B_1——泥石流表面宽度，m；
R_c——主流中心曲率半径，m。

5.5 排土场泥石流的危险性分级

5.5.1 排土场泥石流危害性分级

5.5.1.1 单沟泥石流活动性定性分级

根据泥石流活动特点、灾情预测可划分为低、中、高和极高四级（表5-18）。

表5-18 单沟泥石流活动性分级

泥石流活动特点	灾情预测	活动性分级
能够发生小规模和低频率泥石流或山洪	致灾轻微，不会造成重大灾害和严重危害	低
能够间歇性发生中等规模的泥石流，较易由工程治理所控制	致灾轻微，较少造成重大灾害和严重危害	中
能够发生大规模的高、中、低频率的泥石流	致灾较重，可造成大、中型灾害和严重危害	高
能够发生巨大规模的特高、高、中、低频率的泥石流	致灾严重，来势凶猛，冲击破坏力大，可造成特大灾难和严重危害	极高

单沟泥石流危险区包括泥石流形成区、流通区和堆积区范围，其中堆积区是危害成灾的主要部位。可通过对历史泥石流的回访和调查确定危险区，也可由以下经验公式预测泥石流堆积区的最大危险范围：

$$A_{3} = 0.6667L_{3}B_{2} - \frac{0.0833B_{2}^{2}\sin R_{3}}{1 - \cos R_{3}} \tag{5-25}$$

式中 A_3——泥石流堆积区的最大危险范围；
L_3——泥石流最大堆积长度，km，$L_3=0.8061+0.0015F+0.000033W_3$；
B_2——泥石流最大堆积宽度，km，$B_2=0.5452+0.0034D_1+0.000031W_3$；
R_3——泥石流堆积幅角，（°），$R_3=47.8296-1.3085D_1+8.8876H_2$；
F——流域面积，km^2；
W_3——松散固体物质储量，万立方米；
D_1——主沟长度，km；

H_2——流域最大高差，m。

5.5.1.2 根据排土场泥石流灾害一次造成的伤亡或损失分级

根据排土场泥石流灾害一次造成的死亡人数或和直接经济损失可分为特大型、大型、中型和小型4个灾害等级，见表5-19。

表5-19 根据泥石流灾害一次造成的死亡人数或直接经济损失（灾情）分级

危害性灾度等级*	特大型	大型	中型	小型
死亡人数/人	>30	30~10	10~3	<3
直接经济损失/万元	>1000	1000~500	500~100	<100

注："*"灾度的两项指标不在一个级次时，按从高原则确定灾度等级。

5.5.1.3 根据受威胁人数或可能造成的损失分级

对潜在可能发生的排土场泥石流，根据受威胁人数或可能造成的直接经济损失，可分为特大型、大型、中型和小型四个潜在危险性等级，见表5-20。

表5-20 排土场泥石流潜在危险性分级

潜在危险性等级*	特大型	大型	中型	小型
直接威胁人数/人	>1000	500~1000	100~500	<100
直接经济损失/万元	>10000	10000~5000	5000~1000	<1000

注："*"指潜在危险性等级的两项指标不在一个级次时，按从高原则确定灾度等级。

根据我国《国家突发地质灾害应急预案》规定：受灾害威胁，潜在可能造成的经济损失1亿元以上的地质灾害险情为特大地质灾害险情；受灾害威胁，潜在经济损失5000万元以上、1亿元以下的地质灾害险情为大型地质灾害险情；受灾害威胁，潜在经济损失500万元以上、5000万元以下的地质灾害险情为中型地质灾害险情；受灾害威胁，潜在经济损失500万元以下的地质灾害险情为小型地质灾害险情。通过各个泥石流危害度评价指标的单指标危害度划分标准，可将泥石流危害度划分为轻度危害、中度危害、高度危害和极度危害，见表5-21。

表5-21 泥石流危害度评价等级划分标准

评价指标	评价等级			
	轻度危害	中度危害	高度危害	极度危害
人口密度/人·km^{-2}	0~10	10~100	100~200	200~500
经济损失/万元	0~500	500~5000	5000~10000	10000~20000
沟口距坝址距离/km	5~10	2~5	1~2	0~1

5.5.2 泥石流沟综合评判及易发程度等级标准

5.5.2.1 泥石流沟易发程度数量化评分标准

泥石流沟易发程度数量化评分标准见表5-22。

表 5-22 泥石流沟易发程度（严重程度）数量化综合评判等级

影响因素	权重	量级划分							
		一般（D）	得分	轻微（C）	得分	中等（B）	得分	严重（A）	得分
崩坍、滑坡及水土流失（自然和人为的）严重程度	0.159	无崩坍、滑坡、冲沟或发育轻微	1	有零星崩坍、滑坡和冲沟存在	12	崩坍、滑坡发育，多层滑坡和中小型崩坍，有零星植被覆盖冲沟发育	16	崩坍、滑坡等重力侵蚀严重，多层滑坡和大型崩坍，表土疏松，冲沟十分发育	21
泥沙沿程补给长度比	0.118	<10%	1	10%~30%	8	30%~60%	12	>60%	16
沟口泥石流堆积活动程度	0.108	主河无河形变比，主流不偏	1	主河河形无变化，主流在高水位时偏，低水位时不偏	7	主河河形无较大变化，仅主流受迫偏移	11	主河河形弯曲或堵塞，主流受挤压偏移	14
河沟纵坡/(°)(‰)	0.09	<3 (52)	1	3~6 (52~105)	6	6~12 (105~213)	9	>12 (213)	12
区域构造影响程度	0.075	沉降区，构造影响小或无影响	1	相对稳定区，4级以下地震区，有小断层	5	抬升区，4~6级地震区，有中小支断层	7	强抬升区，6级以上地震区，断层破碎带	9
流域植被覆盖率	0.067	>60%	1	30%~60%	5	10%~30%	7	<10%	9
河沟近期一次变幅/m	0.062	0.2	1	0.2~1	4	2~4	6	>2	2
岩性影响	0.054	硬岩	1	风化强烈和节理发育的硬岩	4	软硬相间	5	软岩、黄土	6
沿沟松散物储量/$m^3 \cdot km^{-2}$	0.054	<10000	1	10000~50000	4	50000~100000	5	>100000	6
沟岸山坡坡度/(°)(‰)	0.045	<15 (268)	1	15~25 (268~466)	4	25~32 (466~625)	5	>32 (625)	6
产沙区沟槽断面	0.036	平坦型	1	复式断面	3	拓宽U形谷	4	谷中谷、V形、U形谷	5
产沙区松散物平均厚度/m	0.036	<1	1	1~5	3	5~10	4	>10	5
流域面积/km^2	0.036	>100	1	10~100	3	5~10	4	0.2~5	5
流域相对高差/m	0.03	<100	1	100~300	2	300~500	3	>500	4
河沟堵塞程度	0.03	无	1	轻微	2	中等	3	严重	4

5.5.2.2 数量化评分（N）与重度、$1+\eta$ 的关系

数量化评分（N）与重度、$1+\eta$ 的关系见表 5-23。

表 5-23 数量化评分（N）与重度、$1+\eta$ 的关系

容重/$t \cdot m^{-3}$	1.300	1.307	1.314	1.321	1.328	1.335	1.342	1.349	1.356
$1+\eta$	1.223	1.231	1.239	1.247	1.256	1.264	1.272	1.28	1.288
评分	44	45	46	47	48	49	50	51	52
容重/$t \cdot m^{-3}$	1.363	1.370	1.377	1.384	1.391	1.398	1.405	1.412	1.419
$1+\eta$	1.296	1.304	1.313	1.321	1.329	1.337	1.345	1.353	1.361
评分	53	54	55	56	57	58	59	60	61
容重/$t \cdot m^{-3}$	1.426	1.433	1.440	1.447	1.453	1.460	1.467	1.474	1.481
$1+\eta$	1.370	1.378	1.386	1.394	1.402	1.410	1.418	1.426	1.435
评分	62	63	64	65	66	67	68	69	70
容重/$t \cdot m^{-3}$	1.488	1.495	1.502	1.509	1.516	1.523	1.53	1.537	1.544
$1+\eta$	1.443	1.451	1.459	1.467	1.475	1.483	1.492	1.500	1.508
评分	71	72	73	74	75	76	77	78	79
容重/$t \cdot m^{-3}$	1.551	1.558	1.565	1.572	1.579	1.586	1.593	1.600	1.607
$1+\eta$	1.516	1.524	1.532	1.540	1.549	1.557	1.565	1.577	1.586
评分	80	81	82	83	84	85	86	87	88
容重/$t \cdot m^{-3}$	1.614	1.621	1.628	1.634	1.641	1.648	1.655	1.662	1.669
$1+\eta$	1.599	1.611	1.624	1.637	1.650	1.663	1.676	1.688	1.701
评分	89	90	91	92	93	94	95	96	97
容重/$t \cdot m^{-3}$	1.676	1.683	1.690	1.697	1.703	1.710	1.717	1.724	1.731
$1+\eta$	1.714	1.727	1.740	1.753	1.765	1.778	1.791	1.804	1.817
评分	98	99	100	101	102	103	104	105	106
容重/$t \cdot m^{-3}$	1.738	1.745	1.752	1.759	1.766	1.772	1.779	1.786	1.793
$1+\eta$	1.830	1.842	1.855	1.868	1.881	1.894	1.907	1.919	1.932
评分	107	108	109	110	111	112	113	114	115
容重/$t \cdot m^{-3}$	1.800	1.843	1.886	1.929	1.971	2.014	2.057	2.100	2.143
$1+\eta$	1.945	2.208	2.471	2.735	2.998	3.216	3.524	3.788	4.051
评分	116	117	118	119	120	121	122	123	124
容重/$t \cdot m^{-3}$	2.186	2.229	2.271	2.314	2.357	2.400			
$1+\eta$	4.314	4.577	4.840	5.104	5.367	5.630			
评分	125	126	127	128	129	130			

5.5.2.3 泥石流沟易发程度数量化综合评判等级标准

泥石流沟易发程度数量化综合评判等级标准见表 5-24。

表 5-24 泥石流沟易发程度数量化综合评判等级标准

是与非的判别界限值		划分易发程度等级的界限值	
等级	标准得分 N 的范围	等级	按标准得分 N 的范围自判
是	44~130	极易发	116~130
		易发	87~115
		轻度易发	44~86
非	15~43	不发生	15~43

5.5.3 排土场泥石流活动危险性评估

排土场泥石流活动危险性评估在泥石流活动性调查的基础上进行。排土场泥石流活动危险性评估的核心是通过调查分析确定泥石流活动的危险程度或灾害发生的概率。暴雨泥石流活动的危险程度或灾害发生概率的判别式为：

$$危险程度或灾害发生概率(G_0)=\frac{泥石流的致灾能力(F_0)}{受灾体的承(抗)灾能力(E_0)}$$

（1）当 $G_0<1$ 时，受灾体处于安全工作状态，成灾可能性小；

（2）当 $G_0>1$ 时，受灾体处于危险工作状态，成灾可能性大；

（3）当 $G_0\approx1$ 时，受灾体处于灾变的临界工作状态，成灾与否的机率各占50%，要警惕可能成灾的那部分。

5.5.3.1 排土场泥石流综合致灾能力（F_0）

排土场泥石流的综合致灾能力（F_0）按活动强度、活动规模、发生频率及堵塞程度四因素分级量化总分值判别，综合致灾能力分级量化表见表 5-25。

表 5-25 致灾体的综合致灾能力分级量化

活动强度（1）	很强	4	强	3	较强	2	弱	1
活动规模（2）	特大型	4	大型	3	中型	2	小型	1
发生频率（3）	极低频	4	低频	3	中频	2	高频	1
堵塞程度（4）	严重	4	中等	3	轻微	2	无堵塞	1

F_0=16~13：综合致灾能力很强；

F_0=12~10：综合致灾能力强；

F_0=9~7；综合致灾能力较强；

F_0=6~4；综合致灾能力弱

A 活动强度

表 5-25 中的活动强度判别见表 5-26。

表 5-26 排土场泥石流活动强度判别

活动强度	堆积扇规模	主河河型变化	主流偏移程度	泥沙补给长度比/%	松散物贮量/$m^3 \cdot km^{-2}$	松散体变形量	暴雨强度指标 R
很强	很大	被逼弯	弯曲	>60	>100000	很大	>10
强	较大	微弯	偏移	30~60	50000~100000	较大	4.2~10
较强	较小	无变化	大水偏	10~30	10000~50000	较小	3.1~4.2
弱	小或无	无变化	不偏	<10	<10000	小或无	<3.1

暴雨强度指标 R 的计算见式（5-26）：

$$R = K_3\left(\frac{H_{24}}{H_{24(\mathrm{D})}} + \frac{H_1}{H_{1(\mathrm{D})}} + \frac{H_{1/6}}{H_{1/6(\mathrm{D})}}\right) \tag{5-26}$$

式中 K_3——前期降雨量修正系数；无前期降雨时 $K_3=1$，有前期降雨时 $K_3>1$，尚无可信的成果可暂时假定 $K_3=1.1\sim1.2$；

H_{24}——24h 最大降雨量，mm；

H_1——1h 最大降雨量，mm；

$H_{1/6}$——10min 最大降雨量，mm。

可能发生泥石流的 $H_{24(\mathrm{D})}$、$H_{1(\mathrm{D})}$、$H_{1/6(\mathrm{D})}$ 的界限值见表 5-27。

表 5-27 可能发生泥石流的 $H_{24(\mathrm{D})}$、$H_{1(\mathrm{D})}$、$H_{1/6(\mathrm{D})}$ 的界限值

年均降雨分区	24h 最大降雨量 $H_{24(\mathrm{D})}$/mm	1h 最大降雨量 $H_{1(\mathrm{D})}$/mm	10min 最大降雨量 $H_{1/6(\mathrm{D})}$/mm	代表地区（以当地统计结果为准）
>1200	100	40	12	浙江、福建、广东、广西、江西、湖南、湖北、安徽及云南西部、西藏东南部等地区
1200~800	60	20	10	四川、贵州、云南东部和中部、陕西南部、山西东部、辽东、黑龙江、吉林、辽西、冀北部、西部等地区
800~500	30	15	6	陕西北部、甘肃、内蒙古、京郊、宁夏、山西、新疆部分、四川西北部、西藏等地区
< 500	25	15	5	青海、新疆、西藏及甘肃、宁夏两省区的黄河以西地区

根据统计综合分析判别：

（1）当暴雨强度 $R<3.1$ 时，属于安全雨情；

（2）当暴雨强度 $R\geqslant3.1$ 时，属于可能发生泥石流的雨情；

（3）当暴雨强度 $R=3.1\sim4.2$ 时，泥石流发生概率 < 0.2；

（4）当暴雨强度 $R=4.2\sim10$ 时，泥石流发生概率 0.2~0.8；

（5）当暴雨强度 $R>10$ 时，泥石流发生概率>0.8。

B 活动规模

致灾体的综合致灾能力分级表 5-25 中的“活动规模”按照表 5-28 中排土场泥石流爆发规模选取。

表 5-28 排土场泥石流爆发规模

分类指标	特大型	大型	中型	小型
一次堆积总量/万立方米	>100	10~100	1~10	<1
泥石流洪峰量/$m^3 \cdot s^{-1}$	>200	100~200	50~100	<50

C 活动规模

致灾体的综合致灾能力分级表 5-25 中的“发生频率”按照排土场泥石流发生频率选取。

(1) 高频泥石流：一年多次至 5 年 1 次。

(2) 中频泥石流：1 次/5 年~1 次/20 年。

(3) 低频泥石流：1 次/20 年~1 次/50 年。

(4) 极低频泥石流：>1 次/50 年。

D 堵塞程度

致灾体的综合致灾能力分级表 5-25 中的“堵塞程度”按照表 5-29 中排土场泥石流堵塞系数选取。

表 5-29 排土场泥石流堵塞系数 D_c 值

堵塞程度	特 征	堵塞系数 D_c
严重	河槽弯曲，河段宽窄不均，卡口、陡坎多。大部分支沟交汇角度大，形成区集中。物质组成黏性大、稠度高，沟槽堵塞严重，阵流间隔时间长	>2.5
中等	沟槽较顺直，沟段宽窄较均匀，陡坎、卡口不多。主支沟交角多小于 60°，形成区不太集中，河床堵塞情况一般，流体多呈稠浆-稀粥状	1.5~2.5
轻微	沟槽顺直均匀，主支沟交汇角小，基本无卡口、陡坎，形成区分散。物质组成黏度小，阵流的间隔时间短	<1.5

5.5.3.2 受灾体（建筑物）的综合承（抗）灾能力（E_0）

受灾体（建筑物）的综合承（抗）灾能力分级可根据设计标准、工程质量、区位条件和防治工程和辅助工程的工程效果四因素划分，其分级量化总分值判别见表 5-30。

表 5-30 受灾体（建筑物）的综合承（抗）灾能力（E_0）

设计标准	<5 年一遇	1	5~10 年一遇	2	20~50 年一遇	3	>50 年一遇	4
工程质量	较差，有严重隐患	1	合格，但有隐患	2	合格	3	良好	4
区位条件	极危险区	1	危险区	2	影响区	3	安全区	4
防治工程和辅助工程的工程效果	较差或工程失效	1	存在较大问题	2	存在部分问题	3	较好	4

E_0=4~6：综合承（抗）灾能力很差；

E_0=7~9：综合承（抗）灾能力差；

E_0=10~12：综合承（抗）灾能力较好；

E_0=13~16：综合承（抗）灾能力好

表 5-30 中的“区位条件”按表 5-31 确定，表 5-31 中将排土场泥石流活动危险区域

划分为极危险区、危险区、影响区及安全区四类。

表 5-31　排土场泥石流活动危险区域划分

危险分区	判别特征
极危险区	1. 泥石流、洪水能直接到达的地区：历史最高泥位或水位线及泛滥线以下地区； 2. 有变形迹象的崩坍、滑坡区域内和滑坡前缘可能到达的区域内； 3. 堆积扇挤压大河或大河被堵塞后诱发的大河上、下游的可能受灾地区
危险区	1. 最高泥位或水位线以上加堵塞后的壅高水位以下的淹没区，溃坝后泥石流可能到达的地区； 2. 河沟两岸崩坍、滑坡后缘裂隙以上 50~100m 范围内，或按实地地形确定； 3. 大河因泥石流堵江后在极危险区以外的周边地区仍可能发生灾害的区域
影响区	高于危险区与危险区相邻的地区，它不会直接与泥石流遭遇，但却有可能间接受到泥石流危害的牵连而发生某些级别灾害的地区
安全区	极危险区、危险区、影响区以外的地区为安全区

5.5.4　排土场泥石流防治评估决策

根据排土场泥石流的综合致灾能力（F_0）的强弱和受灾体的承（抗）灾能力（E_0）进行治理紧迫性分析，见表 5-32。治理紧迫性判别结果，可作为排土场泥石流治理可行性综合评判的依据内容。

表 5-32　排土场泥石流治理紧迫性分析

致灾能力（F_0）	承灾能力（E_0）			
	很差（4~6）	差（7~9）	较好（10~12）	好（13~16）
很强（16~13）	Ⅰ	Ⅰ	Ⅰ	Ⅱ
强（12~10）	Ⅰ	Ⅰ	Ⅱ	Ⅲ
较强（9~7）	Ⅰ	Ⅱ	Ⅱ	Ⅲ
弱（6~4）	Ⅱ	Ⅲ	Ⅲ	Ⅲ

注：Ⅰ—治理紧迫；Ⅱ—治理较紧迫；Ⅲ—预防为主。

根据排土场泥石流调查结果，按其危害性、治理紧迫性、发生频数、防治经济合理性、治理难易程度等要素进行模糊综合评判，确定防治方向和阶段。评价因素、权重和评价集见表 5-33。

表 5-33　模糊综合评判评价因素集合评价集

评价因素集	权重值	评价集（治理必要性划分）B		
		必要	符合条件时必要	不必要（搬迁、避让、群防）
危害性	0.25	特大型（85~100）B_{11}	大、中型（60~85）B_{12}	小型（<60）B_{13}
治理紧迫性	0.25	紧迫（85~100）B_{21}	较紧迫（60~85）B_{22}	预防为主（<60）B_{23}
发生频数	0.20	高频数（85~100）B_{31}	中频数（60~85）B_{32}	低频数（<60）B_{33}
防治经济合理性	0.15	合理（85~100）B_{41}	较合理（60~85）B_{42}	不合理（<60）B_{43}
治理难易程度	0.15	易治理（85~100）B_{51}	较易治理（60~85）B_{52}	难治理（<60）B_{53}

结合排土场泥石流调查结果，对照表 5-31 中因素集对应的评价集，进行赋值；对评价集（治理必要性划分）B 中每一行赋值，赋值总分不大于 100；单项值未赋时为 0；权重值按专家推荐参考值，可形成模糊综合评判矩阵：

$$K' = [0.25 \quad 0.25 \quad 0.20 \quad 0.15 \quad 0.15] \cdot \begin{bmatrix} B_{11} & B_{12} & B_{13} \\ B_{21} & B_{22} & B_{23} \\ B_{31} & B_{32} & B_{33} \\ B_{41} & B_{42} & B_{43} \\ B_{51} & B_{52} & B_{53} \end{bmatrix}$$

对上述采用“取小”法则进行复合运算：

$$K' = [K'_1 \quad K'_2 \quad K'_3]$$

归一化后，取 K'_1、K'_2、K'_3中的最大值作为 K'值，并按以下规则评判：

（1）当 $K'>0.85$ 时，勘查治理。

（2）当 $K'=0.7 \sim 0.85$ 时，需满足高频数、易治理条件时，勘查治理；否则进一步调查论证。

（3）当 $K'=0.6 \sim 0.7$ 时，满足高频数、易治理、经济合理时，勘查治理；否则搬迁、避让、群测群防。

（4）当 $K'<0.6$ 时，搬迁、避让、群测群防。

5.6 矿山排土场泥石流灾害防治

排土场的容积、堆置高度、平台宽度、岩土安息角，下沉系数是排土场稳定设计的主要因素，也是矿山泥石流发生与否及其规模大小的内在条件。堆置高度与水文、地质、气候条件、岩土物理力学性质、地形山势情况以及运输和堆放机械方式等因素有关。

5.6.1 排土场泥石流灾害防治安全等级

根据泥石流灾害的受灾对象、死亡人数、直接经济损失、期望经济损失和防治工程投资等五个因素，可将泥石流灾害防治安全等级划分为四个级别，见表 5-34。

表 5-34 泥石流灾害防治工程安全等级标准

地质灾害	防治工程安全等级			
	一级	二级	三级	四级
受灾对象	省会级城市	地、市级城市	县级城市	乡、镇及重要居民点
	铁道、国道、航道主干线及大型桥梁隧道	铁道、国道、航道及中型桥梁、隧道	铁道、省道及小型桥梁、隧道	乡、镇间的道路桥梁
	大型的能源、水利、通信、邮电、矿山、国防工程等专项设施	中型的能源、水利、通信、邮电、矿山、国防工程等专项设施	小型的能源、水利、通信、邮电、矿山、国防工程等专项设施	乡、镇级的能源、水利、通信、邮电、矿山等专项设施
	一级建筑物	二级建筑物	三级建筑物	普通建筑物

续表5-34

地质灾害	防治工程安全等级			
	一级	二级	三级	四级
死亡人数	>1000	1000~100	100~10	<10
直接经济损失/万元·年$^{-1}$	>1000	1000~500	500~100	<100
期望经济损失/万元·年$^{-1}$	>1000	1000~500	500~100	<100
防治工程投资/万元·年$^{-1}$	>1000	1000~500	500~100	<100

其中表5-34中的一、二、三级建筑物见表5-35。

表5-35 建筑物安全等级

安全等级	破坏后果	建 筑 类 型
一级	很严重	重要的工业与民用建筑物；20层以上的高层建筑；体型复杂的14层以上高层建筑；对地基变形有特殊要求的建筑物；单桩承受的荷载在4000kN以上的建筑物
二级	严重	一般的工业与民用建筑
三级	不严重	次要的建筑物

5.6.2 排土场泥石流防治原则和治理趋势

排土场泥石流是不良的复杂地质体，为非均质、各向异性介质，物理力学参数是随机变量，变异性大；其次，防治工程承受来自泥石流体和外界的各种荷载，不仅自身应具有足够的抗形变和破坏的能力，而且还要求下伏的地质体也具有优良的性质。为了防止泥石流灾害的发生或减轻其危害程度，在泥石流发生前后开展的防治工程设计采用单一的防治工程措施有时难以承受来自泥石流灾害体的外界的荷载，从而导致工程失效。因此，针对每个泥石流的特点，在不同部位应采取不同的措施，进行综合防治是非常重要的。即使工程投资不能一次到位，也应在防治方案的基础上，进行分解，采取分期、分步实施的办法进行综合防治。应以少的投资、短的工期，达到设计服务（使用）期内安全运行，并满足所有预定功能。即在设计服务（使用）期内在预定功能、安全性和耐久性、工期和投资的经济性三个方面达成要求。

5.6.2.1 *泥石流灾害防治原则*

A *泥石流防治与区域环境保护相结合原则*

泥石流大多发生在自然环境遭到破坏或区域生态环境十分脆弱的地区。这些地区大多地质构造活跃，岩石裸露，基岩风化剥蚀强烈，森林植被遭到破坏，环境明显退化，甚至出现荒漠化；进而又为泥石流的发生、发展和演化提供了良好的条件。而泥石流的发生和发展又加剧了环境的退化，两者之间形成了一种恶性循环的环境演变模式。因此，泥石流防治过程中，不仅应注重泥石流灾害本身的预防和治理，更应特别注意现有环境的保护和恢复良好的生态环境。通过改善自然环境和人为环境来扼制泥石流的形成，达到从根本上阻止泥石流发生的目的，彻底消除泥石流的危害。保护、恢复和改善环境的关键是恢复森林植被，通过恢复植被来改变坡面水流的汇集和产沙条件，抑制和消减有利于泥石流形成的因素，从而达到预防和治理泥石流灾害的目的。因此，泥石流防治工作应与区域的环境保护相结合。

B 泥石流防治与常规水土保持相结合原则

泥石流活动是水土流失的一种最强烈的表现形式，预防和治理泥石流是一类特殊的水土保持，它与一般的常规水土保持有明显的区别。常规水土保持注重采取生物措施、农业耕作措施和小型谷坊工程，来减轻和消除沟坡、沟谷水土和泥沙的流失，而泥石流防治则重在对其下游城镇、道路、工厂和其他重要设施的防护和减灾防灾。多数泥石流防治均以见效迅速的工程措施为主要防治措施，但现代泥石流防治也越来越注重与常规的水土保持措施紧密结合。因为，如果忽视上游的水土保持措施，沟谷上游的地表侵蚀得不到控制，不断加剧的水土流失会使下游的泥石流防治工程使用寿命缩短甚至在设计使用年限之内很快失效，使泥石流防治工程的效益大打折扣甚至失败。因此，泥石流防治应该与常规的水土保持措施有机地结合起来，以保障泥石流防治工程最大限度地发挥作用。

C 以防为主、防治结合原则

预防和治理是泥石流灾害防治的两个有机的组成部分。灾害发生之前的预防措施，相对治理而言资金投入少、起作用时间长，甚至可以一劳永逸地避开灾害。灾害发生之后的治理措施，通常投入资金多，工程措施见效快，但使用年限有限，大多以解除当前灾害的治理为目标。在进行泥石流防治时，既要重视当前灾害的治理，更应注重如何预防未来的灾害。在制定泥石流防治规划（防治方案和防治措施）时，应首先考虑泥石流的危险区划和各级危险区的科学合理的建设选址，以及应急避难措施和预报警报措施，坚持预防为主，预防与治理相结合的原则。

D 因地制宜、因势利导原则

泥石流是一种常见的、关系密切的山地灾害，其发生、发展和演变均为自然过程，只有掌握了它的规律，才能做到有的放矢地预防和治理它。因此，在泥石流防治中，应坚持因地制宜、因势利导原则。即首先搞清楚泥石流起动的主导因素和起动的临界条件，通过调节和控制泥石流的起动条件，尽可能使其不产生运动，达到防患于未然的防治实效。其次是根据泥石流的形成、运动和成灾特点，处理好稳沟、固坡、拦挡、排泄、导流、停淤之间的关系，使泥石流危害降低到最小程度。在泥石流防治中充分地遵循自然规律，利用自然规律，使泥石流防治更为科学和高效。

E 沟坡并重、工程措施与生物措施相结合原则

沟道是泥石流汇集和流动的场所，沟道中各类工程治理措施，可以直接起到防止和减轻泥石流灾害的作用。沟坡的滑坡活动和水土流失是泥石流固体物质和水体的主要来源地，通过对坡面的治理，可以改变泥石流的物质、能量的产生和汇集条件，减轻沟道治理工程的负担，延长沟道治理工程的使用寿命。坡面治理往往以生物措施为主，并以削减水动力和减少泥沙运移为主要目的，沟道治理往往以工程措施为主，通过治理沟道达到稳定沟床、加固和保护沟坡、防止泥石流运动的目的，两者相辅相成。生物措施造价低、实施范围相对较广，效益持续时间长，从长远看是恢复环境良性发展的根本性措施，但植物稳定土体的厚度有限，树木生长较慢，在短期内难以明显见效，在泥石流区使用生物措施往往需先有稳坡的工程措施作为保障。工程措施造价高，防治工程有一定的使用年限，较难

长期地发挥工程效益；但工程措施见效快，对沟道和沟坡能起到迅速的稳定和加固作用，为生物措施创造重要的立地条件。只有将治沟与治坡并重考虑，将工程措施与生物措施紧密地有机结合，才能最大限度地发挥泥石流防治的效益。

F 泥石流防治与当地经济发展相结合原则

泥石流多发地区，大多是环境比较恶劣、经济发展比较落后的地区。在这些地区进行泥石流防治，应该与当地的经济发展结合起来，通过减灾防灾工程的建设，科技知识传播和科技人员培训，帮助当地发展生产、开发资源进而发展经济。尤其是实施防治泥石流的生物措施，大量发展既能预防灾害、保持水土，又能增加经济林木的经济收入。不断改善当地的经济发展模式，优化农业、林业、畜牧业生产结构，最终达到保护环境，减轻泥石流灾害的目的。

G 泥石流防治与山区城镇建设相结合原则

受泥石流危害或威胁的山区城镇，一般都是发展建设中的城镇。在城镇的城区进行泥石流防治工程的布设时，应尽可能考虑城镇的发展建设规划，并与现有的各类建筑物尽量协调。使泥石流防治工程尽量不破坏城镇建设的整体性，并与城镇的绿化和环境美化相结合。

H 因害设防、突出重点原则

泥石流防治是一项涉及被防护对象长久安全的重要工程，应有较大的安全系数，治理工程需要投入大量的人力、物力和财力。然而，目前泥石流危害严重的地区，大多是经济不发达的山区，国家和地方政府不可能投入太多的资金用于灾害的全面防治和大范围的综合治理。对于泥石流而言，一般按20年一遇频率的标准来治理，特殊情况下也只能按50年一遇频率的标准来设计。如何把有限的防治经费用于最急需的灾害防治，以解除最突出的灾害问题，即因害设防、突出防治重点，已成为山地灾害防治中的一项重要的原则。

5.6.2.2 泥石流灾害防治的发展趋势

(1) 泥石流防治的自然生态工程方法，应从源头和形成机理上解决问题，将泥石流防治和资源开发结合起来。不但对泥石流进行综合治理，而且应很快和环境融为一体，对环境的破坏力小。比如在条件好的泥石流区域，将大面积泥石流的荒滩地，开发成稳产高产的良田。泥石流携带输出的泥沙可用来筑坝造田。泥石流形成的地表水和地下水，可作为农田的灌溉或其他水源。风景区泥石流的治理可将生态工程和治理工程结合起来，实现景观和治理工程的协调，有效地保护景观资源、生态环境和游客安全。

(2) 泥石流防治工程结构趋向于多样化、轻型化和实用化。在泥石流防治工程中，通常将不同坝型、沟槽、渡槽的防治工程组合起来，以适应不同类型泥石流的特征。如隔栅坝适用于稀性泥石流和水石流的防治，它能拦截泥石流中的粗大颗粒。拦沙渣坝以透水型为佳，可以减少动水压力，增加调节性能，降低冲刷和磨蚀作用。低型坝比高型坝要经济，几个低型坝高度之和比同高度高型坝要节省很多，安全性能和防治效率也要高得多。

(3) 泥石流防治工程将进一步趋向于综合治理。关键是要从源头上切断泥石流发生的基本条件，阻止泥石流发生造成流域内生态环境的不断恶化。在泥石流防治工程中，应把拦排措施结合起来，加强对全流域森林植被的保育，统一规划，合理安排农、林、牧用地的比例和位置，保持水土，调节径流。比如采用梯田、山坡截流沟、拦水沟埂、蓄水池等。

(4) 新技术的应用是近年来泥石流防治的新趋势。尤其是神经网路技术、虚拟现实技术、“3S”技术在泥石流监测、评价预警系统、避灾逃生线路规划中已显示出巨大的作用和优势。

5.6.3 排土场泥石流的防治体系及防治措施

5.6.3.1 防治体系

同自然泥石流不同，排土场泥石流具有物源补给的集中性和固定性以及运动过程的重复性和单调性等特征，通过管理排土行为，规范排土活动，科学防护废石等措施，泥石流将可防可控。同自然泥石流一样，排土场泥石流防治体系包括防止泥石流发生体系、控制泥石流运动体系和预防泥石流危害体系。其中，防止弃渣泥石流发生体系主要包括防止弃渣乱堆，防止废石弃渣补给和防止废石弃渣遭受侵蚀等方面的措施。控制泥石流运动体系旨在通过改变泥石流的流向等动力特性，降低泥石流的直接危害。预防泥石流危害体系则主要是实时监测和临灾预警。

A 防止泥石流发生体系

防止弃渣泥石流发生有三个方面的措施，即防止弃渣乱堆、防止弃渣补给和防止弃渣遭受侵蚀。弃渣堆放是由相应人为活动所致，因此，防止弃渣乱堆可从源头即规范人类活动入手，通过相应政策法规的约束、政府监督及实时评估等途径，对弃渣行为进行规范与指导。对于已经存放的弃渣，应通过优化采矿及弃渣方案，实施废渣的减量化生产，或通过不出坑或少出坑工艺，实施废渣资源化利用，加大弃渣的再次利用率，科学处理弃渣；对于将来要堆放弃渣的情形，要科学选址并事先做好排水（如在弃渣下方事先修建维护方便的排水管道或其他通道）、防护等工作；弃渣补给主要是在降雨等作用下弃渣失稳导致泥石流发生并参与泥石流活动的过程，弃渣维护在一定程度上可起到稳定矿渣防止补给的效果，对于沟床弃渣、尾矿坝等堆积，防治措施有堡坎、挡墙、围墙等，对于坡面弃渣，可通过生物工程（植树、种草）或与堡坎等工程相结合的方式进行处理；防止弃渣遭受洪水、坡面流等的侵蚀，采用较多、效果较为理想的措施是“水土分离”，对坡面弃渣，可修建截水沟，对沟道弃渣，可修建排水沟或引水沟。通过“水土分离”措施，科学控制水源，可防止弃渣遭受侵蚀、起动与引发泥石流。通过以上措施综合防治，可降低弃渣泥石流的发生率。

B 控制泥石流运动体系

有些弃渣堆放位置高，地质环境差，直接对其维护难度大，效果不理想或投入太高，通过对泥石流运动的控制可达到泥石流防治的目的。控制弃渣泥石流运动体系包括控制泥石流流速、控制泥石流流量和控制泥石流流向三个方面。流速控制措施主要包括潜坝、丁坝、谷坊坝等工程措施；流量控制措施包括拦沙坝、格栅坝等工程措施；流向控制措施包括导流堤、排导槽等工程措施。通过以上措施的综合防治，可改变弃渣泥石流的动力学特性，降低其危险性。

C 预防泥石流危害体系

在排土场边坡失稳、泥石流易发隐患存在情况下，通过实时监测和临灾预警，及早采取撤离等应急措施，可降低排土场弃渣泥石流的危害性。实时监测的内容主要包括降雨（雨量和雨强）监测、洪水水位监测和散土体弃渣含水量及稳定性的监测。对雨量和雨强较大，达到临界雨量条件，水位突涨超越洪水警戒水位线、散体废石含水量明显增大接近饱和，稳定性显著降低等情况，应引起高度重视并提早做好防灾准备。临灾预警措施主要有泥石流的泥位预警、次声预警和超声预警等技术方法，当警报信号发出后应及时启动防灾预案进行撤离。

5.6.3.2 具体防治措施

排土场泥石流的具体防治措施归纳起来主要有以下几方面：

（1）选择合适的位置。全面考察地形、水文和工程地质等条件，排土场必须避开断层、破碎带、软弱基底等不良地质，其上游不应有大面积的水流，下游要远离采矿场、工业场地、居民点、铁路、道路等设施。

（2）做好排弃计划。将排土场分区，分别堆放不同构造性质的岩土，用排岩机械及时整理排卸平台，防止岩土分层现象。排岩时，将土方堆砌在内侧，将石方堆砌在外侧，这样利于水的渗透；严格控制排岩强度和速度，防止因基底土层超载而导致边坡失稳。

（3）处理好排土场的基底。对于地基土松软潮湿、基底表土较薄的软岩层，应在排土之前挖除，开挖渗水沟，设置盲沟进行疏干，并用大块坚硬废石垫底；若软弱岩土基底较厚，较难预先开挖处理，应在基底进行梅花桩式爆破，使其形成凹凸不平的抗滑面，以增加稳定性，并控制排岩阶段的堆置高度，以使基底得到压实和逐渐分散基底的承载压力，确保场地的正常使用。

（4）排水挡水措施。

1）地表水处理措施。沿排弃场上方设置排水沟，使上游的水流入排水沟，将排弃场平台设计成反向的坡，使平台上的雨水流入排水沟，定期或者长期监测排土场排水设施的情况，如有积水或者平台下沉等情况应及时处理。

2）地下水处理措施。应采取疏干导流或地下帷幕截流措施。同时挖筑汇水沟，并以较坚硬的大块岩充填，把地下水引向排土场外流入河流。另外，为防止降水的危害，平台可选用采场玻璃黏土做防渗材料，沿坡面堆放，用推土机推平碾压后进行地表绿化。

5.6.4 排土场泥石流灾害工程防治

排土场泥石流灾害工程治理的目的是控制泥石流发生和发展，减轻或消除对被保护对象的危害，使被保护流域恢复或建立起新的良性生态平衡，改善环境。在泥石流流域内，对泥石流从形成区、流通区到堆积区宜分别采用以恢复植被、截水、护坡、拦挡、排导和防护等工程为主的治理措施。对处于重要城镇或交通线上方，且坡降比较陡的有较强活跃性的泥石流沟，中途不宜多用高坝拦截工程，以免积少成多，酿成大祸。而应当加强上游沙源、水源治理，中游拦挡、停淤、减沙、减势和下游的排导停淤、护岸工程。

5.6.4.1 拦挡坝

拦挡坝分为重力式实体拦挡坝和格栅坝两种，格栅坝又可以分为刚性格栅坝和柔性格栅坝两种。拦挡坝具有以下功能：拦截水沙，改变输水、输沙条件，调节下泄水量和输沙量；利用回淤效应，稳定斜坡和沟谷；降低河床坡降，减缓泥石流流速，抑制上游河段纵、横向侵蚀；调节泥石流流向。拦挡坝坝址的选择应避开泥石流的直冲方向，多设在弯道的下游侧面，以充分发挥弯道的消能作用。

A 拦挡坝的坝高

$$H_d = L_s I_a + h_s - L_s I_s \tag{5-27}$$

式中 H_d——沟底以上拦挡坝的有效高度，m；

L_s——上游坡需要掩埋处距拦挡坝顶上游侧的距离，m；

I_a——沟床原始纵坡，‰；

I_s——淤积纵坡，‰；

h_s——沟底以上需要淤埋的深度，m。

B 拦挡坝的荷载

作用于重力式实体拦挡坝的基本荷载包括坝体自重、泥石流压力、堆积体的土压力、过坝泥石流的动水压力、扬压力及冲击力等。

（1）坝体自重。坝体自重取决于单宽坝体体积和筑坝材料重度，即：

$$W_b = V_b \gamma_b \tag{5-28}$$

式中 W_b——坝体自重，kN；

V_b——坝体单宽体积，m^3；

γ_b——坝体重度，kN/m^3。

（2）排土场泥石流压力。泥石流竖向压力包括土体重和溢流重。土体重是指拦挡坝溢流面以下垂直作用于坝体斜面上的泥石流体积重量，重度有差别的互层堆积物的土体重应分层计算。溢流重是泥石流过坝时作用于坝体上的重量，其计算式为：

$$W_f = B_0 h_d \gamma_d \tag{5-29}$$

式中 W_f——溢流重，kN；

B_0——作用宽度，m；

h_d——设计溢流体厚度，m；

γ_d——设计溢流重度，kN/m^3。

（3）泥石流堆积体的土压力。作用于重力式实体拦挡坝近水面上的水平压力有水石流体水平压力 F_{dl}、泥石流体水平压力 F_{vl}，以及水平水压力 F_{wl}，其中：

$$F_{dl} = 0.5[\gamma_{gs} - (1 - n_7)\gamma_w] h_a^2 \tan^2(45° - 0.5\phi_{ys}) \tag{5-30}$$

$$F_{vl} = 0.5\gamma_c H_c^2 \tan^2(45° - \phi_a/2) \tag{5-31}$$

$$F_{wl} = \frac{1}{2}\gamma_w H_w^2 \tag{5-32}$$

式中 F_{dl}——水石流体水平压力；

F_{vl}——泥石流体水平压力；

F_{wl}——水平水压力；

γ_{gs}——干砂重度；

γ_w——水体重度；

n_7——孔隙率；

h_a——水石流体堆积厚度；

ϕ_{ys}——浮砂内摩擦角；

γ_c——泥石流重度；

H_c——泥石流体泥深；

ϕ_a——泥石流体内摩擦角（一般取值 4°~10°）；

H_w——水的深度。

（4）过坝泥石流的动水压力。过坝泥石流的动水压力为过坝泥石流水平作用在坝体上泥石流动压力，按式（5-33）计算：

$$\sigma' = \frac{\gamma_c}{g} \times \bar{v}_c \tag{5-33}$$

式中 σ'——动水压力；

$\bar{v}_c$——泥石流的平均流速。

（5）扬压力。作用在迎水面坝踵处的扬压力按式（5-34）计算：

$$F_y = K_4 \frac{H_6 + H_7}{2} B_3 \gamma_w \tag{5-34}$$

式中 F_y——扬压力，kPa；

K_4——折减系数，按《浆砌石坝设计规范》（SL25—2006）取值，一般取 0.25；

H_6——坝上游水深，m；

H_7——坝下游水深，m；

B_3——坝底宽度，m。

（6）排土场泥石流冲击力。冲击力包括泥石流整体冲压力和泥石流中大块石的冲击力，其中泥石流整体冲击力分别采用式（5-14）、式（5-17）和式（5-18）计算。对于水石流，作用于拦挡坝上的荷载组合按空库过流和未满库过流两种情况考虑。

1）空库过流时，作用荷载包括坝体自重、水石流土体重、溢流体重、水平水压力、过坝水石流的动水压力、水石流水平压力以及扬压力（未折减），以及与地震力的组合。空库运行时，拦挡坝的稳定性最差，坝后淤积越高，拦挡坝稳定性越好。

2）未满库过流时，作用荷载包括坝体自重、土体重、溢流体重、水石流水平压力、水平水压力、过坝水石流的动水压力和扬压力（考虑了折减），以及与地震力的组合。

泥石流灾害防治工程设计标准，应使其整体稳定性满足抗滑（抗剪或抗剪断）和抗倾覆安全系数的要求（表 5-36）。

表 5-36 泥石流灾害防治主体工程设计标准

防治工程安全等级	降雨强度	拦挡坝抗滑安全系数		栏挡坝抗倾覆安全系数	
		基本荷载组合	特殊荷载组合	基本荷载组合	特殊荷载组合
一级	100 年一遇	1.25	1.08	1.6	1.15
二级	50 年一遇	1.20	1.07	1.5	1.14
三级	30 年一遇	1.15	1.06	1.4	1.12
四级	10 年一遇	1.10	1.05	1.3	1.10

5.6.4.2 格栅坝

格栅坝可分为刚性格栅坝和柔性格栅坝两种，刚性格栅坝又可以分为平面型和立体型两种。其材料主要有钢管、钢轨、钢筋混凝土构件。柔性格栅坝材料主要为高弹性钢丝网。格栅坝不适用于细颗粒的泥流、水沙流等泥石流河沟。

格栅坝的特点：拦、排兼容，充分利用下游河道固有输沙能力，保证下游河道稳定；有选择的拦蓄，改变上、下游堆积组构和坝体受力条件；延长泥库寿命，充分发挥工程经济效益；可以实现工厂化生产，节省施工量，施工周期短。

5.6.4.3 排导槽

排导槽是一种槽形线性过流建筑物，其作用是提高输沙能力、增大输沙粒径，同时防止河沟纵、横向的变形，将泥石流在控制条件下安全顺利地排泄到指定的区域。根据泥石流流量、输沙粒径等因素，排导槽断面形状以窄深式为宜。排导槽纵向轴线布置力求顺直，且与河沟主流中心线一致，尽可能利用天然沟道随弯就势。排导槽纵坡设计最好采用等宽度一坡到底，出口段与主河应锐角相交。排导槽的基本荷载包括结构自重、土压力、泥石流体重量和静压力、泥石流的冲击力；特殊荷载为地震力。常用断面形状有梯形、矩形和V形三种，也有复合型，根据流通段沟道的特征，用类比法来计算排导槽的横断面积，应满足如下公式：

$$\frac{B_L}{B_x} \cdot \frac{H_L^{5/3}}{H_x^{5/3}} \cdot \frac{n_x}{n_L} \cdot \frac{I_L^{1/2}}{I_x^{1/2}} = 1 \tag{5-35}$$

式中 B_x——排导槽的宽度，m；

B_L——流通区沟道宽度，m；

I_x——排导槽纵坡降，‰；

I_L——流通区沟道纵坡降，‰；

H_L——流通区沟道泥石流厚度；

H_x——排导槽设计泥石流厚度。

排导槽的深度可采用式（5-36）计算。

$$H_3 = H_b + \Delta H + \Delta H_w \tag{5-36}$$

式中 H_3——排导槽深度，m；

H_b——设计泥深，m；

ΔH——排导槽安全超高，一般取0.1~0.5m。

ΔH_w——泥石流道超高，m；排导槽弯道段时考虑，平直段无需考虑。

排导槽进口段平面可做成喇叭形渐变段，排导槽中心线与河沟主流中心线一致，排导槽宽度与原河沟宽度比应在1/3以下。

5.6.4.4 渡槽

泥石流渡槽适用于泥石流暴发较频繁，高含沙水流、洪水或常流水交替出现，有冲刷条件的沟道。对于处在急剧发展阶段的泥石流沟，或由崩塌、滑坡、阻塞溃决等成因形成的泥石流沟，只有在上游已经或有可能采取措施论证使泥石流发育得到控制时，或者有立面条件时，才允许采用渡槽。设置渡槽处应有足够的高差，进出口顺畅，基础有足够的承载力并具有较高的抗冲刷能力。渡槽的基本荷载包括结构自重、填土重量及土压力（进、出口段槽体）、泥石流体重量和静压力、泥石流的冲击力。特殊荷载为地震力和温度荷载引起的结构附加应力。渡槽进口段一般采用上宽下窄的梯形或圆弧形状的喇叭口形，连续渐变。渐变段长大于等于5~10倍槽宽，且大于等于20m，渐变段扩散角小于等于8°~15°。

A　渡槽的宽深比

断面宽深比按式（5-37）计算：

$$\beta_3 = \frac{B_4}{H_e} = 2(\sqrt{1 + n_8^2} - n_8) \tag{5-37}$$

式中　β_3——断面宽深比；

B_4——底宽；

H_e——流深；

n_8——梯形或矩形的边坡坡长；矩形断面时，$n_8 = 0$。

B　渡槽槽底的纵坡

（1）水石流的渡槽槽底纵坡：

$$I_f = 0.59\frac{\overline{D}^{\frac{2}{3}}}{H_a} \tag{5-38}$$

式中　I_f——渡槽槽底纵坡；

$\overline{D}$——石块平均粒径，m；

H_a——平均泥深，m。

或参照表5-37选用I_f。

表5-37　H_a/D_{90}与纵坡的关系

H_a/D_{90}	1.5	2.5	3.5	4.5	5.5
纵坡范围/%	24.6~21.4	21.4~18.0	18.0~14.8	14.8~11.4	11.4~8.0
纵坡中值/%	23	19.5	16.5	13	10

注：H_a为平均泥深，m；D_{90}为按石块个数计90%小于或等于该粒径。

（2）泥石流和泥流的渡槽槽底纵坡：

$$I_c < I_f < 1.5\% \tag{5-39}$$

式中　I_c——沟道相应段的天然沟床纵坡；

I_f——渡槽槽底纵坡。

5.6.4.5　停淤场

泥石流停淤场应选在沟口堆积扇两侧的凹地或沟道中下游宽谷中的低滩地。停淤场一般由拦挡坝、引流口、导流堤、围堤、分流墙或集流沟及排水或排泥浆的通道或堰口等组成，停淤场引流口位于拦挡坝上游。

参 考 文 献

[1] 杜炜平，颜荣贵．高台阶排土场技术及其发展趋势［J］．矿冶工程，1993，18（1）：18~22.

[2] 徐友宁，何芳，陈华清．西北地区矿山泥石流及分布特征［J］．山地学报，2007，25（6）：729~736.

[3] 倪化勇，郑万模，巴仁基，等．基于水动力条件的矿山泥石流成因与特征——以石棉县后沟为例［J］．山地学报，2010，28（4）：470~477.

[4] 王光进．超高台阶排土场散体介质力学特性及边坡稳定性研究［D］．重庆：重庆大学，2011.

[5] 有色冶金企业总图运输设计参考资料［M］．北京：冶金工业出版社，1981.

[6] 建设部综合勘察研究设计院．GB 50021—2001（2009 年版）岩土工程勘察规范［S］．北京：中国建筑工业出版社，2009.

[7] 长沙有色冶金设计研究院．GB 50421—2007 有色金属矿山排土场设计规范［S］．北京：中国计划出版社，2007.

[8] 中国地质环境监测院．DZ/T 0286—2015 地质灾害危险性评估规范［S］．北京：中国标准出版社，2015.

[9] 南京水利科学研究院．GB/T 50145—2007 土的工程分类标准［S］．北京：中国计划出版社，2008.

[10] 中冶北方工程技术有限公司．GB 51119—2015 冶金矿山排土场设计规范［S］．北京：中国计划出版社，2016.

[11]《工程地质手册》编委会．工程地质手册［M］．第 4 版．北京：中国建筑工业出版社，2006.

[12] 地质矿产部长江三峡链子崖和黄蜡石地质灾害防治工程指挥部．DZ/T 0223—2004 崩塌·滑坡·泥石流监测规程［S］．北京：中国标准出版社，2004.

[13] DZ/T 0239—2004 泥石流灾害防治工程设计规范［S］．北京：中国标准出版社，2004.

[14] 重庆市地质环境监测总站．DB 50/143—2003 地质灾害防治工程勘察规范［S］．北京：中国标准出版社，2003.

[15] 国土资源部长江三峡库区地质灾害防治工作指挥部．DZ/T 0222—2006 地质灾害防治工程监理规范［S］．北京：中国标准出版社，2006.

[16] 题正义．爆堆块度分布的自动与分形测试系统研究［D］．阜新：辽宁工程技术大学，2001.

[17] 李凯．基于数字图像处理技术的爆堆粒度分析［D］．哈尔滨：哈尔滨工业大学，2011.

[18] 四川省国土资源厅．DZ/T 0220—2006 泥石流灾害防治工程勘察规范［S］．北京：中国计划出版社，2003.

[19] 刘建立，徐绍辉，刘慧，等．参数模型在壤土类土壤颗粒大小分布中的应用［J］．土壤学报，2004，41（3）：375~379.

[20] 王光进，杨春和，张超，等．粗粒含量对散体岩土颗粒破碎及强度特性影响试验研究［J］．岩土力学，2009，30（12）：3649~3654.

[21] 王光进，杨春和，孔祥云，等．超高台阶排土场散体块度分布规律及抗剪强度参数的研究［J］．岩土力学，2012，33（10）：3087~3092.

[22] 王光进，杨春和，张超，等．粗粒土三轴试验数值模拟与试样颗粒初始架构初探［J］．岩土力学，2011，32（2）：585~592.

[23] 王光进，杨春和，张超，等．超高排土场的粒径分级及其边坡稳定性分析研究［J］．岩土力学，2011，32（3）：905~913.

[24] 贺健．大格高台阶排土场岩土流失规律研究［J］．金属矿山，2001（11）：14~16.

[25] 徐鼎平．基于三维数值模拟的边坡稳定性分析的整合方法研究［D］．马鞍山：马鞍山矿山研究院，2007.

[26] 李林，马庆利．兰尖铁矿尖山排土场岩土块度组成分析及分布规律的研究［J］．四川冶金，1990

(3)：1~8.
[27] 罗仁美. 印子峪排土场安息角与岩石块度分布规律研究［J］. 矿冶工程，1995，15（4）：9~16.
[28] 史良贵. 新桥矿业有限公司二期排土场稳定性及排土工艺优化研究［D］. 长沙：中南大学，2005.
[29] 谢学斌，潘长良. 排土场散体岩石粒度分布与剪切强度的分形特征［J］. 岩土力学，2004，25（2）：287~291.
[30] SL237—1999 土工试验规程［S］. 北京：中国水利水电出版社，1999.
[31] 郦能惠. 高混凝土面板堆石坝新技术［M］. 北京：中国水利水电出版社，2007.
[32] 郭庆国. 关于粗粒土抗剪强度特性的试验研究［J］. 水利学报，1987（5）：59~65.
[33] 徐鼎平，朱大鹏. 太和铁矿西端帮冰碛土边坡稳定性分析方法研究［J］. 岩石力学与工程学报，2008，27（增）：3335~3340.
[34] 徐鼎平，汪斌，江龙剑，等. 冰碛土三轴数值模拟试验方法探讨［J］. 岩土力学，2008，29（12）：3466~3470.
[35] 陈祖煜. 土质边坡稳定分析——原理. 方法. 程序［M］. 北京：中国水利水电出版社，2003.
[36] 郭庆国. 粗粒土的工程特性及应用［M］. 郑州：黄河水利出版社，1998.
[37] 魏厚振，汪稔，胡明鉴，等. 蒋家沟砾石土不同粗粒含量直剪强度特征［J］. 岩土力学，2008，29（1）：48~51.
[38] 闵弘，刘小丽，魏进兵，等. 现场室内两用大型直剪仪研制（Ⅰ）：结构设计［J］. 岩土力学，2006，27（1）：168~172.
[39] 周成虎，孙战利，谢一春. 地理元胞自动机研究［M］. 北京：科学出版社，2001.
[40] 姜景山，程展林，姜小兰. 粗粒土二维模型试验研究［J］. 长江科学院院报，2008，25（2）：38~41.
[41] 徐文杰，胡瑞林，岳中琦，等. 基于数字图像分析及大型直剪试验的土石混合体块石含量与抗剪强度关系研究［J］. 岩石力学与工程学报，2008，27（5）：996~1007.
[42] 南京水利科学研究院. SL237—1999 土工试验规程［S］. 北京：中国水利水电出版社，1999.
[43] 鲁晓兵，王义华，王淑云，等. 饱和土中剪切带宽度的研究［J］. 力学学报，2005，37（1）：87~91.
[44] 翁厚洋，朱俊高，余挺，等. 粗粒料缩尺效应研究现状与趋势［J］. 河海大学学报（自然科学版），2009，37（4）：425~429.
[45] 姜景山，程展林，刘汉龙，等. 粗粒土二维模型试验的组构分析［J］. 岩土工程学报，2009，31（5）：811~816.
[46] 吴良平. 粗粒土组构试验研究［D］. 武汉：长江科学院，2007.
[47] 张荣立，何国纬，李铎，等. 采矿工程设计手册［M］. 北京：煤炭工业出版社，2003.